高职交通运输与土建类专业系列教材

高等职业教育新形态一体化教材
省级精品在线开放课程配套教材
省级职业教育专业教学资源库配套教材

工程材料

Engineering Materials

盛海洋　林婵华　主　编
　　　　　陈艳琼　副主编
　　　　　洪　青　主　审

人民交通出版社股份有限公司
北　京

内容提要

本书是根据高职高专土建类专业的教学要求,按照国家和交通运输部颁发的最新技术标准、规范和试验规程编写而成的,主要介绍城市轨道交通工程施工所用原材料及各种混合料的基本理论及试验检测方法。

本教材主要内容包括基础理论篇(材料篇)和实训篇,其中基础理论篇包括六个项目(十八个任务),即工程材料技术性质,石料、集料与土工合成材料,石灰与水泥,水泥混凝土和砂浆,沥青和沥青混合料,建筑钢材。实训篇包含八个项目。本书每个项目后都附有相关思考与练习题,方便学生对知识内容的掌握和学习。

为了方便教学,本书配套教学视频、微课、教学课件、相关工程图片及实例、课程标准、课程授课计划等立体化教学资源库,通过使用手机扫描各个基本知识、基本技能点二维码,可以辅助学习,以便更全面深入掌握相应知识。本书以省级在线精品课程资源为依托,读者可在"智慧职教"平台通过免费注册进行学习("城轨交通工程材料"课程网址:https://www.icve.com.cn/portal_new/courseinfo/courseinfo.html?courseid = kp-staykrmafkyyc8gxnrw)。

本书既可作为高等职业院校城市轨道交通工程技术专业教材,也可作为有关交通土建工程类道路桥梁工程技术、工程监理、港口工程技术、工程检测等专业学生及教师用书,以及有关工程技术人员培训和学习参考用书。

图书在版编目(CIP)数据

工程材料 / 盛海洋,林婵华主编. —北京:人民交通出版社股份有限公司,2023.1
高职交通运输与土建类专业系列教材
ISBN 978-7-114-18404-8

Ⅰ.①工… Ⅱ.①盛… ②林… Ⅲ.①工程材料—高等职业教育—教材 Ⅳ.①TB3

中国版本图书馆 CIP 数据核字(2022)第 252030 号

Gongcheng Cailiao

书 名:	工程材料
著 作 者:	盛海洋 林婵华
责任编辑:	李 娜
责任校对:	孙国靖 宋佳时
责任印制:	张 凯
出版发行:	人民交通出版社股份有限公司
地 址:	(100011)北京市朝阳区安定门外外馆斜街 3 号
网 址:	http://www.ccpcl.com.cn
销售电话:	(010)59757973
总 经 销:	人民交通出版社股份有限公司发行部
经 销:	各地新华书店
印 刷:	北京地大彩印有限公司
开 本:	787×1092 1/16
印 张:	19
字 数:	443 千
版 次:	2023 年 1 月 第 1 版
印 次:	2023 年 1 月 第 1 次印刷
书 号:	ISBN 978-7-114-18404-8
定 价:	53.00 元

(有印刷、装订质量问题的图书由本公司负责调换)

前言

本教材依据教育部对高等院校人才培养目标和培养模式及与之相适应的知识、技能和素质要求进行编写,并结合高职高专"城轨交通工程材料"课程的教学改革成果和最新的技术规范、标准、试验规程,具有较强的针对性。教材从培养行业技能岗位的要求出发,注重知识结构和实践能力要求的培养,理论体系适度,组织结构合理,体现知行并重、实践操作技能与岗位工作零距离对接的高职教育特点,为学生可持续发展奠定基础。

在课程设计上,采用项目任务式的编写模式,设计的六个项目以材料的认知、配合比设计、材料的试验检测等任务实施。教材注重对教学过程的设计,在任务设计上采用全流程任务解析的方式对理论知识进行讲解,内容充分体现行业新知识、新技术、新工艺、新方法,突出学生实践技能培养,注重学生职业素养提高。教材在具体使用中,可以根据不同专业特点加以增减相关内容。

本教材编写过程中注重高职学生能力培养,吸收最新的科技成果,将教学与科研、生产紧密结合,以必须、实用、够用为度,强调高职特色。全书内容丰富、图文并茂、深入浅出、循序渐进、重点突出、便于自学。

本书由福建船政交通职业学院盛海洋教授、博士,林婵华副教授主编并统稿。福建船政交通职业学院陈艳琼副主编,福建船政交通职业学院陈海湘、福建路港(集团)有限公司林万福、江西交通职业技术学院涂昳颖参编。福建省交通建设工程试验检测有限公司洪青高级工程师主审。

具体编写分工情况:前言、绪论、项目二、项目五由盛海洋编写;项目一、项目六由涂昳颖编写,项目三由陈艳琼编写,项目四由林婵华编写,实训项目一至实训项目五由陈海湘编写;实训项目六至实训项目八由林万福编写。

在编写过程中,曾广泛征求过有关高职院校及企业单位同行对编写大纲的意见,并得到了有关领导和部门的指导和帮助,同时附于书末的参考文献作者们对本书完成给予了巨大的支持。在此一并表示诚挚谢意。

由于编写时间和编者水平所限,书中缺点及不当之处在所难免,敬请读者批评指正,以便修订时予以改正,邮箱2437509522@qq.com。

编　者
2022 年 8 月

目录

绪论 1

第一篇 基础理论篇：材料篇

项目一 工程材料技术性质 10
    任务一 工程材料的物理性质 11
    任务二 工程材料的力学性质 16
    任务三 工程材料的化学性质和耐久性 19

项目二 石料、集料与土工合成材料 21
    任务一 石料的认知 21
    任务二 集料的认知 32
    任务三 土工合成材料 38

项目三 石灰与水泥 45
    任务一 胶凝材料的含义及分类 45
    任务二 石灰 46
    任务三 水泥 51
    任务四 掺混合料的硅酸盐水泥 61

项目四 水泥混凝土和砂浆 70
    任务一 水泥混凝土 70
    任务二 建筑砂浆 116

项目五 沥青和沥青混合料 127
    任务一 沥青材料 127
    任务二 沥青混合料 142

项目六 建筑钢材 172
    任务一 概述 173
    任务二 建筑钢材技术性能及化学成分影响 174
    任务三 建筑钢材的标准与应用 180

任务四　常用钢材制品 ··· 185
任务五　钢材的锈蚀及防止 ·· 199

第二篇　实　训　篇

项目一　石料的检测 ·· 204
　实训一　岩石单轴抗压强度试验 ··· 204
　实训二　石料磨耗试验(洛杉矶法) ·· 206
项目二　粗集料的质量检测 ·· 208
　实训一　粗集料及集料混合料的筛分试验 ··· 208
　实训二　粗集料密度及吸水率试验(网篮法) ·· 212
　实训三　粗集料堆积密度及空隙率试验 ··· 215
　实训四　水泥混凝土用粗集料针片状颗粒含量试验(规准仪法) ······················· 217
　实训五　粗集料针片状颗粒含量试验(游标卡尺法) ······································· 219
　实训六　粗集料压碎值试验 ··· 221
　实训七　粗集料磨耗试验(洛杉矶法) ··· 223
项目三　细集料的质量检测 ·· 226
　实训一　细集料筛分试验 ·· 226
　实训二　细集料表观密度试验(容量瓶法) ··· 228
　实训三　细集料堆积密度及紧装密度试验 ··· 230
　实训四　细集料砂当量试验 ··· 232
　实训五　铁路碎石道砟颗粒级配试验方法 ··· 236
　实训六　铁路碎石道砟黏土团及其他杂质含量试验方法 ································ 237
项目四　胶凝材料试验 ··· 239
　实训一　水泥取样方法 ··· 239
　实训二　水泥细度检验方法 ··· 241
　实训三　水泥标准稠度用水量、凝结时间、安定性检验方法 ·························· 244
　实训四　水泥胶砂强度检验方法(ISO 法) ··· 250
项目五　水泥混凝土和砂浆试验 ··· 256
　实训一　水泥混凝土拌合物的拌和与现场取样方法 ······································· 256
　实训二　水泥混凝土拌合物稠度试验方法(坍落度仪法) ································ 258
　实训三　水泥混凝土试件制作与硬化水泥混凝土现场取样方法 ······················· 260
　实训四　水泥混凝土立方体抗压强度试验 ··· 264
　实训五　水泥混凝土抗弯拉强度试验 ·· 266
　实训六　砂浆稠度试验 ··· 267
　实训七　砂浆分层度试验 ·· 268

实训八　砂浆抗压强度试验 ……………………………………………………… 269
项目六　沥青性能检测 …………………………………………………………………… 272
　　实训一　沥青针入度试验 ………………………………………………………… 272
　　实训二　沥青延度试验 …………………………………………………………… 274
　　实训三　沥青软化点试验(环球法) ……………………………………………… 276
项目七　沥青混合料的检测 ……………………………………………………………… 279
　　实训一　沥青混合料试件制作方法(击实法) …………………………………… 279
　　实训二　压实沥青混合料密度试验方法(表干法) ……………………………… 282
　　实训三　沥青混合料马歇尔稳定度试验 ………………………………………… 286
　　实训四　沥青混合料车辙试验 …………………………………………………… 289
项目八　土工合成材料的检测 …………………………………………………………… 292
　　实训一　单位面积质量测定 ……………………………………………………… 292
　　实训二　厚度检测 ………………………………………………………………… 293

参考文献 …………………………………………………………………………………… 295

绪论

【任务描述】

认识我国工程材料的发展、工程材料在建筑工程中的地位、工程材料检测的目的及意义、工程材料的分类、工程材料应具备的工程性质、工程材料的检验方法及技术标准、课程学习目标、本课程的内容和任务等内容。

一、我国工程材料的发展

材料科学和材料品种都是随着社会生产力和科技水平的提高而逐渐发展的。自古以来，我国劳动者在建筑材料的生产和使用方面都曾经取得过许多重大成就。如始建于战国时期的万里长城，所使用的砖石材料就达 1 亿 m^3；山西五台山木结构的佛光寺大殿已有千余年历史；河北赵县的安济桥，距今约有 1400 年历史，仍完好无损。据考证，安济桥是世界上最早的一座空腹式石拱桥，无论在选材、结构受力还是在艺术造型和经济上都达到了很高水平。该桥已被美国土木工程师学会(ASCE)选定为第 12 个国际历史上土木工程里程碑。这些都有力地证明了中国人民在建筑材料生产、施工和使用方面的智慧和技巧。

自新中国成立后，特别是在改革开放的新时代，我国建筑材料生产得到了更迅速的发展。1995 年后，我国的水泥、平板玻璃、建筑卫生陶瓷和石墨、滑石等部分非金属矿产品产量一直居世界第一，是名副其实的建筑材料生产大国。但必须看到，与发达国家相比，我国还存在不小差距，主要表现在：能源消耗大，劳动生产率低，环境污染严重，科技含量低，产品创新、市场应变能力差等。因此，国家及时地制定了建材工业"由大变强，靠新出强"的方针和可持续发展的战略。经过努力，建材工业的整体格局已发生了可喜的变化，取得了长足的进步。比如主要建材产品产量继续保持世界领先水平，产品质量、品种档次、配套能力等得到了较大的提高，尤其是优质水泥、优质玻璃及加工玻璃、优质建筑及卫生陶瓷、新型建材与制品等均得到了较快发展。建材工业的产品结构、经济效益和经济运行质量也得到了提高，在"由大变强"的发展方向上前进了一大步。但是建材工业的现状离国家的要求和人民的需要还有较大差距，在国际竞争能力方面也有待提高。在今后相当长的时间内，我国国民经济仍保持较高的发展速度。建筑材料作为生产资料和生活资料，在数量和质量上都面临着更高的要求。因此，必须在以下几方面采取积极的应对措施：第一是必须坚持可持续发展的方针，建立节能、节土、节水和节约矿产资源的节约型生产体系；第二是贯彻"以人为本"的指导思想，大力发展无污染、环境友好型的绿色建材产品，建立有效的环境保护与监控管理体系；第三是积极采用高技术成果，全面推进建材工业的现代化，进一步提高劳动生产率、降低能源和资源消耗，大力发展功能型建筑材料，提供更多更好的绿色化和智能化建材产品，以满足我国人民生活水平不断提高和建设事业蓬勃发展的需要。

二、工程材料在建筑工程中的地位

工程材料与建筑设计、建筑结构、建筑经济及建筑施工等一样，是建筑工程学科的一部分，而且是极为重要的部分，因为，工程材料是建筑工程的物质基础。一个优秀的建筑师总是把建筑艺术和以最佳方式选用的建筑材料融合在一起。结构工程师只有在很好地了解建筑材料的性能后，才能根据力学计算创造出先进的结构形式，准确地确定建筑构件的尺寸，并将结构的受力特性和材料特性很好地统一起来。建筑经济工程师在基本建设过程中，为了降低造价，节省投资，首先要考虑的是节约和合理地使用建筑材料，因为，目前在我国的建筑工程总造价中，建筑材料所占的比例高达50%～60%。而建筑施工和安装的全过程，实质上是按设计要求把建筑材料逐步变成建筑物的过程，它涉及材料的选用、运输、储存以及加工等诸多方面。总之，从事建筑工程的技术人员都必须了解和掌握建筑材料有关技术知识。而且，应使所用的建筑材料都能最大程度地发挥其效能，并合理、经济地满足建筑工程上的各种要求。建筑、材料、结构、施工四者是密切相关的。从根本上说，材料是基础，材料决定了建筑形式和施工方法。新材料的出现，可以促使建筑形式的变化、结构设计和施工技术的革新。

三、工程材料检测的目的及意义

1. 材料在工程建设中的作用

（1）材料是工程结构物的物质基础

工程材料是指一般建筑工程上所用的材料，如钢筋、水泥、陶瓷、高分子材料等。

工程材料是城市轨道交通工程、道路、桥梁等工程结构的物质基础，材料质量的好坏、选用是否适当及配制是否合理等都会直接影响到结构物的质量。工程结构物裸露于大自然中，承受瞬时、反复动荷载的作用，材料的性能和质量对结构物的使用性能影响极大。近年来由于交通量的迅速增长和车辆行驶的渠化，一些高等级路面出现比较严重的波浪、车辙和推移等病害现象，这些现象均与工程材料的性质有一定的关系。

（2）材料的使用与工程造价密切相关

在工程结构的修建费用中，材料费用占工程总造价的60%～70%，因此合理地选择和使用材料，对节约工程投资、降低工程造价十分必要。

（3）材料科学的进步可以促进工程技术发展

工程建筑设计、工艺的更新往往要依赖于新材料的发展，同时，新材料的出现和使用必然导致工程建筑设计、工艺的新突破。在交通工程建设中，材料同样是促进道路交通工程技术发展的重要基础。

2. 工程材料检测的目的

工程材料检测工作是工程建设质量监督与管理的一个重要组成部分，客观、准确、及时的试验检测数据是工程实践的真实记录,是指导、控制和评定工程质量的科学依据。

(1)采用定量的方法,对各种原材料、成品或半成品,科学地鉴定其质量是否符合国家质量标准和设计文件的要求,做出接收或拒收的决定,保证工程所用材料都是合格产品,是控制施工质量的主要手段。

(2)对施工全过程,进行质量控制和检测试验,保证施工过程中的每种原材料以及每道工序的工程质量,均满足有关标准和设计文件的要求,是提高工程质量、创优质工程的重要保证。

(3)通过各种试验试配,经济合理地选用原材料,为企业取得良好的经济效益打下坚实的基础。

(4)对于新材料、新工艺、新技术,通过试验检测和研究,鉴定其是否符合国家标准和设计要求,为完善设计理论和施工工艺积累实践资料,为推广和发展新材料、新工艺、新技术做贡献。

(5)试验检测是评价工程质量缺陷、鉴定和预防工程质量事故的手段。通过试验检测,为质量缺陷或质量事故判定提供实测数据,以便准确判定其性质、范围和程度,合理评估事故损失,明确责任,从中总结经验教训。

四、工程材料的分类

工程材料是指在建筑工程中所使用的各种材料及其制品的总称,它是一切建筑工程的物质基础。由于工程材料种类繁多,为了研究、使用和论述方便,常从不同角度对它进行分类。最通常的是按材料的化学成分、使用功能及用途分类(表0-0-1)。

工程材料的分类　　　　　　　　　表0-0-1

按化学成分分类	无机材料	金属材料	钢、铁、铝、铜、各类合金
		非金属材料	石灰、水泥、天然石料、混凝土等
	有机材料	沥青材料	石油沥青、煤沥青
		植物材料	木材、竹材
		合成高分子材料	塑料、橡胶等
按使用功能分类	结构材料	承受荷载作用	如构筑物的基础、柱、梁所用材料
	功能材料	特殊作用	起围护、防水、装饰、保温作用的材料
按用途分类	建筑结构、桥梁结构、水工结构、路面结构、墙体、装饰等材料		

(一)按化学成分分类

根据化学成分,材料可分为有机材料、无机材料以及复合材料三大类。本课程主要讲述以下材料。

1. 土

土是地壳表层的物质在长期风化、搬运、磨蚀、沉积等作用下形成的颗粒大小不等、未经胶结的一种松散物质。土既可作为路基填筑材料,又可作为无机结合料稳定材料的主要组成材料。关于土的材料组成、物理、力学性质将在土力学与地基基础课程里学习。

2.砂石材料

砂石材料是经人工开采的岩石或轧制得到的碎石,以及地壳表层岩石经天然风化而得到的松散粒料。砂石材料可以直接应用于铺筑道路或砌筑各种工程结构物,也可以作为集料来配制水泥混凝土和沥青混合料。

3.无机结合料及其混合料

在工程中最常用到的无机结合料是石灰和水泥。水泥与集料配制的水泥混凝土是工程建筑中钢筋混凝土和预应力钢筋混凝土结构的主要材料;随着交通工程的发展,水泥混凝土路面已成为主要的路面类型之一;石灰、粉煤灰、水泥与土(或集料)拌制而成的稳定土广泛应用于路面基层,成为半刚性基层的重要组成材料。此外,砂浆是各种圬工结构物砌筑的重要结合料。

4.有机结合料及其混合料

有机结合料主要指沥青类材料,如石油沥青、乳化沥青、改性沥青等。这类材料与不同粒径的集料组成沥青混合料,可以铺筑成各种类型的沥青路面,是现代道路建设中一种极为重要的筑路材料。

5.土工合成材料

土工合成材料是岩土工程和土木工程中应用的土工织物、土工膜、土工复合材料、土工特种材料的总称,是以人工合成的高聚物,制成各种类型的产品,置于土体内部、表面或各层土体之间,发挥着过滤、排水、隔离、加筋、防渗、防护等作用。

6.建筑钢材

建筑钢材是桥梁钢结构及钢筋混凝土或预应力混凝土结构的重要材料。

(二)按使用功能分类

根据在建筑物中的部位或使用性能,工程材料大体上可分为两大类,即结构材料和功能材料。

1.结构材料

结构材料主要是指构成建筑物受力构件和结构所用的材料,如梁、板、柱、基础、框架及其他受力构件和结构所用的材料等。这类材料主要技术性能的要求是强度和耐久性。目前,所用的主要结构材料有砖、石、水泥混凝土和钢材以及两者复合的钢筋混凝土和预应力钢筋混凝土。在相当长的时期内,钢筋混凝土及预应力钢筋混凝土仍是我国建筑工程中的主要结构材料之一。随着工业的发展,轻型钢结构和铝合金结构所占的比例将会逐渐加大。

2.功能材料

功能材料主要是指担负某些建筑功能的非承重材料,如防水材料、绝热材料、吸声和隔声材料、采光材料、装饰材料等。这类材料的品种、形式繁多,功能各异,随着国民经济的发展以及人民生活水平的提高,这类材料将会越来越多地应用于建(构)筑物上。一般来说,建(构)

筑物的可靠度与安全度,主要取决于由建筑结构材料组成的构件和结构体,而建(构)筑物的使用功能与建筑品位,主要取决于建筑的功能材料。此外,对某一种具体材料来说,它可能兼有多种功能。

五、工程材料应具备的工程性质

交通土建轨道、道路、桥梁等结构物在使用过程中,不仅受到车辆荷载的复杂力系作用,而且还受到各种复杂的恶劣环境的影响,所以用于城市轨道交通工程、铁道工程以及公路工程等工程建筑的材料,既要具备一定的力学性能,又要保证在各种自然条件下综合力学性能不会降低。

为了保证城市轨道交通工程、铁道工程以及公路工程等工程材料的综合力学强度和稳定性,就要求其具备下列四个方面的性质。

(1)力学性质。力学性质是材料抵抗车辆荷载复杂力系综合作用的性能。目前对建筑材料力学性质的测定,主要是测定各种静态的强度,如抗压、抗拉、抗弯、抗剪等强度,还可通过磨耗、磨光、冲击等经验指标来反映。

(2)物理性质。影响材料力学性质的物理因素主要是温度和湿度。材料的强度随着温度的升高或含水率的增加而显著降低,通常用热稳定性或水稳定性等来表征其强度变化的程度,对于优质材料,随着环境条件的变化,其强度变化应当较小。

此外,通常还要测定一些物理常数,如密度、孔隙率和空隙率等。这些物理常数是材料内部组成结构的反映,并与力学性质之间存在一定的相关性,可以用于推断力学性质。

(3)化学性质。化学性质是材料抵抗各种周围环境对其化学作用的性能。除了受到周围介质或者其他物质侵蚀外,通常还受到大气因素的综合作用,引起材料的"老化",特别是各种有机材料(如沥青材料等)对此表现更为显著。

(4)工艺性质。工艺性质是材料适于按照一定工艺流程加工的性能。例如,水泥混凝土在成型以前要求有一定的流动性,以便制作成一定形状的构件,但是加工工艺不同,要求的流动性亦不同。

六、工程材料的检验方法及技术标准

1. 工程材料检验方法

交通土建轨道、道路、桥梁等工程材料应具备的性能的检验,必须通过适当的测试手段来进行。检验测定工程材料的性质,通常可采用试验室内原材料性能检定以及现场修筑试验性结构物检定等方法。本课程主要介绍试验室内原材料性能的检定。对应上述工程材料应具备的性能,室内材料试验包括的内容有力学性质试验、物理性质试验、化学性质试验和工艺性质试验。

(1)力学性质试验

目前建筑材料的力学性质试验主要是采用各种试验机测定其静态的抗压、抗拉、抗弯、抗剪等强度。

随着科学技术的发展,建筑材料的力学性质试验方法不断完善,对建筑材料在不同温度、不同荷载作用及不同时间条件下动态的弹—黏—塑性性能进行测定，用以描述材料的真实性能。例如，测定沥青混合料在不同温度与不同荷载作用下的动态劲度，以及采用特殊设备或动态三轴仪来测定在复杂应力作用下，不同频率和间歇时间的沥青混合料的疲劳强度等。这些试验使材料的力学性质与其在工程中的实际受力状态较为接近，也为黏—塑性路面的设计提供了一定的参数。

（2）物理性质试验

测定轨道、道路、桥梁等材料的物理常数，一方面为混合料组成设计提供原始资料，另一方面还可以通过物理常数测定间接推断材料的力学性能。

（3）化学性质试验

材料化学性质的试验，通常只做材料简单化合物（如 CaO、MgO）含量或有害物质含量的分析，也可做某些材料（如沥青）的"组分"分析，初步地了解材料的组成与性能的关系。随着近代测试技术的发展，核磁共振波谱、红外光谱、X 射线衍射和扫描电子显微镜等在沥青材料分析中得到了应用，进一步促进了对沥青化学结构与路用性能相依性的研究，有可能从化学结构上来设计要求性能的沥青材料。

（4）工艺性质试验

现代工艺性质试验主要是将一些经验指标与工艺要求联系起来，但尚缺乏科学理论的分析。随着流变力学、断裂力学等理论的发展，许多材料工艺性质的试验按照流变—断裂学理论来进行分析，并提出不同的试验方法。例如，沥青混合料的摊铺性质采用流动性系数等指标来控制，关于这方面的发展日新月异。

2. 工程材料技术标准

应用于交通土建轨道、道路、桥梁等工程的材料及其制品必须具备一定的技术性质，以适应交通工程结构物不同建筑结构与施工条件的要求。

为了保证工程材料的质量，我国对各种材料制定了专门的技术标准。目前我国工程材料的标准分为国家标准、行业标准、地方标准和企业标准四个等级。

国家标准由国务院标准化行政主管部门制定、发布。我国国家标准的命名，由代号、编号、制定或修订年份、标准名称等组成，"GB"为强制性国家标准的代号，推荐性国家标准在 GB 后加"/T"。

行业标准是指行业的标准化主管部门批准发布的，在行业范围内统一的标准。行业标准是对没有国家标准而又需要在全国某个行业范围内统一的技术要求所制定的标准。行业标准由国务院有关行政主管部门制定，并报国务院标准化行政主管部门备案。当同一内容的国家标准公布后，则该内容的行业标准即行废止。

对没有国家标准和行业标准又需要在省、自治区、直辖市范围内统一的技术要求，制定地方标准。

企业标准适用于本企业，凡没有制定国家标准或行业标准的材料或制品，均应制定企业标准。

与工程材料有关的国家标准和行业标准代号示例见表0-0-2。

国家标准和行业标准代号 表0-0-2

标准名称	代号(汉语拼音)	示例
国家标准	国标 GB(Guo Biao)	GB 175—2007 通用硅酸盐水泥
交通行业标准	交通 JT(Jiao Tong)	JTG E20—2011 公路工程沥青及沥青混合料试验规程
建材行业标准	建材 JC(Jian Cai)	JC/T 479—2013 建筑生石灰
石油化工行业标准	石化 SH(Shi Hua)	SH/T 0522—2010 道路石油沥青
黑色冶金行业标准	冶标 YB(Ye Biao)	YB/T 030—2012 煤沥青筑路油

国际上有影响的技术标准有:国际标准(ISO)、美国材料与试验协会标准(ASTM)、日本工业标准(JIS)和英国标准(BS)等。国际标准和国外标准代号见表0-0-3。

国际标准和国外标准代号 表0-0-3

标准名称	缩写(全名)
国际标准	ISO(International Standard Organization)
美国国家标准	ANS(American National Standard)
美国材料与试验协会标准	ASTM(American Society for Testing and Materials)
英国标准	BS(British Standard)
德国工业标准	DIN(Deutsche Industri Normen)
日本工业标准	JIS(Japanese Industrial Standard)
法国标准	NF(Normes Francaises)

七、课程学习目标

通过本课程的学习,学生应达到以下目标:

(1)掌握有关交通土建轨道、道路、桥梁等工程材料的基础理论、基础知识,为后续专业课程的学习提供必要的工程材料基础知识。

(2)熟练掌握各种工程材料技术性质的检验方法,并能利用试验结果进行分析评定。

(3)熟练掌握矿质混合料、水泥混凝土、无机结合料稳定材料、沥青混合料等材料的配合比设计方法。

(4)掌握各种混合料技术性能的检验方法。

(5)学会选择和鉴定材料,并能够正确使用材料。

八、本课程的内容和任务

本课程的任务是,使学生通过学习获得工程材料的基础知识,掌握工程材料的性能和应用技术及其试验检测技能,同时对建筑材料的储运和保护也有所了解,以便在今后的工作实践中能正确选择与合理使用工程材料,亦为进一步学习其他有关课程打下基础。

课程介绍

本书基础理论篇分别主要讲述各类工程材料的品种、组成、配制、性能和用途。

实验实训课是本课程的重要教学环节,是为了加深了解材料的性能和掌握试验方法,培养科学研究能力以及严谨的科学态度,因此,结合课堂讲授的内容,加强对材料试验的实践是十分必要的,本课程最后安排了有关工程材料试验内容。

学习任务单

绪论	姓名：	
	班级：	
	自评	师评
思考与练习题	掌握：	合格：
	未掌握：	不合格：

简答题
1. 试述工程材料在工程结构物中的重要性。
2. 试述工程材料课程所研究的内容和任务。
3. 工程材料是如何进行分类的？
4. 工程材料应具备哪些性质？
5. 请查阅相关资料了解交通土建轨道、道路、桥梁等工程材料发展现状及趋势。

第一篇
基础理论篇：材料篇

项目一

工程材料技术性质

工程材料技术性质单元知识点

教学方式	教学内容	教学目标
理论教学	1. 工程材料概述； 2. 工程材料的物理性质及指标； 3. 工程材料的力学性质及指标； 4. 工程材料的耐久性	1. 掌握工程材料概念、分类及检验与标准； 2. 掌握工程材料需满足的工程性质； 3. 熟知工程材料的物理、力学和耐久性指标

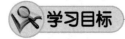

1. 知识目标

(1) 掌握工程材料与质量有关的性质、与水有关的性质；

(2) 掌握工程材料的力学性能与材料的变形性质等内容；

(3) 掌握工程材料的化学性质和耐久性；

(4) 了解材料的其他性能，明确材料在工程中的使用要求。

2. 技能目标

(1) 学会分析工程材料基本物理性能、力学性能；

(2) 学会判断工程材料的性质和正确运用材料。

3. 素质目标

(1) 培养学生的实际应用能力；

(2) 培养学生踏实、细致、认真的工作态度和作风。

学习重点

工程材料与质量有关的性质、与水有关的性质；工程材料的力学性能与材料的变形性质；工程材料的化学性质和耐久性。

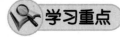

基本物理参数的表达式；工程材料与水有关的物理性质及其意义；主要力学性质的表示方

法及其意义。

任务一　工程材料的物理性质

【任务描述】
认识工程材料与质量有关的性质、与水有关的性质。

材料物理性质1

一、与质量有关的性质

1. 密度

密度是指材料在绝对密实状态下，单位体积的质量。按下式计算：

$$\rho = \frac{m}{V} \tag{1-1-1}$$

式中：ρ ——密度，g/cm³；
　　　m ——材料的质量，g；
　　　V ——材料在绝对密实状态下的体积，cm³。

绝对密实状态下的体积是指不包括孔隙在内的体积。除了金属材料、玻璃等少数材料外，绝大多数材料都有一些孔隙。在测定有孔隙的密度时，应把材料磨成细粉，干燥后，用李氏瓶测定其实体积。材料磨得越细，测得的密度数值就越精确。砖、石材等块状材料密度即用此法测得。

在测量某些致密材料（如卵石等）的密度时，直接以块状材料为试样，以排液置换法测量其体积，材料中部分与外部不连通的封闭孔隙无法排除，这时所求得的密度称为近似密度。

2. 表观密度

表观密度是指材料在自然状态下，单位体积的质量。按下式计算：

$$\rho_0 = \frac{m}{V_0} \tag{1-1-2}$$

式中：ρ_0 ——表观密度，g/cm³；
　　　m ——材料的质量，g；
　　　V_0 ——材料在自然状态下的体积，cm³。

含孔隙材料体积构成见图1-1-1。

材料的表观体积是指包含内部孔隙的体积。当材料孔隙内含有水分时，其质量和体积均将有所变化，故测定表观密度时，须注明其含水情况。一般是指材料在气干状态（长期在空气中干燥）下的表观密度。在烘干状态下的表观密度，称为干表观密度。

3. 堆积密度

堆积密度是指散粒材料在堆积状态下，单位体积的质量。按下式计算：

$$\rho'_0 = \frac{m}{V'_0} \tag{1-1-3}$$

式中：ρ'_0——堆积密度，g/cm^3；

m——材料的质量，g；

V'_0——材料的堆积体积，cm^3。

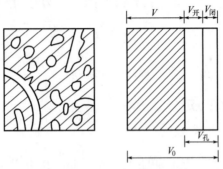

图 1-1-1 含孔隙材料体积构成示意图

散粒材料体积构成见图 1-1-2。

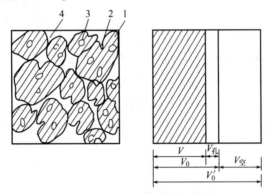

图 1-1-2 散粒材料体积构成示意图

1-颗粒中固体物质；2-颗粒的开口孔隙；3-颗粒的闭口孔隙；4-颗粒间的空隙

测定散粒材料的堆积密度时，材料的质量是指填充在一定容器内的材料质量，其堆积体积是指所用容器的容积。因此，材料的堆积体积包含了颗粒之间的空隙。

在工程中，计算材料用量、构件的自重、配料计算以及确定堆放空间时经常要用到材料的密度、表观密度和堆积密度等数据。常用建筑材料的有关数据见表 1-1-1。

常用建筑材料的密度、表观密度及堆积密度　　　　表 1-1-1

材　料	密度（g/cm^3）	表观密度（kg/m^3）	堆积密度（kg/m^3）
石灰岩	2.60	1800～2600	—
花岗岩	2.80	2500～2900	—
碎石（石灰岩）	2.60	—	1400～1700
砂	2.60	—	1450～1650
黏土	2.60	—	1600～1800
水泥	3.10	—	1200～1300
普通混凝土	—	2100～2600	—
轻集料混凝土	—	800～1900	—

续上表

材　料	密度(g/cm³)	表观密度(kg/m³)	堆积密度(kg/m³)
木材	1.55	400~800	—
钢材	7.85	7850	—
泡沫塑料	—	20~50	—

4. 密实度

密实度是指材料体积内被固体物质充实的程度，一般是指土、集料或混合料在自然状态或受外界压力后的密实程度。按下式计算：

$$D = \frac{V}{V_0} \times 100\% = \frac{\rho_0}{\rho} \times 100\% \tag{1-1-4}$$

式中：D——材料的密实度；
　　　V——材料中固体物质体积，cm³或m³；
　　　V_0——材料体积(包括内部孔隙体积)，cm³或m³。

5. 孔隙率

孔隙率是指材料中孔隙体积所占整个体积的百分率，按下式计算：

$$P = \frac{V_0 - V}{V_0} \times 100\% = \left(1 - \frac{V}{V_0}\right) \times 100\% = (1 - D) \times 100\% \tag{1-1-5}$$

孔隙率的大小直接反映了材料的致密程度。它直接影响材料的多种性质。建筑材料的许多性质不仅与孔隙率的大小有关，还与孔隙特征有关。

6. 填充率

填充率是指散粒材料在某堆积体积中，被其颗粒填充的程度，按下式计算：

$$D' = \frac{V}{V'_0} \times 100\% = \frac{\rho'_0}{\rho} \times 100\% \tag{1-1-6}$$

式中：D'——散粒状材料在堆积状态下的填充率。

7. 空隙率

空隙率是指散粒材料在某堆积体积中，颗粒之间的空隙体积所占的比例，按下式计算：

$$P' = \frac{V'_0 - V_0}{V'_0} \times 100\% = \left(1 - \frac{V_0}{V'_0}\right) \times 100\% = \left(1 - \frac{\rho'_0}{\rho_0}\right) \times 100\% = (1 - D') \times 100\% \tag{1-1-7}$$

式中：P'——散粒状材料在堆积状态下的空隙率。

空隙率的大小反映了散粒材料的颗粒互相填充的致密程度。空隙率可作为控制混凝土集料级配与计算含砂率的依据。

二、与水有关的性质

1. 亲水性与憎水性

水与不同固体材料表面之间的相互作用情况各不相同，如水分子之间的内聚力小于水分子与材料分子间的相互吸引力,则材料容易被水浸润,此时在材料、水和空气的三相交点处,沿水滴表面所引切线与材料表面所成的夹角称为润湿角 θ。当润湿角 $\theta \leqslant 90°$ 时,材料表面就会被水所润湿,材料为亲水性材料,如石材、砖瓦、陶器、混凝土、木材等;当 $90° < \theta < 180°$ 时,材料为憎水性材料,如沥青、石蜡和某些高分子材料等。

亲水性、憎水性材料表面有水时,水在材料表面的分布形态如图 1-1-3 所示。

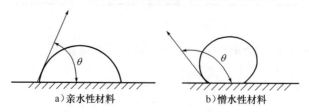

图 1-1-3 亲水性、憎水性材料的湿润边角

2. 吸水性

材料与水接触吸收水分的性质,称为材料的吸水性。当材料吸水饱和时,其含水率称为吸水率。吸水率的表达方式有质量吸水率和体积吸水率两种。

(1)质量吸水率 W_m 按下式计算:

$$W_m = \frac{m_b - m}{m} \times 100\% \qquad (1\text{-}1\text{-}8)$$

式中:W_m ——材料的质量吸水率;
  m_b ——材料吸水饱和状态下的质量,g;
  m ——材料在干燥状态下的质量,g。

(2)体积吸水率 W_V 按下式计算:

$$W_V = \frac{m_b - m}{V_0} \times \frac{1}{\rho_w} \times 100\% \qquad (1\text{-}1\text{-}9)$$

式中:W_V ——材料的体积吸水率;
  m_b ——材料吸水饱和状态下的质量,g;
  m ——材料在干燥状态下的质量,g;
  V_0 ——材料在自然状态下的体积,cm³;
  ρ_w ——水的密度,g/cm³。

各种材料的吸水率相差很大,如花岗岩等致密岩石的吸水率仅为 0.5% ~ 0.7%,普通混凝土为 2% ~ 3%,黏土砖为 8% ~ 20%,而木材或其他轻质材料的吸水率则通常大于 100%。

3. 吸湿性

材料在潮湿空气中吸收水分的性质称为吸湿性。吸湿作用一般是可逆的,即材料既可吸收空气中的水分,又可向空气中释放水分。如果是与空气湿度达到平衡时的含水率则称为平衡含水率。材料在正常使用状态下,均处在平衡含水率状态。

材料的吸湿性主要与材料的组成、孔隙含量,特别是毛细孔的特征有关,还与周围环境温度有关。材料吸水或吸湿后,除了本身的质量增加外,还会降低绝热性、强度及耐久性,造成体积的变化和变形,对工程产生不利的影响。

4. 耐水性

耐水性是指材料长期在饱和水作用下,保持其原有功能,抵抗破坏的能力。对于结构材料,耐水性主要指强度变化;对于装饰材料则主要指颜色、光泽、外形等的变化,以及是否起泡、起层等。不同的材料,耐水性的表示方法也不同。

结构材料的耐水性可用软化系数表示:

$$K_R = \frac{f_b}{f_g} \qquad (1\text{-}1\text{-}10)$$

式中:K_R——软化系数;

f_b——材料在吸水饱和状态下的抗压强度,MPa;

f_g——材料在干燥状态下的抗压强度,MPa。

软化系数的范围波动在 0~1 之间。软化系数的大小,有时成为选择材料的重要依据。受水浸泡或处于潮湿环境的重要建(构)筑物,必须选用软化系数不低于 0.85 的材料建造,通常软化系数大于 0.80 的材料,可以认为是耐水的。

5. 抗渗性

抗渗性是指材料抵抗压力水渗透的性能。材料的抗渗性用渗透系数 K 和抗渗等级表示。

$$K = \frac{Qd}{AtH} \qquad (1\text{-}1\text{-}11)$$

式中:K——渗透系数,cm/h;

Q——透水量,cm^3;

d——试件厚度,cm;

A——透水面积,cm^2;

t——时间,h;

H——静水压力水头差,cm。

渗透系数越小的材料,其抗渗性越好。

对于混凝土和砂浆材料,抗渗性常用抗渗等级来表示。材料的抗渗等级是指材料用标准方法进行透水试验时,规定的试件在透水前所能承受的最大水压力(以 0.1MPa 为单位)。如混凝土的抗渗等级为 P6、P8、P12、P16,分别表示能承受 0.6MPa、0.8MPa、1.2MPa、1.6MPa 的水压力而不渗水。

材料抗渗性的好坏,与材料的孔隙率和孔隙特征有密切关系。孔隙率很低而且是封闭孔隙的材料就具有较高的抗渗性能。对于地下建筑及水工构筑物,因常受到水压力的作用,所以要求材料具有一定的抗渗性。对于防水材料,则要求具有更高的抗渗性。材料抵抗其他液体渗透的性质,也属于抗渗性,如储油罐要求材料具有良好的不渗油性。

6. 抗冻性

抗冻性是指材料在多次冻融循环作用下,保持其原有性质,抵抗破坏的能力。材料的抗冻性用抗冻等级 Fn 表示,如水泥混凝土抗冻等级 F25、F50、F100 等,分别表示水泥混凝土所能承受的最多冻融循环次数是 25 次、50 次、100 次,强度下降不超过 25%,质量损失不超过 5%。

材料的抗冻性主要与孔隙率、孔隙特征、抵抗胀裂的强度等有关,工程中通常从这些方面改善材料的抗冻性。对于室外温度低于15℃的地区,其主要材料必须进行抗冻性试验。

任务二　工程材料的力学性质

【任务描述】

认识工程材料强度与比强度、弹性与塑性、脆性与韧性、硬度与耐磨性等有关力学性质的表示方法及其意义。

一、强度与比强度

1. 强度

材料强度

材料在外力(荷载)作用下抵抗破坏的能力称为强度。当材料承受外力作用时,内部就产生应力。外力逐渐增加,应力也相应地加大。直到质点间作用力不再能够承受时,材料即破坏,此时极限应力值就是材料的强度。

根据外力作用方式的不同,材料强度有抗压强度、抗拉强度、抗弯强度及抗剪强度等。材料受力如图1-1-4所示。

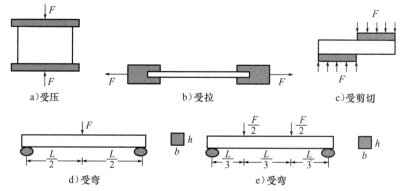

图1-1-4　材料受力示意图

1)抗压、抗拉及抗剪强度

计算公式如下:

$$f = \frac{F}{A} \tag{1-1-12}$$

式中:f——材料的抗拉、抗压、抗剪强度,MPa;

F——材料受拉、压、剪破坏时的荷载,N;

A——受力截面面积,mm^2。

2)抗弯(抗折)强度

材料的抗弯强度与受力情况有关。一般试验方法是将试件放在两支点上,中间作用一集中荷载,对矩形截面试件,则其抗弯强度用下式计算:

$$f_\mathrm{m} = \frac{3FL}{2bh^2} \qquad (1\text{-}1\text{-}13)$$

也有时在跨度的三分点上作用两个相等的集中荷载,其抗弯强度要用下式计算:

$$f_\mathrm{m} = \frac{FL}{bh^2} \qquad (1\text{-}1\text{-}14)$$

式中：f_m——抗弯(折)强度,MPa；

　　　F——弯曲破坏时荷载,N；

　　　L——两支点的间距,mm；

　　　b、h——试件横截面的宽度及高度,mm。

不同种类的材料具有不同的抵抗外力的特点。相同种类的材料,随着其孔隙率及构造特征的不同,材料的强度也有较大的差异。一般孔隙率越大的材料强度越低,其强度与孔隙率具有近似直线的比例关系。砖、石材、混凝土和铸铁等材料的抗压强度较高,而其抗拉及抗弯强度很低。木材则顺纹抗拉强度高于抗压强度。钢材的抗拉、抗压强度都很高。现将常用材料的强度值列于表 1-1-2。

常用材料的强度(MPa)　　　　　　　　　　　　　　　表 1-1-2

材　　料	抗　　压	抗　　拉	抗　　弯
花岗岩	100～250	5～8	10～14
普通黏土	5～20	—	1.6～4.0
普通混凝土	5～60	1～9	—
建筑钢材	240～1500	240～1500	

对于以强度为主要指标的材料,通常按材料强度值的高低划分若干不同的等级(标号)。

2. 比强度

比强度是指按单位体积质量计算的材料强度,即材料的强度与其表观密度之比,是反映材料轻质高强的力学参数,是衡量材料轻质高强性能的一项重要指标。比强度越大,材料轻质高强性能越好。在高层建筑及大跨度结构工程中常采用比强度较高的材料。轻质高强的材料也是未来建筑材料发展的主要方向。

二、弹性与塑性

1. 弹性变形

材料在外力作用下产生变形,当外力取消后,能够完全恢复原来形状的性质称为弹性。这种完全恢复的变形称为弹性变形(或瞬时变形)。

弹性变形的大小与其所受外力的大小成正比,其比例系数对某种理想的弹性材料为常数,这个常数被称为弹性模量。

$$E = \frac{\sigma}{\varepsilon} \qquad (1\text{-}1\text{-}15)$$

式中：E——材料的弹性模量,MPa；

　　　σ——材料所受的应力,MPa；

　　　ε——在应力 σ 作用下的应变。

弹性模量是反映材料抵抗变形的能力,其值越大,表明材料的刚度越强,外力作用下的变形较小。弹性模量是工程结构设计和变形验算所依据的主要参数之一。

2. 塑性变形

在外力作用下材料产生变形,如果取消外力,仍保持变形后的形状和尺寸,并且不产生裂缝的性质称为塑性。这种不能恢复的变形称为塑性变形(或永久变形)。

实际上,单纯的弹性材料是没有的。有的材料在受力不大的情况下,表现为弹性变形,但受力超过一定限度后,则表现为塑性变形,如建筑钢材。有的材料在受力后,弹性变形及塑性变形同时产生,如混凝土。

三、脆性与韧性

1. 脆性

当外力达到一定限度后,材料突然破坏,而破坏时并无明显的塑性变形,材料的这种性质称为脆性。其特点是材料在外力作用下,达到破坏荷载时的变形值是很小的。脆性材料的抗压强度比其抗拉强度往往要高很多倍。这对承受震动作用和抵抗冲击荷载是不利的。砖、石材、陶瓷、玻璃、混凝土、铸铁等都属于脆性材料。

2. 韧性

在冲击、震动荷载作用下,材料能够吸收较大的能量,同时也能产生一定的变形而不致破坏的性质称为韧性(冲击韧性)。材料的韧性是用冲击试验来检验的。建筑钢材(软钢)、木材等属于韧性材料。路面、桥梁、吊车梁以及有抗震要求的结构均要考虑材料的韧性。

四、硬度与耐磨性

1. 硬度

硬度是指材料表面抵抗其他物质刻划、磨蚀、切削或压入表面的能力。工程中用于表示材料硬度的指标有多种:对金属、木材等材料以压入法检测其硬度,如洛氏硬度是以金刚石圆锥或圆球的压痕深度计算求得;天然矿物材料的硬度常用摩氏硬度表示,它是以两种矿物质相互对刻的方法确定矿物的相对硬度,由软到硬依次为滑石、石膏、方解石、萤石、磷灰石、正长石、石英、黄玉、金刚石;混凝土等材料的硬度常用肖氏硬度检测,即以重锤下落回弹高度计算求得。

2. 耐磨性

材料的耐磨性是指材料表面抵抗磨损的能力。材料的耐磨性可用磨损率表示。

$$B = \frac{m_1 - m_2}{A} \tag{1-1-16}$$

式中:B——材料的磨损率,g/cm^2;

$m_1 - m_2$——材料磨损前后的质量损失,g;

A——材料试件受磨面积,cm^2。

材料的磨损率越小则耐磨性越好;反之,越差。

材料的耐磨性与材料的强度、硬度、密实度、内部结构、组成、孔隙率、孔隙特征、表面缺陷等有关。一般情况下，强度较高且密实的材料，其硬度较大，耐磨性也好。

任务三　工程材料的化学性质和耐久性

【任务描述】
认识工程材料有关化学性质和耐久性内容。

一、化学性质

工程材料的化学性质是指材料生产、施工或使用过程中发生化学反应，使材料的内部组成发生变化的性质。工程材料的各种性质都与其化学结构有关，大多是利用化学性质进行生产、施工和使用。材料在生产过程中，较多是利用化学反应生产原材料，如钢筋、水泥的生产。材料在施工过程中，利用化学反应使其方便施工或达到其材料的基本性能，如钢筋的化学除锈、水泥的水化硬化、石灰的消化碳化等。材料在使用过程中，受各种酸、碱、盐及水溶液、各种腐蚀作用或氧化作用，使材料的组成或结构在使用中发生变化，逐渐变质影响其使用功能，甚至造成工程的结构破坏，如金属的氧化腐蚀、水泥混凝土的酸腐蚀、沥青的老化等。人们利用化学性质改善材料性能，如材料表面油漆、配制耐酸混凝土、改性沥青等。材料的化学性质范畴很广，对于建筑工程的应用，主要关心其使用中的化学变化和稳定性。

工程材料所处的部位、周围环境、使用功能要求和作用的不同，对材料的化学性质的要求也就不同。为保证良好的化学稳定性，许多材料标准都对某些成分及组成结构进行了限制规定。

二、耐久性

耐久性是指材料保持工作性能直到极限状态的性质。所谓极限状态是根据材料的破坏程度、安全的要求及经济上的因素来确定的。建筑材料的耐久性一般是根据具体气候及使用条件下保持工作性能的期限来度量的。

材料耐久性的具体内容，因材料组成和结构不同而有所不同。如，钢材易产生电化学腐蚀；无机非金属材料常因氧化、溶蚀、冻融、热应力、干湿交替作用而破坏；有机材料多因腐烂、虫蛀、溶蚀和受紫外线照射而变质。

耐久性是材料的一项综合性质，它反映了材料的抗渗性、抗冻性、抗化学侵蚀性、抗碳化性、大气稳定性和耐磨性等有关性能。针对具体的工程环境条件下的某种材料，还须研究其具体的耐久性特征性质。耐久性及破坏因素关系见表1-1-3。

耐久性及破坏因素关系　　　　表1-1-3

名　　称	破坏因素分类	破坏因素种类	评定指标
抗渗性	物理	压力水	渗透系数、抗渗系数
抗冻性	物理化学	水、冻融作用	抗冻标号、抗冻系数
冲磨气蚀	物理	流水、泥沙	磨蚀率

续上表

名　　称	破坏因素分类	破坏因素种类	评 定 指 标
碳化	化学	CO_2、H_2O	碳化深度
化学侵蚀	化学	酸碱盐及溶液	—
老化	化学	阳光、空气、水	—
锈蚀	物理化学	H_2O、O_2、Cl^-、电流	锈蚀率
碱集料反应	物理化学	R_2O、活性集料	膨胀
腐朽	生物	H_2O、O_2、菌	—
虫蛀	生物	昆虫	—
耐热	物理	湿热、冷热交替	—
耐火	物理	高温、火焰	—

　　对耐久性最可靠的判断是在使用条件下进行长期的观察和测定,但需要很长的时间。因此,通常是根据使用要求,在实验室进行有关的快速试验,据此对材料耐久性作出判断。此类试验有：干湿循环、冻融循环、加湿与紫外线干燥循环、碳化、盐溶液浸渍与干燥循环、上述化学介质浸渍等。

学习任务单

项目一　工程材料技术性质	姓名：	
	班级：	
	自评	师评
思考与练习题	掌握： 未掌握：	合格： 不合格：

简答题

1. 工程材料与水有关的性质有哪些?
2. 影响材料抗冻性的因素有哪些?
3. 工程实际应用中如何提高材料强度?
4. 根据材料的变形性质,脆性材料在使用中需要注意哪些事项?
5. 如何在工程中提高材料的耐久性?

项目二 石料、集料与土工合成材料

石料、集料与土工合成材料单元知识点

教学方式	教学内容	教学目标
理论教学	1. 石料制品和技术性质与技术要求； 2. 集料的技术性质及技术标准； 3. 铁路道砟概述；铁路道砟检验； 4. 铁路道砟技术要求	1. 了解砂石材料的分类、来源和用途； 2. 熟知砂石材料的技术性质和技术标准； 3. 掌握铁路道砟的分类、应用、运输与储存； 4. 掌握铁路道砟检验规则； 5. 掌握不同级别道砟技术要求和评价标准
实践教学	试验教学：砂石材料试验	会测定集料相关的技术指标，并对试验数据分析、评定集料的质量
	案例教学：矿质混合料组成设计	会进行矿质合料组成设计

任务一 石料的认知

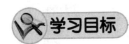

1. 知识目标
(1) 了解石料的概念、来源、分类；
(2) 熟悉常用建筑石材的品种、性能和应用范围；
(3) 了解石料岩石学特性及工程中常用的石料制品；
(4) 熟悉石料的技术性质及技术要求；
(5) 掌握石料的技术指标及质量评价方法。
2. 技能目标
(1) 能依据试验检测规程，完成石料技术指标的检测任务；
(2) 能正确评价和鉴定石料的质量等级，在工程中合理选择和应用石料；
(3) 能提交石料试验检测报告。
3. 素质目标
(1) 树立严谨求实的工作态度，尊重试验数据、不弄虚作假，有工程质量安全意识；

(2)培养学生敬业、精益、专注、创新的工匠精神；
(3)具有沟通能力和团队协作精神。

(1)常用建筑石材的品种、性能和应用范围；
(2)石料的技术性质及技术要求；
(3)石料的技术指标及质量评价方法。

(1)石料的技术性质及技术要求；
(2)石料的技术指标及质量评价方法。

【任务描述】

道路建筑用天然石料分四个技术等级，岩类不同对其技术性质的要求也不同。评定石料的技术等级时，首先应按其造岩矿物的成分、含量以及组织结构确定岩石名称，划分所属岩类，然后根据技术指标评定其技术等级。

【任务实施】

第一步，岩石鉴别。第二步，认知岩石的技术性质，进行岩石的吸水性、抗冻性、抗压强度、磨耗率等性能指标的检测。第三步，根据岩类和技术指标，评定石料的技术等级，结合工程实际判断其可用性。

在土建工程中，石料通常指天然岩石经机械加工制成的或直接开采得到的具有一定形状和尺寸的制品。石料可以直接用于建筑结构中，也可以将其破碎加工成各种规格的碎石料、人工砂和石粉，作为水泥混凝土和沥青混合料中的集料。石料是道路桥梁工程中用量很大的材料。

一、石料的岩石学特性

自然界的矿物多种多样，但很少单独存在，它们通常彼此结合或共生为复杂的集合体。在地质作用下形成的一种或多种矿物组成的具有一定结构和构造的自然集合体称为岩石。由于地质作用的性质和所处环境差异，不同的岩石的矿物成分、化学成分、结构和构造等内部特征也有所不同。

石材

1.造岩矿物

矿物是指地壳中的化学元素在地质作用下形成的具有一定化学成分和物理性质的单质或化合物。自然界的矿物按其成因可分为三大类型：

(1)原生矿物：在成岩或成矿的时期内，从岩浆熔融体中经冷凝结晶过程形成的矿物，如石英、长石等。

(2)次生矿物：原生矿物遭受化学风化而形成的新矿物，如正长石经过水解作用后形成的高岭石。

(3)变质矿物:在变质作用过程中形成的矿物,如区域变质的结晶片岩中的蓝晶石和十字石等。

目前已发现的矿物有3000多种,其中常见的不过200种。组成岩石的矿物称为造岩矿物,主要造岩矿物有20余种,其中又以长石、石英、辉石、角闪石、橄榄石、黑云母、方解石、白云石最为重要,它们的含量决定了岩石的名称及主要性质。

2. 岩石

岩石是建造各种工程结构物及其地基的天然建筑材料,因此了解主要类型岩石的特征和特性,无论是对工程设计人员、施工人员还是地质勘测人员都是十分必要的。自然界岩石的种类很多,根据成因可分为三大类,即岩浆岩(火成岩)、沉积岩(水成岩)和变质岩。

(1)岩浆岩

岩浆岩又称火成岩,是由侵入地壳内的岩浆及喷出地表的岩浆冷凝后形成的岩石(图1-2-1)。若岩浆向压力低的地方运动,沿断裂带或地壳薄弱地带侵入地壳上部岩层中则称为侵入作用;若岩浆沿一定通道运动直至喷出地表,称为喷出作用。因此,在地壳较深的地方(一般是距地表3km以下),由于侵入作用形成的岩石称为深成岩,在地表由于喷出作用形成的岩石称为喷出岩,在地壳浅处(通常是地表以下3km以内)形成的岩石称为浅成岩。

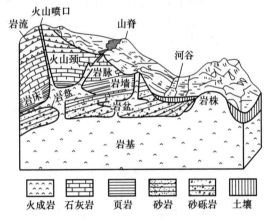

图1-2-1 岩浆岩体的产状

常见的岩浆岩包括:

①花岗岩:分布非常广泛,常为肉红色或灰白色,全晶质细粒、中粒或粗粒结构,块状构造。花岗岩含有大量石英(体积约占30%),正长石多于斜长石,暗色矿物以黑云母为主,并有少量的角闪石(总计不超过10%)。花岗岩的产状常呈巨大的岩基或岩株。花岗岩性质均一、坚硬,岩块抗压强度可达120~200MPa,是良好的建筑物地基和天然建筑材料。但花岗岩易风化,风化深度可达50~100m。

②玄武岩:是岩浆岩中分布较广泛的基性喷出岩,呈黑色、褐色或深灰色。玄武岩主要矿物成分与辉长岩相同,但常含有橄榄石颗粒,呈隐晶质细粒或斑状结构,具有气孔状构造,当气孔中为方解石、绿泥石等所充填时即构成杏仁状构造,岩石致密、坚硬、性脆。玄武岩岩块抗压强度为200~290MPa,具有抗磨损、耐酸性强的特点。

(2)沉积岩

沉积岩是地表或接近于地表的岩石遭受风化剥蚀破坏的产物经搬运、沉积和固结成岩作用形成的岩石。据统计,沉积岩仅占地壳的5%(岩浆岩和变质岩共占95%),但沉积岩在地表分布极广,出露面积约占陆地表面积的75%,分布的厚度各处不一,且深度有限,一般不过几百米,仅在局部地区才有巨厚的沉积(数千米甚至上万米)。尽管沉积岩在地壳中的总量并不多,但各种工程建筑如道路、桥梁、水坝、矿山等几乎都以沉积岩为地基,同时沉积岩本身也是建筑材料的重要来源。

由于沉积岩的形成过程比较复杂,目前对沉积岩的分类方法尚不统一,通常主要依据沉积岩的组成成分、结构、构造和形成条件将沉积岩分为碎屑岩、黏土岩、化学岩及生物化学岩。在各种沉积岩中,分布较广、较常见的有三种,即砂岩、黏土岩和石灰岩。这三种岩石约占全部沉积岩总量的99%。

①砂岩:是由50%以上的砂粒胶结而成的岩石。根据颗粒大小、含量不同,砂岩可分为粗粒、中粒、细粒及粉粒砂岩。按颗粒的主要矿物成分,砂岩又可分为石英砂岩、长石砂岩、硬砂岩和粉砂岩等。石英砂岩(石英含量大于95%)一般为硅质胶结,呈白色,质地坚硬。长石砂岩(长石含量大于25%)呈浅红色或浅灰色,颗粒圆度、分选性都较差,中粗粒居多。硬砂岩成分复杂,色暗,表面粗糙,颗粒的圆度及分选性较差。粉砂岩中颗粒粒径在 0.005~0.05mm 之间的颗粒含量大于50%,成分以石英为主,常含有云母,颗粒圆度差,泥质含量高,常有水平层理。砂岩中胶结物成分和胶结类型不同,抗压强度也不同。硅质砂岩抗压强度为 80~200MPa;泥质砂岩抗压强度较低,为 40~50MPa 或更低。

②黏土岩:主要是指由粒径小于 0.005mm 的颗粒组成的、含大量黏土矿物的岩石。此外,黏土岩还含有少量的石英、长石、云母。黏土岩一般都具有可塑性、吸水性、耐火性,有重要的工程意义。主要的黏土岩有两种,即泥岩和页岩。a. 泥岩:是固结程度较高的一种黏土岩,以层厚和页状构造不发育为特征。泥岩一般为土黄色,常因混入钙质、铁质等而使颜色发生变化。b. 页岩:以具页片状构造为特征,很容易沿页片剥开,岩性致密均一,强度小,不透水,有滑感,颜色多为土黄色或黄绿色,如含较多的炭质或铁质,则岩石相应呈黑色或褐红色。页岩由于基本不透水,通常作为隔水层。但页岩质地软弱,抗压强度一般为 20~70MPa 或更低,浸水后强度显著降低,抗滑稳定性差。

③石灰岩:简称灰岩,主要化学成分为碳酸钙,矿物成分以结晶的细粒方解石为主,含少量白云石等矿物,颜色多为深灰、浅灰,质纯灰岩呈白色,具有致密状、鲕状、竹叶状等结构。石灰岩一般遇酸起泡剧烈,而硅质石灰岩、泥质石灰岩遇酸反应较差。含硅质、白云质的石灰岩和纯石灰岩强度高,含泥质、炭质的石灰岩和贝壳状灰岩强度低。石灰岩一般抗压强度为 40~80MPa。石灰岩具有可溶性,易被地下水溶蚀,形成宽大的裂隙和溶洞,是地下水的良好通道。

(3)变质岩

地壳中的先成岩石由于构造运动和岩浆活动等原因造成的物理、化学条件的变化,使原来岩石的成分、结构、构造等发生一系列改变而形成的新岩石称为变质岩。按照变质岩的成因可将变质岩分为接触变质岩、动力变质岩和区域变质岩三类。区域变质岩可首先按构造进行分类命名,然后可根据矿物成分进一步定名,如具片状构造的岩石叫片岩。若片岩中含绿泥石较多,则可进一步定名为绿泥石片岩。凡具有块状构造和变晶结构的岩石,首先按矿物成分命名,如石英岩;也有按地名命名的,如大理岩。动力变质岩则主要根据岩石结构分类定名。

常见变质岩的特征:

①片麻岩:具有明显的片麻状构造,主要矿物为长石、石英,两者含量大于50%,且长石含

量一般多于石英。片麻岩中片状或柱状矿物一般是云母、角闪石、辉石等,有时也含有硅线石、石榴子石、蓝晶石等特征变质矿物。片麻岩为中、粗粒鳞片状变晶结构,多呈肉红色、灰色、深灰色,且为变质程度较深的区域变质岩。岩石的物理力学性质视其含有矿物成分的不同而不同。一般抗压强度达 120~200MPa,若云母含量增多且富集在一起时则强度大为降低。由于片理发育,岩石较易风化。

②大理岩:由石灰岩重结晶而成,具有细粒、中粒和粗粒结构,主要矿物为方解石和白云石,纯大理岩呈白色(故又称为汉白玉),含有杂质时带有灰色、黄色、蔷薇色,具有美丽花纹,是贵重的雕刻和建筑石料。大理岩硬度小,与盐酸作用起泡,所以很容易鉴别,具有可溶性。其强度随其颗粒胶结性质及颗粒大小而异,抗压强度一般为 50~120MPa。

二、石料的技术性质和技术标准

(一)石料的技术性质

天然石材的技术性质,可分为物理性质、力学性质和化学性质。

天然石材因形成条件各异,常含有不同种类的杂质,矿物成分也会有所变化,所以,即使是同一类岩石,它们的性质也可能有很大差别。因此,在使用时,都必须进行检验和鉴定,以保证工程质量。

1. 物理性质

(1)物理常数

石料的物理常数是反映材料矿物组成、结构状态的参数,它与石料的技术性质有着密切的联系。常用的物理常数有密度、毛体积密度和孔隙率。这些物理常数可以间接预测石料的有关物理性质和力学性质。此外,在选用石料、进行混合料组成设计计算时,这些物理常数也是重要的设计参数。

石料的内部组成结构从质量和体积的物理观点出发,主要是由矿质实体和孔隙(包括与外界连通的开口孔隙和内部的闭口孔隙)所组成(图1-2-2)。

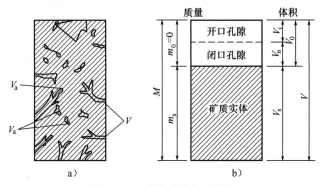

图1-2-2 石料组成结构示意图

①密度

密度又称真实密度,是在规定条件下,烘干岩石矿质实体单位真实体积(不包括开口与闭口孔隙的体积)的质量,按式(1-2-1)计算。

$$\rho_t = \frac{m_s}{V_s} \tag{1-2-1}$$

式中：ρ_t——石料的真实密度，g/cm^3；

m_s——石料矿质实体的质量，g；

V_s——石料矿质实体的体积，cm^3。

石料密度是选择建筑材料、研究岩石风化、评价地基基础工程岩体稳定性及确定围岩压力等必需的计算指标。按《公路工程岩石试验规程》(JTG E41—2005)，石料密度采用"密度瓶法"进行测定，将石料试样粉磨成能通过 0.315mm 的石粉并烘干至恒重，以一定质量的石粉在密度瓶中通过"置换法"求得矿质实体的体积，从而计算出岩石的真实密度。

②毛体积密度

毛体积密度是在规定条件下，烘干岩石包括孔隙在内的单位毛体积的质量，按式(1-2-2)计算。

$$\rho_0 = \frac{M}{V_s + V_n + V_i} \tag{1-2-2}$$

式中：ρ_0——石料的毛体积密度，g/cm^3；

M——石料的质量，g；

V_s——石料矿质实体的体积，cm^3；

V_i——石料开口孔隙的体积，cm^3；

V_n——石料闭口孔隙的体积，cm^3。

毛体积密度是间接反映石料致密程度、孔隙发育程度的参数，也是评价工程岩体稳定性及确定围岩压力等必需的计算指标。根据岩石含水状态，毛体积密度可分为干密度、饱和密度和天然密度。毛体积密度的试验方法有量积法、水中称量法和蜡封法，量积法适用于能够制备成规则试件的岩石；水中称量法适用于除遇水崩解、溶解或干缩湿胀外的其他各类岩石；蜡封法适用于不能用量积法和水中称量法进行试验的岩石。

③孔隙率

孔隙率是岩石孔隙体积占其总体积的百分率，按式(1-2-3)计算。

$$n = \frac{V_0}{V} \times 100\% \tag{1-2-3}$$

式中：n——岩石的孔隙率；

V_0——岩石的孔隙(包括开口和闭口孔隙)的体积，cm^3；

V——岩石的总体积，cm^3。

岩石的孔隙结构会影响由其所制成的集料在水泥混凝土或沥青混合料中对水泥浆或沥青的吸收、吸附等化学交互作用的程度，孔隙率是反映岩石裂隙发育程度的参数。岩石的孔隙性指标一般不能实测，可根据岩石的真实密度和毛体积密度按式(1-2-4)计算求得。

$$n = \left(1 - \frac{\rho_0}{\rho_t}\right) \times 100\% \tag{1-2-4}$$

式中：n——石料的孔隙率；

ρ_t——石料的密度，g/cm^3；

ρ_0——石料的毛体积密度,g/cm³。

石料的物理常数不仅反映石料的内部组成结构状态,且能间接反映石料的力学性能,相同矿物组成的石料,孔隙率越小,其强度越高。

(2)吸水性

石料在规定的条件下吸入水分的能力称为吸水性,通常用吸水率、饱和吸水率和饱和系数三项指标来表征。吸水性可反映石料微裂缝的发育程度,用于判断石料的抗冻和抗风化等性能。

①吸水率

吸水率是在规定条件下,石料试样最大吸水质量占烘干石料试样质量的百分率,按式(1-2-5)计算。

$$w_a = \frac{m_1 - m}{m} \times 100\% \qquad (1\text{-}2\text{-}5)$$

式中:w_a——石料吸水率;

m——石料试件烘干至恒量时的质量,g;

m_1——石料试件吸水至恒量时的质量,g。

吸水率采用自由吸水法测定。

②饱和吸水率

饱和吸水率是指在强制条件下,石料试样最大的吸水质量占烘干石料试样质量的百分率。饱和吸水率的计算方法与吸水率相同,采用沸煮法或真空抽气法测定。

③饱水系数

饱水系数是指岩石吸水率与饱和吸水率之比,按式(1-2-6)计算。

$$K_w = \frac{w_a}{w_{sa}} \qquad (1\text{-}2\text{-}6)$$

式中:K_w——饱水系数;

w_{sa}——石料的饱和吸水率。

饱水系数是评价石料抗冻性的一种指标,一般为 0.5~0.8。饱水系数越大,说明常压下吸水后留余的空间越有限,岩石越容易被冻胀破坏,因而其抗冻性就越差。

石料的吸水性与孔隙率大小和孔隙构造特征有关。石料内部独立且封闭的孔隙实际上并不吸水,只有开口并以毛细管连通的孔隙才吸水。孔隙结构相同的石料,孔隙率越大,其吸水率越大。

(3)抗冻性

抗冻性是指石料在饱水状态下,抵抗反复冻结和融化作用而不破坏,并不严重降低强度的性质。一般采用抗冻性试验和坚固性试验来评定岩石的抗冻性。

①抗冻性试验

抗冻性试验是指试件在浸水条件下,经多次冻结和融化作用后测定试件的质量损失以及单轴饱水抗压强度变化的试验。岩石的抗冻性用冻融系数和质量损失率两个指标表示。

冻融系数是冻融试验后试件饱水抗压强度与冻融试验前试件饱水抗压强度之比,按式(1-2-7)计算。

$$K_f = \frac{R_f}{R_s} \times 100\% \qquad (1\text{-}2\text{-}7)$$

式中：K_f——冻融系数；
　　　R_f——冻融试验后试件的饱水抗压强度，MPa；
　　　R_s——未经冻融试验的试件的饱水抗压强度，MPa。

质量损失率是冻融试验前后的干试件质量差与冻融前干试件质量的比值，按式(1-2-8)计算。

$$L = \frac{m_s - m_f}{m_s} \times 100\% \tag{1-2-8}$$

式中：L——冻融后的质量损失率；
　　　m_s——冻融试验前烘干试件的质量，g；
　　　m_f——冻融试验后烘干试件的质量，g。

一般认为冻融系数大于75%，质量损失率小于2%时，为抗冻性好的岩石。吸水率小于0.5%，软化系数大于0.75以及饱水系数小于0.8的岩石，具有足够的抗冻性。岩石的抗冻性对于不同的工程环境气候有不同的要求。冻融次数规定：严寒地区（最冷月的月平均气温低于－15℃）为25次；寒冷地区（最冷月的月平均气温低于－15～－5℃）为15次。

②坚固性试验

坚固性试验是确定岩石试样经饱和硫酸钠溶液多次浸泡与烘干循环作用后，不发生显著破坏或强度降低的性能的试验。由于硫酸钠结晶后体积膨胀，产生与水结冰相似的作用，使岩石孔隙壁受到压力，所以坚固性试验也是评定岩石抗冻性的方法，采用浸泡前后的质量损失率评价抗冻性。

坚固性试验一般适用于质地坚硬的岩石，有条件者宜采用直接冻融法测试岩石的抗冻性。

2. 力学性质

力学性质是指石料抵抗车辆荷载复杂力系综合作用的性能，抗压强度和抗磨耗性是考察路用石料力学性能的主要指标。

(1) 单轴抗压强度

单轴抗压强度是石料力学性质中最主要的一项指标，是指岩石试件抵抗单轴压力时保持自身不被破坏的极限应力。将石料制备成规定的标准试件，经饱水处理后，单轴受压并在规定的加载条件下，按式(1-2-9)计算试件破坏时单位承压面积的荷载。

$$R = \frac{P}{A} \tag{1-2-9}$$

式中：R——岩石的抗压强度，MPa；
　　　P——极限破坏时的荷载，N；
　　　A——试件的截面积，mm²。

岩石抗压强度取决于其矿物组成、结构构造、孔隙构造、含水状态及试验条件等。

(2) 磨耗率

磨耗率是指石料抵抗摩擦、撞击、边缘剪力等联合作用的能力。我国《公路集料试验规程》(JTG E42—2005)规定，石料磨耗试验采用与粗集料磨耗试验相同的方法，即洛杉矶磨耗试验法。将一定质量且有一定级配的石料试样和钢球置于洛杉矶磨耗试验机的磨耗鼓中，磨耗鼓在规定条件下旋转摩擦500次后取出试样，过1.7mm方孔筛，将筛上存留的试样洗净烘干、称其质量,按式(1-2-10)计算试样的磨耗损失。

$$Q = \frac{m_1 - m_2}{m_1} \times 100\% \tag{1-2-10}$$

式中：Q —— 洛杉矶磨耗损失；

m_1 —— 装入试验机圆筒中的试样质量,g；

m_2 —— 试验后在1.7mm筛上洗净烘干的试样质量,g。

【技术提示】石料的磨耗损失率是其使用性能的重要指标,特别是沥青混合料和基层材料,磨耗率与沥青路面的抗车辙能力、耐磨性、耐久性密切相关,一般磨耗损失小的集料比较坚硬,耐久性好。软弱颗粒含量多、风化严重的岩石经过磨耗试验,粉碎严重,其磨耗率很难达标。所以,洛杉矶磨耗试验也是优选岩石的一个重要手段。

3. 化学性质

石料的主要化学成分为氧化钙、氧化硅、氧化铁、氧化铝、氧化镁等,在大多数情况下,这些氧化物的化学稳定性较好,就岩石自身来说,它是一种惰性材料,但在一些特殊条件下,石料中的化学成分会与混合料中的结合料发生物理—化学作用,石料的化学性质将影响混合料的物理力学性能。一般情况下,酸性石料强度高,耐磨性好,但与沥青黏附性差；碱性石料强度低,耐磨性差,但与沥青黏附性较好,通常,在初步确定石料的酸碱性后,需要进行相关试验,以检验石料与沥青的黏附能力。

(二)石料的技术标准

1. 路用石料的技术分级

道路工程用天然石料按其技术性质分为四个等级,不同矿物组成的石料,对其技术性质的要求也不同,因此,在分级之前应首先按其造岩矿物的成分、含量以及组织结构确定岩石名称,然后划分其所属的岩类。

【技术提示】按技术要求不同,路用石料分为岩浆岩类、石灰岩类、砂岩及片岩类、砾岩等四个岩类,各岩组按其物理—力学性质(饱水抗压强度和磨耗率)各分为四个等级：

1级：最坚强岩石；2级：坚强岩石；3级：中等强度岩石；4级：较软岩石。

2. 路用石料的技术标准

根据上述分类和分级方法,对不同岩类的各级石料的技术指标要求列于表1-2-1。在工程中,可根据工程结构特点、技术要求及当地石料资源选用合适的石料。

工程建筑用天然石料等级和技术标准　　　　　　表1-2-1

岩石类别	主要岩石名称	石料等级	技术标准	
			饱水抗压强度(MPa)	洛杉矶磨耗试验值(%)
岩浆岩类	花岗岩、玄武岩、安山岩、辉绿岩等	1	>120	<25
		2	100~120	25~30
		3	80~100	30~45
		4	—	45~60

续上表

岩石类别	主要岩石名称	石料等级	技术标准	
			饱水抗压强度(MPa)	洛杉矶磨耗试验值(%)
石灰岩类	石灰岩、白云岩等	1	>100	<30
		2	80～100	30～35
		3	60～80	35～50
		4	30～60	50～60
砂岩与片岩类	石英岩、片麻岩、石英片麻岩、砂岩等	1	>100	<30
		2	80～100	30～35
		3	50～80	35～45
		4	30～50	45～60
砾岩	—	1	—	<20
		2	—	20～30
		3	—	30～50
		4	—	50～60

三、石料制品

1. 路面工程用石料制品

道路路面用石料制品包括直接铺筑路面面层用的整齐块石、半整齐块石和不整齐块石三类,用作路面基层用的锥形块石、片石等。

(1)高级铺砌用整齐块石

整齐块石由高强、硬质、耐磨的岩石经精凿加工而成,需以水泥混凝土为底层,并且用水泥砂浆灌缝找平。这种路面造价很高,只有在有特殊要求的路面,如特重交通以及履带车等行驶的路面使用。其尺寸按设计要求确定,大方块石为 300mm×300mm×(120～150)mm,小方块石为 120mm×120mm×250mm,抗压强度不低于 100MPa,洛杉矶磨耗率不大于 5%。

(2)路面铺砌用半整齐块石

经粗凿而成立方体的"方块石"或长方体的条石,顶面与底面平行,顶面积与底面积之比不小于 40%～75%。半整齐块石宜用硬质石料制成,通常采用花岗岩,顶面不进行加工,因此顶面平整性较差,一般只在特殊地段使用,如土基尚未沉实稳定的桥头引道及干道、铁轮履带车经常通过的地段等。

(3)铺砌用不整齐块石

铺砌用不整齐块石,又称拳石,是由粗打加工而得到的块石,要求顶面为一平面,底面与顶面基本平行,顶面积与底面积之比大于 40%～60%。这类石料铺砌路面造价低,耐久性强,保证晴雨通车,但平整度差,行车振动大,目前应用不多。

(4)锥形块石

锥形块石,又称大块石,用于路面底基层,是由片石进一步加工而得的粗打石料,要求上小下大,接近截锥形。其底面积不宜小于 100cm²,以便砌摆稳定。锥形块石的高度一般为

160mm±20mm、200mm±20mm 和 250mm±20mm 等。通常底基层厚度应为石块高的 1.1~1.4 倍,除特殊情况外,一般不采用大块石基层。

2. 桥梁建筑用石料制品

桥梁建筑所用石料制品主要有片石、块石、方块石、粗料石、细料石、镶面石等。

(1)片石

片石是由打眼放炮采得的石料,其形状不受限制,但薄片者不得使用。一般片石其最小边长应不小于 15cm,体积不小于 0.01m³,每块质量一般应在 30kg 以上。用于圬工工程主体的片石,其抗压强度应不小于 30MPa;用于附属圬工工程的片石,其抗压强度应不小于 20MPa。

(2)块石

块石是由成层岩中打眼放炮开采获得,或用楔子打入成层岩的明缝或暗缝中劈出的石料。块石形状大致方正,无尖角,有两个较大的平行面,边角可不加工。其厚度应不小于 20cm,宽度为厚度的 1.5~2 倍,长度为厚度的 1.5~3 倍,砌缝宽度一般不大于 20mm,个别边角砌缝宽度可达 30~35mm。石料抗压强度应符合设计文件的规定。

(3)方块石

方块石是在块石中选择形状比较整齐者稍加修整,使石料大致方正,厚度不小于 20cm,宽度为厚度的 1.5~2 倍,长度为厚度的 1.5~4 倍,砌缝宽度一般不大于 20mm,石料抗压强度应符合设计文件的规定。

(4)粗料石

粗料石的形状尺寸和极限抗压强度应符合设计文件的规定,其表面凹凸不大于 10mm,砌缝宽度小于 20mm。

(5)细料石

细料石的形状尺寸和极限抗压强度应符合设计文件的规定,其表面凹凸不大于 5mm,砌缝宽度小于 15mm。

(6)镶面石

镶面石受气候因素的影响,损坏较快,一般应选用较坚硬的石料。石料的外露面可沿四周琢成 2cm 的边,中间部分仍保持原来的天然石面。石料上、下两侧均加工粗琢成垛口,垛口宽度不得小于 10cm,琢面应垂直于外露面。

四、石料的选用原则

在道路与桥梁工程的设计和施工中,应根据适用性、经济性和安全性的原则选用石料。

1. 适用性原则

要考虑石料的技术性能是否能满足使用要求。可根据石料在道路与桥梁工程中的用途和部位,选定其主要技术性能满足要求的岩石。承重用的石料(如基础、柱、墙等),主要应考虑其强度等级、耐久性、抗冻性等技术性能;围护结构用的石料应考虑是否具有良好的绝热性能;用作地面、台阶等的石料应坚韧耐磨;装饰用的构件(如栏杆、扶手等)需考虑石料本身的色彩与环境的协调性及可加工性等;对处在高温、高湿、严寒等特殊条件下的构件,还要考虑所用石料的耐久性、耐水性、抗冻性及耐化学侵蚀性等。

2. 经济性原则

天然石料的密度大,不宜长途运输,应综合考虑地方资源,就地取材。难于开采加工的石料,成本高,选材时应评估其经济性。

3. 安全性原则

由于天然石材是构成地壳的基本物质,因此可能含有放射性物质。石材中的放射性物质主要指镭、钍等放射性元素,在衰变中会产生对人体有害的物质。

任务二 集料的认知

学习目标

1. 知识目标
(1) 熟悉集料的概念、来源、分类;
(2) 掌握集料的技术性质及技术要求;
(3) 掌握集料的技术指标及质量评价方法。
2. 技能目标
(1) 能依据试验检测规程,完成集料技术指标的检测任务;
(2) 能够正确评价和鉴定集料的质量等级,在工程中合理选择和应用集料。

学习重点

(1) 集料的概念、来源、分类;
(2) 集料的技术性质及技术要求;
(3) 集料的技术指标及质量评价方法。

学习难点

(1) 集料的技术性质及技术要求;
(2) 集料的技术指标及质量评价方法。

【任务描述】

工程中选择集料时要同时考虑集料的质量和价格,即要从可供应的集料来源中,选择一种符合工程技术要求且最经济的集料。一个良好的集料级配,应该是使集料的空隙率小和表面积对胶结材料的需要量最小,但在工程实践中不应该过分追求"最优"的级配,否则会给工程增加许多工作量,并增加工程成本。对于天然砂,既要考虑级配,还要考虑其粗细程度;另外,要特别注意防止碱集料反应。

【任务实施】

第一步,认识集料的来源与分类,明确在水泥混凝土和沥青混合料中粗、细集料不同的粒径界限。第二步,描述粗集料的技术性质及技术指标,提出案例工程所用粗集料的技术要求,包括压碎值指标、针片状颗粒含量、含泥量及泥块含量、岩石强度、坚固性指标、有害物质含量、级配等。第三步,认识细集料的技术性质及技术指标,提出案例工程所用细集料的技术要求,包括级配、棱角性、有害杂质含量、坚固性指标等。第四步,依据现行试验规程,测定粗集料、细集料的各项技术指标,评价工程中所用集料的性能及质量,提交认知报告。

一、认识集料

集料是由不同粒径的矿质颗粒组成,在混合料中起骨架和填充作用的粒料,包括碎石、砾石、机制砂、石屑、砂等。

集料

1. 集料的来源

(1)天然集料

天然集料包括天然砂、砾石等。

天然砂是岩石在自然条件下风化形成的,因产源不同可分为河砂、山砂和海砂。河砂由于长时间经受水流冲刷,颗粒表面圆滑,比较洁净,质地较好,产源广;山砂颗粒表面粗糙有棱角,含泥量和含有机杂质多;海砂虽然具有河砂的特点,但常混有贝壳碎片和盐分等有害杂质。一般工程上多使用河砂,在缺乏河砂地区,可采用山砂或海砂,但在使用时必须按规定做技术检验。

砾石是指由自然风化、水流搬运和分选、堆积形成的粒径大于4.75mm的岩石颗粒。

(2)人工集料

人工集料是岩石经破碎和筛分机械设备加工而成的具有棱角、表面粗糙的石料碎块。包括碎石、破碎砾石、人工砂、石屑等。

碎石或破碎砾石是将天然岩石或砾石经机械破碎、筛分制成的粒径大于4.75mm的岩石颗粒。

人工砂是指经人为加工处理得到的符合规格要求的细集料,通常指石料加工过程中采取真空抽吸等方法除去大部分土和细粉,或将石屑水洗得到洁净的细集料。从广义上分类,机制砂、矿渣砂和煅烧砂都属于人工砂。其中,机制砂是指由碎石及砾石经制砂机反复破碎加工至粒径小于2.36mm的人工砂,亦称破碎砂。人工砂造价较高,无特殊情况,一般不采用人工砂。

石屑是采石场加工碎石时通过最小筛孔(通常为2.36mm或4.75mm)的筛下部分,也称筛屑。

2. 粗集料与细集料

工程中所用集料,按其粒径范围,可分为粗集料和细集料。在沥青混合料中,粗集料是指粒径尺寸大于2.36mm的碎石、破碎砾石和矿渣等,细集料是指粒径尺寸小于2.36mm的人工砂、天然砂及石屑。在水泥混凝土中,粗集料是指粒径尺寸大于4.74mm的碎石、砾石和破碎砾石等,细集料是指粒径尺寸小于 4.75mm 的天然砂、人工砂。

二、粗集料的技术性质

1. 物理性质

(1) 物理常数

集料是矿质颗粒的散状混合物,其体积组成除了包括矿物及矿物间的孔隙外,还包括矿质颗粒之间的空隙,其质量与体积的关系如图 1-2-3 所示。

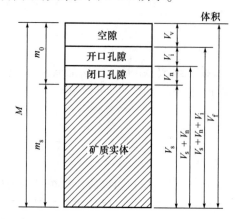

图 1-2-3 粗集料组成的质量与体积关系示意图

①表观密度(视密度)

表观密度指单位体积(含材料的实体矿物成分及闭口孔隙体积)物质颗粒的干质量,按式(1-2-11)计算。粗集料的表观密度采用网篮法测定。

$$\rho_a = \frac{m_s}{V_s + V_n} \tag{1-2-11}$$

式中:ρ_a ——集料的表观密度,g/cm³;

m_s ——矿质实体质量,g;

V_s ——矿质实体体积,cm³;

V_n ——矿质实体中闭口孔隙体积,cm³。

②毛体积密度

毛体积密度指单位体积(含材料的实体矿物成分及其闭口孔隙、开口孔隙等颗粒表面轮廓线所包围的毛体积)物质颗粒的干质量,按式(1-2-12)计算。集料的毛体积密度定义与石料相同,但由于尺寸和形状上的差异,测试方法有所不同,粗集料的毛体积密度采用网篮法或容量瓶法测定。

$$\rho_b = \frac{m_s}{V_s + V_n + V_i} \tag{1-2-12}$$

式中: ρ_b —— 粗集料的毛体积密度,g/cm³;

m_s —— 矿质实体质量,g;

V_s、V_n 和 V_i——分别为粗集料矿质实体、闭口孔隙和开口孔隙体积，cm^3。

③堆积密度

堆积密度指烘干集料颗粒的单位装填体积（包括集料颗粒间空隙体积、集料矿质实体及其闭口、开口孔隙体积）的质量，按式(1-2-13)计算。

$$\rho_f = \frac{m_s}{V_s + V_p + V_v} \tag{1-2-13}$$

式中：ρ_f——粗集料的堆积密度，g/cm^3；

m_s——矿质实体质量，g；

V_s、V_p 和 V_v——分别为粗集料矿质实体、孔隙和空隙体积，cm^3。

粗集料的堆积密度由于颗粒排列的松紧程度不同，又可分为自然堆积密度、振实堆积密度和捣实堆积密度。堆积密度采用容积已知的容量筒进行测定，自然堆积密度以自由落入方式装填集料，所测的密度又称松装密度；振实密度是将集料分三层装入容量筒中，每装完一层后在容器底部垫放一根直径为25mm的圆钢筋，按住筒口左右交替颠击地面各25次，使集料形成振实的堆积状态；捣实密度是将集料分三层装入筒中，每层用捣棒捣实25次。振实密度和捣实密度又称为紧装密度。

④空隙率

空隙率指粗集料的颗粒之间空隙体积占集料总体积的百分比，反映了集料的颗粒间相互填充的致密程度。

粗集料空隙率可按式(1-2-14)计算：

$$V_c = \left(1 - \frac{\rho}{\rho_a}\right) \times 100\% \tag{1-2-14}$$

式中：V_c——粗集料的空隙率；

ρ_a——粗集料的表观密度，g/cm^3；

ρ——粗集料的堆积密度，g/cm^3。

(2)级配

粗集料中各组成颗粒的分级和搭配情况称为级配。级配对水泥混凝土及沥青混合料的强度、稳定性及施工和易性有显著的影响，通过筛析试验确定。它是粗集料通过一系列规定筛孔尺寸的标准筛，测定出存留在各个筛上的集料质量，可求得一系列与集料级配有关的参数，包括分计筛余百分率、累计筛余百分率、通过百分率。各种参数的计算方法在细集料中介绍。

2. 力学性质

【技术提示】粗集料在路面结构层或混合料中起着骨架作用，反复受到车轮的碾压、磨耗作用，因此应具有一定的强度和刚度，同时还应具备耐磨、抗磨耗和抗冲击的性能。粗集料的力学性质除了与石料相同的抗压强度、磨耗性以外，还可以采用压碎值、磨光值、冲击值和道瑞磨耗值等指标来表征。

(1)压碎值

压碎值是指集料在连续增加的荷载下抵抗压碎的能力，是评价公路路面和基层用集料强度的相对指标，用以鉴定集料的品质。压碎值是对粗集料的标准试样在标准条件下进行加荷，测试集料被压碎后，标准筛上通过质量的百分率，集料压碎值按式(1-2-15)计算。

$$Q'_a = \frac{m_1}{m_0} \times 100\% \tag{1-2-15}$$

式中：Q'_a——集料的压碎值；
$\quad m_0$——试验前试样的质量，g；
$\quad m_1$——试验后通过2.36mm筛孔的细料质量，g。

(2) 磨光值

磨光值是反映集料抵抗轮胎磨光作用能力的指标。路面用的集料要求具有较高的抗磨光性，在现代高速行车条件下，要求集料既不产生较大的磨损，也不被磨光，以满足高速行车对路面抗滑性的要求。集料的抗磨光性是采用加速磨光机磨光集料并以摆式摩擦系数测定仪测得的磨光后集料的摩擦系数值来确定，用磨光值(PSV)来表示。集料的磨光值越高，表示抗滑性越好。磨光值按式(1-2-16)计算。

$$PSV = PSV_{ra} + 49 - PSV_{bra} \tag{1-2-16}$$

式中：PSV_{ra}——试件的摩擦系数；
$\quad PSV_{bra}$——标准试件的摩擦系数。

(3) 冲击值

冲击值反映集料抵抗多次连续重复冲击荷载作用的能力。由于路表集料直接承受车轮荷载的冲击作用，所以这一指标对道路表层用集料非常重要。集料的抗冲击能力采用集料冲击值(AIV)表示。集料冲击值越小，表示抗冲击能力越好。冲击试验是将粒径9.5~13.2mm的集料试样装于冲击值试验用盛样器中，用捣实杆捣实25次使其初步压实，然后用质量为13.15kg±0.05kg的冲击锤，沿导杆自380mm±5mm高度自由落下锤击集料15次，每次锤击间隔时间不少于1s，将试验后的集料过2.36mm筛，被击碎集料试样占原试样质量的百分率称为集料的冲击值，按式(1-2-17)计算。

$$AIV = \frac{m_1}{m_2} \times 100\% \tag{1-2-17}$$

式中：AIV——集料的冲击值；
$\quad m_1$——冲击破碎后通过2.36mm的试样质量，g；
$\quad m_2$——试样总质量，g。

(4) 磨耗值

磨耗值反映集料抵抗车轮磨耗的能力，适用于对路面抗滑表层所用集料抵抗车轮撞击及磨耗能力的评定。采用道瑞磨耗试验机来测定集料磨耗值(AAV)。选取粒径为9.5~13.2mm的集料试样洗净，单层密排于两个试模内，然后用环氧树脂砂浆填模成型，养护24h后脱模制成试件，准确称出试件质量，将试件用金属托盘固定于道瑞磨耗机的圆平板上，以28~30r/min的转速旋转，磨500转后，取出试件，刷净残砂，准确称出试件质量，其磨耗值按式(1-2-18)计算。集料磨耗值越高，表示集料耐磨性越差。高速公路、一级公路抗滑层用集料的AAV应不大于14。

$$AAV = \frac{3(m_1 - m_2)}{\rho_s} \tag{1-2-18}$$

式中：AAV ——集料的道瑞磨耗率；
　　　m_1 ——磨耗前试样的质量，g；
　　　m_2 ——磨耗后试样的质量，g；
　　　ρ_s ——集料的表干密度，g/cm³。

三、细集料的技术性质

1. 物理常数

细集料的物理常数主要有表观密度、堆积密度和空隙率等，其含义与粗集料完全相同。细集料的物理常数的计算方法与粗集料相同。

细集料

2. 级配

【技术提示】级配是集料各级粒径颗粒的分配情况，砂的级配可通过筛分试验评定。对水泥混凝土用细集料可采用干筛法，如果需要也可采用水洗法筛分。对沥青混合料及基层用细集料必须用水洗法筛分。

筛分试验是将预先通过9.5mm筛（水泥混凝土用天然砂）或4.75mm筛（沥青路面及基层用的天然砂、石屑、机制砂等）的试样，称取500g，置于一套孔径为4.75mm、2.36mm、1.18mm、0.6mm、0.3mm、0.15mm、0.075mm的方孔筛上，分别求出试样存留在各筛上的筛余量，按下述方法计算级配参数。

(1) 分计筛余百分率

分计筛余百分率指某号筛上的筛余量占试样总量的百分率，按式(1-2-19)计算。

$$a_i = \frac{m_i}{M} \times 100 \tag{1-2-19}$$

式中：a_i —— 某号筛的分计筛余百分率，%；
　　　m_i —— 存留在某号筛的质量，g；
　　　M ——试样总质量，g。

(2) 累计筛余百分率

累计筛余百分率指某号筛的分计筛余百分率与大于该号筛的各筛的分计筛余百分率之总和，按式(1-2-20)计算。

$$A_i = a_1 + a_2 + \cdots + a_i \tag{1-2-20}$$

式中：　A_i —— 累计筛余百分率，%；
　　a_1、a_2、$\cdots$、a_i —— 从4.75mm、2.36mm…至计算的某号筛的分计筛余百分率，%。

(3) 通过百分率

通过百分率指通过某号筛的质量占试样总质量的百分率，亦即100与累计筛余百分率之差，按式(1-2-21)计算。

$$P_i = 100 - A_i \tag{1-2-21}$$

式中：P_i —— 通过百分率，%；

A_i —— 累计筛余百分率，%。

3. 粗度

粗度是评价细集料粗细程度的指标，通常用细度模数表示。细度模数按式(1-2-22)计算：

$$M_x = \frac{(A_{2.36} + A_{1.18} + A_{0.6} + A_{0.3} + A_{0.15}) - 5A_{4.75}}{100 - A_{4.75}} \quad (1-2-22)$$

式中： M_x —— 细度模数；

$A_{4.75}$、$A_{2.36}$、…、$A_{0.15}$ —— 分别为 4.75mm、2.36mm、…、0.15mm 各筛的累计筛余百分率，%。

细度模数越大表示细集料越粗，砂的粗度按细度模数可分为下列三级：

$M_x = 3.7 \sim 3.1$　　　粗砂

$M_x = 3.0 \sim 2.3$　　　中砂

$M_x = 2.2 \sim 1.6$　　　细砂

【例 1-2-1】 试分析某沥青路面混合料用细集料的级配组成并计算其细度模数。

解：(1) 取集料试样 500g，按规定的方法进行筛分试验，各筛的筛余质量列于表 1-2-2。

(2) 按照式(1-2-19)、式(1-2-20)、式(1-2-21)分别计算该集料的分计筛余百分率、累计筛余百分率和通过百分率，将计算结果一并列入表 1-2-2。

细集料筛分试验级配参数计算　　　表 1-2-2

筛孔尺寸(mm)	9.5	4.75	2.36	1.18	0.6	0.3	0.15	0.075	筛底
筛余质量 m_i (g)	0	15	63	99	105	115	75	22	6
分计筛余百分率 a_i (%)	0	3	12.6	19.8	21	23	15	4.4	1.2
累计筛余百分率 A_i (%)	0	3	15.6	35.4	56.4	79.4	94.4	98.8	100
通过百分率 P_i (%)	100	97	84.6	64.6	43.6	20.6	5.6	1.2	0

(3) 计算细度模数

$$M_x = \frac{(15.6 + 35.4 + 56.4 + 79.4 + 94.4) - 5 \times 3}{100 - 3} = 2.74$$

属于中砂。

任务三　土工合成材料

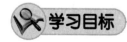

1. 知识目标

(1) 熟悉土工合成材料的类型及其在道路工程中的应用；

(2) 熟悉土工合成材料的特性；

(3)掌握土工合成材料的技术指标及其检测方法。

2．技能目标

(1)能依据试验检测规程，完成土工合成材料技术指标的检测任务；

(2)能够正确评价和鉴定土工合成材料的质量等级，在工程中合理选择和应用土工合成材料；

(3)能提交土工合成材料试验检测报告。

学习重点

(1)土工合成材料的类型及其在道路工程中的应用；

(2)土工合成材料的特性；

(3)土工合成材料的技术指标及其检测方法。

学习难点

(1)土工合成材料的特性；

(2)土工合成材料的技术指标及其检测方法。

【任务描述】

土工合成材料是岩土工程和土木工程中应用的土工织物、土工膜、土工复合材料、土工特种材料的总称，是以人工合成的高聚物，如塑料、化学纤维、合成橡胶为原料，制成各种类型的产品，置于土体内部、表面或各层土体之间，发挥过滤、排水、隔离、加筋、防渗、防护等作用。土工合成材料广泛用于水利、电力、公路、铁路、建筑、海港、采矿、机场、军工、环保等工程的各个领域。

【任务实施】

第一步，认识土工合成材料的类型及特点。第二步，认识土工织物在道路工程中的应用。第三步，依据现行试验规程，测试土工合成材料的技术指标，评价工程中所用材料的性能及质量。

一、土工合成材料的种类和特点

土工合成材料种类繁多，可分为土工织物、土工膜、土工特种材料和土工复合材料等类型，在道路工程中有广泛的应用。

1．土工织物

土工织物是用于岩土工程和土木工程的机织、针织或非织造的可渗透的聚合物材料，主要分为纺织和无纺两类。纺织土工织物通常具有较高的强度和刚度，但过滤、排水性较差；无纺土工织物过滤、排水性能较好且断裂延伸率较高，但强度相对较低。

2．土工膜

土工膜是由聚合物或沥青制成的一种相对不透水的薄膜，主要由聚氯乙烯(PVC)、氯磺化聚乙烯(CSPE)、高密度聚乙烯(HDPE)和低密度聚乙烯(VLDPE)制成。其渗透性低，常用作液体或蒸汽的阻拦层。

3. 土工特种材料

（1）土工模袋

土工模袋是一种由双层聚合化纤织物制成的连续（或单独）袋状材料，根据材质和加工工艺不同，分为机制模袋和简易模袋两类，常用于护坡或地基处理工程。

（2）土工网

土工网是由平行肋条经以不同角度与其上相同肋条黏结为一体的土工合成材料，常用于软基加固、坡面防护、植草以及用作制造组合土工材料的基材。

（3）土工格栅

土工格栅是由有规则的网状抗拉条带形成的用于加筋的土工合成材料，主要有聚酯纤维和玻璃纤维两类。其重量轻且具有一定柔性，常用作加筋材料，对土起固定作用。

①聚酯纤维类土工格栅

聚酯纤维类土工格栅是经拉伸形成的方形或矩形的聚合物网材，主要分为单向格栅和双向格栅两类。前者是沿板材长度方向拉伸制成，后者是继续将单向格栅沿其垂直方向拉伸制成。通常在塑料类土工格栅中掺入炭黑等抗老化材料，以提高材料的耐酸、耐碱、耐腐蚀和抗老化性能。

②玻璃纤维类土工格栅

玻璃纤维类土工格栅是以高强度玻璃纤维为材质的土工合成材料，多对其进行自黏感压胶和表面沥青浸渍处理，以加强格栅和沥青路面的结合作用。

（4）土工网垫和土工格室

土工网垫多为长丝结合而成的三维透水聚合物网垫。土工格室是由土工织物、土工格栅或土工膜、条带聚合物构成的蜂窝状或网格状三维结构聚合物。两者常用于防冲蚀和保土工程。

（5）聚苯乙烯泡沫塑料（EPS）

聚苯乙烯泡沫塑料（EPS）是在聚苯乙烯中添加发泡剂至规定密度，进行预先发泡，再将发泡颗粒放在筒仓中干燥，并填充到模具内加热而成。它质轻、耐热、抗压性能好、吸水率低、自立性好，常用作路基填料。

4. 土工复合材料

由土工织物、土工膜、土工格栅和某些特种土工合成材料中的两种或两种以上互相组合起来形成土工复合材料。土工复合材料可将不同材料的性质结合起来，更好地满足工程需要。例如，复合土工膜就是将土工膜和土工织物按一定要求制成的一种土工织物组合物，同时起到防渗和加筋作用；土工复合排水材料是以无纺土工织物和土工网、土工膜或不同形状的土工合成材料芯材组成的排水材料，常用于软基排水固结处理，路基纵横排水，建筑地下排水管道、集水井、支挡建筑物的墙后排水，隧道排水，堤坝排水设施等。

二、土工合成材料在道路工程中的应用

1. 土工合成材料的过滤作用

把针刺土工织物置于土体表面或相邻土层之间，可以有效地阻止土粒通过，从而防止由于

土颗粒的过量流失而造成的土体破坏。同时允许土中的水或气体穿过织物自由排出,以免由于孔隙水压力的升高而造成土体的失稳等不利后果。把土工织物置于挟有泥沙的流水之中,可以起截留泥沙的作用。在道路工程中土工合成材料可用作滤层材料。用于过滤的土工合成材料宜采用无纺织物,其性能应符合表1-2-3的要求。

过滤排水用土工织物技术要求 表1-2-3

项目	单位	用途分类					
		Ⅰ级		Ⅱ级		Ⅲ级	
伸长率	%	<50	≥50	<50	≥50	<50	≥50
撕破强力	N	≥500	≥350	≥400	≥250	≥300	≥500
刺破强力	N	≥500	≥350	≥400	≥250	≥300	≥175
CBR顶破强力	N	≥3500	≥1750	≥2750	≥1350	≥1000	≥950

2. 土工合成材料的排水作用

有些土工合成材料可以在土体中形成排水通道,把水中的水分汇集起来,沿着材料的平面排出土体外。较厚的针刺非织造土工布和某些具有较多孔隙的复合土工合成材料都可以起排水作用。在道路工程中可用于软基处理中垂直排水、挡土墙后面的排水以及排出隧洞周边渗水,减轻衬砌所承受的外水压力。用于排水的土工合成材料可采用无纺织物、塑料排水板、带有钢圈和滤布及加强合成纤维组成的加劲软式透水管等,其性能应符合表1-2-3的要求。

3. 土工合成材料的隔离作用

有些土工合成材料能够把两种不同粒径的土或粒料隔离,或把土或粒料与地基或其他建筑材料隔离开来,以免相互混杂,失去各种材料和机构的完整性及预期作用,或发生土粒流失现象。土工织物和土工膜都可以起到隔离作用,道路工程中可用作基层碎石与路基之间的隔离层。

4. 土工合成材料的加筋作用

土工织物、土工格栅、土工加筋带、土工网及一些特种或复合型的土工合成材料,都具有加筋功能。土工合成材料埋在土体之中,可以分布土体的应力,增加土体的模量,传递拉应力,限制土体侧向位移;还增加土体和其他材料之间的摩擦阻力,提高土体及有关建(构)筑物的稳定性。在道路工程中,可用于加强软弱地基及陡坡的边坡稳定性、挡土墙回填土中的加筋、锚固挡土墙的面板、修筑包裹式挡土墙或桥台、加固柔性路面、防止反射裂缝的发展等。

用于路堤加筋的土工合成材料可采用土工格栅、土工织物、土工网等。当土工合成材料单纯用于加筋目的时,宜选择强度高、变形小、糙度大的土工格栅。所选用的土工合成材料应具有足够的抗拉强度,且应满足表1-2-4的要求,台背路基填土加筋材料应满足表1-2-5的要求。

加筋用土工织物技术要求 表1-2-4

刺破强力(kN)	梯形撕破强力(kN)	CBR顶破强力(kN)
≥0.5	≥0.3	≥2.5

台背路基填土加筋材料技术要求 表1-2-5

纵向抗拉强度(kN/m)	横向抗拉强度(kN/m)	拉伸模量(kN/m)
>6	>5	>100

5. 土工合成材料的防渗作用

土工膜和复合土工合成材料,可以防止液体的渗漏、气体的挥发,保护环境或建(构)筑物的安全,可用于隧道周边及堤坝内埋设涵管的防渗措施。

6. 土工合成材料的防护作用

防护作用是指利用土工合成材料的渗滤、排水、加筋、隔离等作用控制自然界和土建工程的侵蚀现象。土工合成材料因其具有重量轻、强度高、耐磨、防腐等优点而逐渐取代传统方法,广泛应用于防护工程中。道路工程中防护作用主要包括坡面防护与冲刷防护,前者用于防护自然因素影响而破坏的土质或岩石边坡,后者用于防护水流对路基的冲刷与淘刷。

土质边坡防护可采用拉伸草皮、固定草种布或网格固定撒种,岩石边坡防护可采用土工网或土工格栅。裸露式防护应采用强度较高的土工格栅,埋藏式防护可采用土工网或土工格栅,其性能指标应满足表1-2-6的要求。

岩石边坡防护土工网、土工格栅技术要求　　表1-2-6

防护方式	抗拉强度(kN/m)	网格尺寸(cm)	
裸露式	≥25	单向拉伸格栅	长边≤150
		双向拉伸格栅	≤100
埋藏式	≥8	单向拉伸格栅	25~150
		双向拉伸格栅	25~100
		土工网	25~140

沿河路基可采用土工织物软体沉排、土工模袋进行冲刷防护。土工织物软体沉排是在土工织物上以块石或预制混凝土块体为压种的护坡结构,排体材料可采用聚丙烯编织型土工织物。土工模袋是一种双层织物袋,袋中填充流动性混凝土或水泥砂浆,凝固后形成高强度、高刚度的硬结板块。土工模袋应满足表1-2-7的要求。

土工模袋技术要求　　表1-2-7

指　　标	要　　求
顶破强力(N)	≥1500
渗透系数(cm/s)	0.86~10
等效孔径(mm)	0.07~0.15
延伸率(%)	≤15

7. 路面裂缝防治

土工合成材料,铺设于旧沥青路面、旧水泥混凝土路面的沥青加铺层底部或新建道路沥青面层底部,可减少或延缓旧路面对沥青加铺层的反射裂缝,或半刚性基层对沥青面层的反射裂缝。用于路面裂缝防治的土工合成材料宜采用玻璃网、土工织物,应满足表1-2-8和表1-2-9的要求。

玻璃网材料技术要求　　　　　　　　　　　　　　　　　　　　表1-2-8

指　　标	要　　求	测试温度(℃)
抗拉强度(kN/m)	≥50	20±2
最大负荷延伸率(%)	≤3	
网孔尺寸(mm×mm)	12×12~20×20	
网孔形状	矩形	

土工织物材料技术要求　　　　　　　　　　　　　　　　　　　　表1-2-9

指　　标	要　　求	测试温度(℃)
抗拉强度(kN/m)	≥8	20±2
单位面积质量(g/m²)	≤200	

学习任务单

项目二　石料、集料与土工合成材料	姓名：	
	班级：	
	自评	师评
思考与练习题	掌握：	合格：
	未掌握：	不合格：

一、简答题

1. 岩石按成因可分为哪几类？并举例说明。
2. 岩石孔隙率的大小对哪些性质有影响？为什么？
3. 如何确定石材的强度等级？
4. 选择天然石材应考虑哪些原则？为什么？
5. 人造石材有哪些类型？它们之间有何区别？
6. 石料的化学性质对沥青混合料的性质有何影响？如何选择沥青混合料中所用石料？
7. 什么是针状颗粒和片状颗粒？针片状颗粒有何危害？
8. 石料的吸水率和饱和吸水率有何异同？
9. 土工合成材料有哪些类型？
10. 土工合成材料在道路工程中有何用途？
11. 什么是土工复合材料？

二、填空题

1. 石料的物理常数有（　　）、（　　）、（　　）。
2. 岩石按其成因分为（　　）、（　　）、（　　）三大类。
3. 石料的吸水性通常用（　　）和（　　）表征。
4. 道路工程用石料技术分级的指标是（　　）和（　　）。
5. 集料的级配参数分别是（　　）、（　　）、（　　）。

项目二　石料、集料与土工合成材料	姓名：	
	班级：	
	自评	师评
思考与练习题	掌握： 未掌握：	合格： 不合格：

三、单项选择题

1. 沥青混合料中，粗集料的粒径(　　)。
   A. 大于5mm　　　　　　B. 大于4.75mm　　　　　　C. 大于2.36mm
2. 水泥混凝土中，粗集料的粒径(　　)。
   A. 大于5mm　　　　　　B. 大于4.75mm　　　　　　C. 大于2.36mm
3. 测定水溶性材料的毛体积密度时，应选用(　　)。
   A. 水中重法　　　　　　B. 蜡封法　　　　　　　　C. 浸水法
4. 与沥青黏附性能好的是(　　)。
   A. 碱性石料　　　　　　B. 酸性石料　　　　　　　C. 中性石料
5. 测定粗集料压碎值时，试验荷载是(　　)。
   A. 200kN　　　　　　　B. 300kN　　　　　　　　C. 400kN

四、技能实训

1. 某桥工地现有拟作水泥混凝土用的砂料一批，经按取样方法取砂样500g，筛析结果如表1所示，试计算级配参数，并评价其粗细程度。

筛析结果　　　　　　　　　　　　　　　表1

筛孔尺寸（mm）	4.75	2.36	1.18	0.6	0.3	0.15	筛底
存留量（g）	8	82	70	98	124	106	12

2. 试述土工合成材料单位面积质量的测定方法。

项目三 石灰与水泥

石灰与水泥单元知识点

教学方式	教学内容	教学目标
理论教学	1. 胶凝材料的概述； 2. 石灰概述、技术性质和标准； 3. 石灰应用和储存； 4. 水泥概述、技术性质和技术标准； 5. 掺混合料水泥性质与水泥品种选用； 6. 水泥应用和储存	1. 掌握胶凝材料的含义及分类； 2. 了解石灰、水泥生产工艺； 3. 掌握石灰、水泥的技术性质和技术标准； 4. 会测定水泥相关的技术指标，并对试验数据进行分析、评定水泥质量； 5. 掌握掺混合料材料的硅酸盐水泥性质、适用范围及选用； 6. 掌握石灰、水泥的存储和运输
实践教学	试验教学：石灰试验	会测定石灰相关的技术指标，并对试验数据进行分析
	试验教学：水泥试验	会测定水泥相关的技术指标，并对试验数据进行分析

任务一 胶凝材料的含义及分类

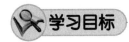

1. 知识目标
(1) 掌握胶凝材料的含义；
(2) 掌握胶凝材料分类及内容。
2. 技能目标
学会区分胶凝材料不同类别。
3. 素质目标
(1) 培养学生的实际应用能力；
(2) 培养学生踏实、细致、认真的工作态度和作风。

学习重点

(1) 胶凝材料的含义；

(2)胶凝材料分类及内容。

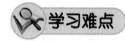

胶凝材料不同类别区分。

【任务描述】
认识胶凝材料的含义及分类。

胶凝材料,又称胶结料。在物理、化学作用下,能从浆体变成坚固的石状体,并能胶结其他物料,制成有一定机械强度的复合固体的物质。胶凝材料的发展有着悠久的历史,人们使用最早的胶凝材料——黏土来抹砌简易的建筑物。接着出现的水泥等建筑材料都与胶凝材料有着很大的关系。而且胶凝材料具有一些优异的性能,在日常生活中应用较为广泛,随着胶凝材料科学的发展,胶凝材料及其制品工业必将产生新的飞跃。

一、胶凝材料的含义

在建筑材料中,经过一系列物理作用、化学作用,能从浆体变成坚固的石状体,并能将其他固体物料(砂、石)胶结成整体而具有一定机械强度的物质,统称为胶凝材料。

胶凝材料是指通过自身的物理化学作用,由可塑性浆体变为坚硬石状体的过程中,能将散粒或块状材料黏结成为整体的材料,亦称为胶结材料。

二、胶凝材料的分类

胶凝材料按化学成分不同分为有机胶凝材料(如沥青、树脂)和无机胶凝材料。无机胶凝材料根据其硬性条件不同又分为气硬性胶凝材料和水硬性胶凝材料。气硬性胶凝材料只能在空气中硬化,保持可继续提高强度。如石灰、石膏、水玻璃、镁质胶凝材料等。水硬性胶凝材料不仅能在空气中硬化,而且更能在水中硬化、保持并继续提高强度。如各种水泥都属于水硬性胶凝材料。

任务二 石 灰

1. 知识目标
(1)认识石灰的分类和生产工艺;
(2)掌握石灰的技术性能和质量评定。
2. 技能目标
(1)能评定石灰的性能并能合理选择石灰;

(2)能依据试验检测规程,完成石灰的试验检测任务;
(3)能够进行石灰的质量检测,能够根据检测结果判断材料质量。
3.素质目标
(1)培养学生的实际应用能力;
(2)培养学生踏实、细致、认真的工作态度和作风。

石灰的技术性能、技术标准及质量评定。

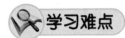

石灰的化学成分及物理性质试验。

【任务描述】
工地上新进一批石灰,请根据相关规范进行质量评定。
【相关知识】
石灰又称白灰,是一种有悠久历史的胶凝材料。多年以来,石灰作为主要的胶凝材料被广泛用作砌筑石灰砂浆等工程材料。石灰不仅可用作涂料,而且可用于制造灰砂砖以及碳化石灰板等。在道路工程中可用于路面基层,如石灰稳定土、石灰粉煤灰稳定土基层等。

石灰是一种气硬性的胶凝材料,根据成品加工方法的不同,可分为:
(1)块状生石灰。由原料煅烧而成的原产品,主要成分为 CaO。
(2)生石灰粉。由块状生石灰磨细而得到的细粉,其主要成分亦为 CaO。
(3)消石灰。将生石灰用适量的水消化而得到的粉末,亦称熟石灰,其主要成分为 $Ca(OH)_2$。
(4)石灰浆。将生石灰加多量的水(为石灰体积的 3~4 倍)消化而得可塑性浆体,称为石灰膏,主要成分为 $Ca(OH)_2$ 和水。如果水分加得更多,则呈白色悬浊液,称为石灰乳。

一、石灰生产工艺

将主要成分为碳酸钙和碳酸镁的岩石经高温煅烧(加热至900℃以上),逸出 CO_2 气体,得到白色或灰白色的块状材料即为生石灰,其主要化学成分为氧化钙(CaO)和氧化镁(MgO)。

化学反应如下:

$$CaCO_3 \xrightarrow{\text{大于}900℃} CaO + CO_2 \uparrow$$

优质的石灰,色质洁白或略带灰色,质量较轻,其堆积密度为 800~1000kg/m³,石灰在烧制过程中,往往由于石灰石原料尺寸过大或窑中温度不匀等原因,使得石灰中含有未烧透的内核,这种石灰即称为"欠火石灰"。欠火石灰的颜色发青且未消化残渣含量高,有效氧化钙和氧化镁含量低,使用时缺乏黏结力。另一种情况是由于煅烧温度过高、时间过长而使石灰表面出现裂缝或玻璃状的外壳,体积收缩明显,颜色呈灰黑色,块体密度大,消化缓慢,这种石灰称

"过火石灰"。"过火石灰"使用时则消解缓慢，甚至用于建筑结构物中仍能继续消化，以致引起体积膨胀，导致灰层表面剥落或产生裂缝等破坏现象，故危害极大。

二、石灰的技术性质和技术标准

1. 技术性质

（1）有效氧化钙和氧化镁含量

石灰中产生黏结性的有效成分是活性氧化钙和氧化镁。它们的含量是评价石灰质量的主要指标，其含量越多，活性越高，质量也越好。如《建筑生石灰》（JC/T 479—2013）中规定 CL-90-Q 氧化钙和氧化镁的含量不低于 90%。《建筑生石灰试验方法—第2部分：化学分析方法》（JC/T 478.2—2013）中规定氧化钙和氧化镁含量的含量用 EDTA 法测定，有效氧化钙含量用中和滴定法测定。

（2）生石灰产浆量和未消化残渣含量

生石灰产浆量是指单位质量 10kg 的生石灰经消化后，所产石灰浆体的体积（dm^3）。石灰产浆量越高，则表示其质量越好。《建筑生石灰》（JC/T 479—2013）中规定 CL-90-Q 不低于 $26dm^3/10kg$。

未消化残渣含量是生石灰消化后，未能消化而存留在 5mm 圆孔筛上的残渣质量占试样质量的百分率。其含量越多，石灰质量越差，须加以限制。

（3）二氧化碳（CO_2）含量

控制生石灰或生石灰粉中 CO_2 含量指标，是为了检验石灰石在煅烧时"欠火"造成产品中未分解完成的碳酸盐的含量。CO_2 含量越高，即表示未分解完全的碳酸盐含量越高，则（CaO + MgO）含量相对降低，导致石灰的胶结性能下降。

（4）细度

细度与石灰的质量有密切联系，过量的筛余物影响石灰的黏结性。《建筑生石灰》（JC/T 479—2013）规定以 0.2mm 和 90μm 筛余百分率控制，如 CL-90-Q P0.2mm 筛余百分率不大于 2% 和 0.9μm 筛余百分率不大于 7%。

《建筑生石灰试验方法 第1部分：物理试验方法》（JC/T 478.1—2013）中的试验方法是，称取试样 100g 倒入 0.2mm 和 90μm 套筛内进行筛分，分别称量筛余物，按原试样计算其筛余百分率。

（5）消石灰游离水含量

游离水含量，指化学结合水以外的含水量。生石灰在消化过程中加入的水是理论需水量的 2～3 倍，除部分水被石灰消化过程中放出的热蒸发掉外，多加的水分残留于氢氧化钙（除结合水外）中，残余水分蒸发后，留下孔隙会加剧消石灰粉碳化作用，以致影响石灰的使用质量，因此对消石灰粉的游离水含量需加以限制。

《建筑生石灰试验方法 第2部分：化学分析方法》（JC/T 478.2—2013）中规定消石灰游离水含量是指将消石灰样品加热到 105℃ 下损失的质量。

2. 技术标准

建筑石灰按《建筑生石灰》（JC/T 479—2013）、《建筑消石灰》（JC/T 481—2013）的规定，按生石灰加工的情况分为建筑生石灰和建筑生石灰粉。按生石灰的化学成分成为钙质石灰和镁质石灰两类。根据化学成分的含量每类分成各个等级见表1-3-1。

建筑生石灰的分类　　　　　　　　　　　　　　　表1-3-1

类　别	名　称	代　号
钙质石灰	钙质石灰90	CL 90
	钙质石灰85	CL 85
	钙质石灰75	CL 75
镁质石灰	镁质石灰85	ML 85
	镁质石灰80	ML 80

注：CL-钙质生石灰；ML-镁质生石灰；90-生石灰中（CaO + MgO）百分含量。

建筑生石灰的化学成分应符合表1-3-2的要求。

建筑生石灰的化学成分　　　　　　　　　　　　　表1-3-2

代　号	氧化钙和氧化镁（CaO + MgO）	氧化镁（MgO）	二氧化碳（CO_2）	三氧化硫（SO_3）
CL 90-Q CL 90-QP	≥90	≤5	≤4	≤2
CL 85-Q CL 85-QP	≥85	≤5	≤7	≤2
CL 75-Q CL 75-QP	≥75	≤5	≤12	≤2
ML 85-Q ML 85-QP	≥85	>5	≤7	≤2
ML 80-Q ML 80-QP	≥80	>5	≤7	≤2

注：QP表示粉状；CL 90-QP表示钙质生石灰粉（CaO + MgO）百分含量为90%以上。

建筑生石灰的物理性质应符合表1-3-3的要求。

建筑生石灰的物理性质　　　　　　　　　　　　　表1-3-3

代　号	产浆量（dm^3/10kg）	细度	
		0.2mm 筛余量（%）	90μm 筛余量（%）
CL 90-Q CL 90-QP	≥26 —	— ≤2	— ≤7
CL 85-Q CL 85-QP	≥26 —	— ≤2	— ≤7
CL 75-Q CL 75-QP	≥26 —	— ≤2	— ≤7
ML 85-Q ML 85-QP	— —	— ≤2	— ≤7
ML 80-Q ML 80-QP	— —	— ≤7	— ≤2

建筑消石灰按(CaO+MgO)的含量加以分类见表1-3-4。

建筑消石灰的分类　　　　　　　　　　　　　表1-3-4

类　别	名　称	代　号
钙质消石灰	钙质消石灰90	HCL 90
	钙质消石灰85	HCL 85
	钙质消石灰75	HCL 75
镁质消石灰	镁质消石灰85	HML 85
	镁质消石灰80	HML 80

注：HCL-钙质消石灰；HML-镁质消石灰；90-消石灰中(CaO+MgO)百分含量。

建筑消石灰的化学成分应符合表1-3-5的要求。

建筑消石灰的化学成分　　　　　　　　　　　表1-3-5

代　号	氧化钙和氧化镁(CaO+MgO)	氧化镁(MgO)	三氧化硫(SO_3)
HCL 90	≥90	≤5	≤2
HCL 85	≥85		
HCL 75	≥75		
HML 85	≥85	>5	≤2
ML 80	≥80		

建筑消石灰的物理性质应符合表1-3-6的要求。

建筑消石灰的物理性质　　　　　　　　　　　表1-3-6

代　号	游离水(%)	细　度		安　定　性
		0.2mm筛余量(%)	90μm筛余量(%)	
HCL 90	≤2	≤2	≤7	合格
HCL 85				
HCL 75				
HML 85				
ML 80				

三、石灰的存储和运输

1. 石灰的应用

(1)石灰涂料和砂浆。石灰膏中加入多量的水可稀释成石灰乳，用作粉刷涂料，其价格低廉，颜色洁白，施工方便。用石灰膏配制的石灰砂浆主要用于地面以上部分的砌筑工程，并可用于抹面等装饰工程。

(2)加固软土地基。在软土地基中打入生石灰桩,可利用生石灰吸水产生膨胀对桩周土壤起挤密作用,利用生石灰和黏土矿物间产生的胶凝反应使周围的土固结,从而达到提高地基承载力的目的。

(3)石灰垫层。石灰和黏土按一定比例拌和制成石灰土,或与黏土、砂石、炉渣制成三合土,用于道路工程的垫层。

(4)用于路面基层和土工砌体。在道路工程中,随着半刚性基层在高等级路面中的应用,石灰稳定土、石灰粉煤灰稳定土及其稳定碎石等广泛用于路面基层。在桥梁工程中,石灰砂浆、石灰水泥砂浆、石灰粉煤灰砂浆广泛用于圬工砌体。

(5)无熟料水泥和硅酸盐制品。石灰与活性混合材料(如粉煤灰、煤矸石、高炉矿渣等)混合,并掺入适量石膏等,磨细可制成无熟料水泥。石灰与硅质材料(含 SiO_2 的材料,如粉煤灰、煤矸石、浮石等),必要时加入少量石膏,经高压或常压蒸汽养护,生成以硅酸钙为主要产物的混凝土。硅酸盐混凝土按密实程度可分为密实和多孔两类。前者可生产墙板、砌块及砌墙砖(如灰砂砖),后者用于生产加气混凝土制品,如轻质墙板砌块各种隔热保温制品等。

(6)碳化石灰板。碳化石灰板是将磨细石灰、纤维状填料(如玻璃纤维)或轻质集料搅拌成型,然后用二氧化碳进行人工碳化(12~24 h)而制成的一种轻质板材。为了减轻重度和提高碳化效果,多制成空心板。人工碳化的简易方法是用塑料布将坯体盖严,通以石灰窑的废气。

碳化石灰空心板体积密度为 700~800 kg/m^2(当孔洞率为 30%~39% 时),抗弯强度为 3~5 MPa。抗压强度为 5~15 MPa,导热系数小于 0.2 W/(m·K),能锯、能钉,所以适宜用作非承重内隔墙板、无芯板、天花板等。

2.石灰的储存

(1)磨细的生石灰粉应储存于干燥仓库内,采取严格防水措施。

(2)如需较长时间储存生石灰,最好将其消解成石灰浆,并使表面隔绝空气,以防碳化。

任务三 水 泥

1.知识目标

(1)认识水泥的分类及生产工艺;

(2)掌握水泥的技术性能和质量评定;

(3)掌握水泥的存储注意事项。

2.技能目标

(1)能评定水泥的性能并能合理选择水泥;

(2)能依据试验检测规程,完成水泥的试验检测任务;
(3)能够进行水泥的质量检测,能够根据检测结果判断材料质量;
(4)能提交材料质量检测报告。
3.素质目标
(1)培养学生的实际应用能力;
(2)培养学生踏实、细致、认真的工作态度和作风。

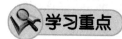

水泥的技术性能和技术标准及其质量评定。

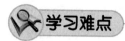

水泥化学成分及物理性质试验。

【任务描述】
某工地新进一批水泥,用于拌制水泥混凝土或水泥砂浆,故需取样进行各项技术指标试验,以判定是否满足技术标准的要求。

【相关知识】
水泥是一种粉末状材料,加水后拌和均匀形成的浆体,不仅能够在干燥环境中凝结硬化,而且能更好地在水中硬化,保持或发展其强度,形成具有堆聚结构的人造石材。不仅适合用于干燥环境中的工程部位,也适合用于潮湿环境及水中的工程部位。水泥是一种水硬性胶凝材料,也是建筑工程中用量最大的建筑材料之一。

水泥按性能和用途可分为下面几个品种,见图1-3-1。

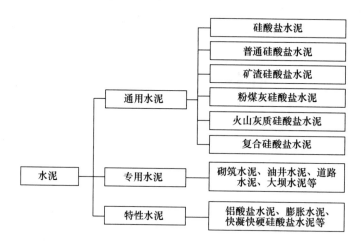

图1-3-1 水泥分类

通用硅酸盐水泥的组成成分见表1-3-7。

通用硅酸盐水泥组成 表 1-3-7

品　　种	代　　号	组　　分				
		熟料+石膏	粒化高炉矿渣	火山灰质混合材料	粉煤灰	石灰石
硅酸盐水泥	P·Ⅰ	100	—	—	—	—
	P·Ⅱ	≥95	≤5	—	—	—
		≥95	—	—	—	≤5
普通硅酸盐水泥	P·O	≥80且<95	>5且≤20			
矿渣硅酸盐水泥	P·S·A	≥50且<80	>20且≤50	—	—	—
	P·S·B	≥30且<50	>50且≤70	—	—	—
火山灰质硅酸盐水泥	P·P	≥60且<80	—	>20且≤40	—	—
粉煤灰硅酸盐水泥	P·F	≥60且<80	—	—	>20且≤40	—
复合硅酸盐水泥	P·C	≥60且<80	20且≤50			

一、水泥生产工艺

1. 水泥的生产工艺

按国家标准《通用硅酸盐水泥》(GB 175—2007)规定凡由硅酸盐水泥熟料、0~5%石灰石或粒化高炉矿渣、适量石膏磨细制成的水硬性胶凝材料,称为硅酸盐水泥(Portland cement)。硅酸盐水泥分为两类,不掺加混合材料的称Ⅰ型硅酸盐水泥,其代号为P·Ⅰ;在硅酸盐水泥熟料粉磨时掺加不超过水泥质量5%的石灰石或粒化高炉矿渣混合材料的称Ⅱ型硅酸盐水泥,其代号为P·Ⅱ。

(1)硅酸盐水泥的生产

①原料:石灰质原料有石灰岩、泥灰岩、白垩、贝壳等,石灰质原料主要为硅酸盐水泥熟料矿物提供所需CaO,通常要求石灰质原料的CaO含量不低于45%~48%。

黏土质原料有黄土、黏土、页岩、泥岩、粉砂岩及河泥等。从化学成分上看,黏土质原料主要为硅酸盐水泥熟料提供所需的SiO_2、Al_2O_3及少量Fe_2O_3。

当石灰质原料和黏土质原料配合后的生料不符合要求时,就要根据所缺少的组分,掺加相应的原料进行校正,当SiO_2含量不足时,必须加硅质原料如砂岩、粉砂岩等进行校正。氧化铁含量不够时,必须加氧化铁含量大于40%的铁质原料如铁矿粉、黄铁矿渣等进行校正。此外,为了改善煅烧条件,常加入少量的矿化剂等。

②水泥生产工艺流程。硅酸盐水泥的生产分为三个阶段:第一阶段,石灰质原料、黏土质原料及少量校正原料破碎后,按一定比例配合、磨细,并调配成成分合适、质量均匀的生料,称为生料制备;第二阶段,生料在水泥窑内煅烧至部分熔融所得到的以硅酸钙为主要成分的硅酸盐水泥熟料,称为熟料煅烧;第三阶段,熟料加适量石膏和其他混合材料共同磨细为水泥,称为水泥粉磨。硅酸盐水泥生产的工艺流程如图1-3-2所示。

水泥中掺入适量的石膏,可调节水泥的凝结时间。

图 1-3-2　硅酸盐水泥生产工艺流程图

(2)硅酸盐水泥的矿物组成

硅酸盐水泥的主要化学成分是氧化钙(CaO)、氧化硅(SiO_2)、氧化铝(Al_2O_3)和氧化铁(Fe_2O_3)。经过高温煅烧后,CaO、SiO_2、Al_2O_3、Fe_2O_3,四种成分化合为熟料中的主要矿物组成:

硅酸三钙($3CaO \cdot SiO_2$,简式为 C_3S);

硅酸二钙($2CaO \cdot SiO_2$,简式为 C_2S);

铝酸三钙($3CaO \cdot Al_2O_3$,简式为 C_3A);

铁铝酸四钙($4CaO \cdot Al_2O_3 \cdot Fe_2O_3$,简式为 C_4AF)。

硅酸盐水泥熟料四种主要矿物化学组成与含量列于表 1-3-8。

硅酸盐水泥熟料矿物组成　　　　　　　　　　　　表 1-3-8

矿物组成	化学组成	常用缩写	大致含量(%)
硅酸三钙	$3CaO \cdot SiO_2$	C_3S	35~65
硅酸二钙	$2CaO \cdot SiO_2$	C_2S	10~40
铝酸三钙	$3CaO \cdot Al_2O_3$	C_3A	0~15
铁铝酸四钙	$4CaO \cdot Al_2O_3 \cdot Fe_2O_3$	C_4AF	5~15

2.水泥熟料主要矿物组成的性质

1)硅酸三钙

硅酸三钙是硅酸盐水泥中最主要的矿物组分,其含量通常在 50% 左右,它对硅酸盐水泥性质有重要的影响。硅酸三钙水化速度较快,水化热高;早期强度高,28d 强度可达一年强度的 70%~80%。

2)硅酸二钙

硅酸二钙在硅酸盐水泥中的含量约为 10%~40%。遇水时对水反应较慢,水化热很低,硅酸二钙的早期强度较低但后期强度高。耐化学侵蚀性和干缩性较好。

3)铝酸三钙

铝酸三钙在硅酸盐水泥中含量通常在 15% 以下。它是四种组分中遇水反应速度最快,水化热最高的组分。铝酸三钙的含量决定水泥的凝结速度和释热量。通常为调节水泥凝结速度需掺加石膏或硅酸三钙与石膏形成的水化产物,对提高水泥早期强度起一定作用。耐化学侵蚀性差,干缩性大。

4)铁铝酸四钙

铁铝酸四钙在硅酸盐水泥中通常含量为 5%~15%。遇水反应较快,水化热较高。强度较低,但对水泥抗折强度起重要作用。耐化学侵蚀性好,干缩性小。

3. 水泥熟料主要矿物组成的性质比较

硅酸盐水泥熟料中这四种矿物组成的主要特性是:

(1)反应速度:C_3A 最快,C_3S 较快,C_4AF 也较快,C_2S 最慢。

(2)释热量:C_3A 最大,C_3S 较大,C_4AF 居中,C_2S 最小。

(3)强度:C_3S 最高,C_2S 早期低,但后期增长率较大。故 C_3S 和 C_2S 为水泥强度主要来源。C_3A 强度不高,C_4AF 含量对抗折强度有利。

(4)耐化学侵蚀性:C_4AF 最优,其次为 C_2S、C_3S,C_3A 最差。

(5)干缩性:C_4AF 和 C_2S 最小,C_3S 居中,C_3A 最大。

二、水泥的技术性质和技术标准

1. 化学性质

水泥的化学指标主要是控制水泥中有害的化学成分含量,若超过最大允许限量,对水泥性能和质量可能产生有害或潜在的影响。

硅酸盐水泥的化学性质

(1)氧化镁含量

在水泥熟料中,常含有少量未与其他矿物结合的游离氧化镁,这种多余的氧化镁是高温时形成的方镁石,它水化为氢氧化镁的速度很慢,常在水泥硬化后才开始水化,产生体积膨胀,可导致水泥石结构产生裂缝甚至破坏,因此它是引起水泥安定性不良的原因之一。

《通用硅酸盐水泥》(GB 175—2007)规定,水泥中氧化镁的含量不宜超过 5.0%。如果水泥经压蒸安定性试验合格,则水泥中氧化镁的含量允许放宽到 6.0%。

(2)三氧化硫含量

水泥中的三氧化硫主要是在生产时为调节凝结时间加入石膏而产生的。石膏超过一定限量后,水泥性能会变坏,甚至引起硬化后水泥石体积膨胀,导致结构物破坏。

《通用硅酸盐水泥》(GB 175—2007)规定,水泥中三氧化硫的含量不得超过 3.5%。

(3)烧失量

水泥煅烧不佳或受潮后,均会导致烧失量增加。烧失量测定是以水泥试样在 950~1000℃下灼烧 15~20min 冷却至室温称量。如此反复灼烧,直至恒重计算灼烧前后质量损失百分率。

《通用硅酸盐水泥》(GB 175—2007)规定,Ⅰ型硅酸盐水泥的烧失量不得大于 3.0%,Ⅱ型硅酸盐水泥的烧失量不得大于 3.5%。普通硅酸盐水泥的烧失量不得大于 5.0%。

(4)不溶物

水泥中不溶物是用盐酸溶解滤去不溶残渣,经碳酸钠处理再用盐酸中和,高温灼烧至恒重后称量,灼烧后不溶物质量占试样总质量比例为不溶物。

《通用硅酸盐水泥》(GB 175—2007)规定,Ⅰ型硅酸盐水泥中不溶物不得超过 0.75%;Ⅱ

型硅酸盐水泥中不溶物不得超过1.50%。

(5)氯离子含量

氯离子是钢筋锈蚀的主要原因,主要是掺了混合料或加了外加剂(如助磨剂、工业废渣)。《通用硅酸盐水泥》(GB 175—2007)规定氯离子含量≤0.06%,当有更低的要求时,由双方确定。

(6)碱含量(选择性指标)

水泥中的少量碱性氧化物与活性的集料发生碱集料反应引起水泥石胀裂。碱的限制按 $Na_2O + 0.658\ K_2O$ 计算值计。若采用活性集料,用户要求低碱水泥时,水泥石中碱含量不得大于0.6%或由供需双方商定。

2. 物理性质

(1)细度(选择性指标)

硅酸盐水泥的
物理性质

细度是指水泥颗粒粗细的程度。一般认为,水泥粒径在40μm以下的颗粒才具有较高的活性,大于40μm的活性很小。细度越细,水泥与水起反应的面积越大,水化越充分,水化速度越快。所以相同矿物组成的水泥,细度越大,早期强度越高,凝结速度越快,析水量减少。实践表明:细度提高,可使水泥混凝土的强度提高,工作性得到改善。但是,水泥细度提高,在空气中的硬化收缩也较大,使水泥发生裂缝的可能性增加。因此,对水泥细度必须予以合理控制。水泥细度有两种表示方法:

①筛析法。以80μm方孔筛或45μm方孔筛上的筛余量百分率表示。

②比表面积法。以每千克水泥总表面积(m^2)表示,其测定采用勃氏透气法。

《通用硅酸盐水泥》(GB 175—2007)规定,硅酸盐水泥和普通硅酸盐水泥细度以比表面积表示,比表面积不小于$300m^2/kg$;矿渣硅酸盐水泥、火山灰质硅酸盐水泥、粉煤灰硅酸盐水泥和复合硅酸盐水泥以筛余表示,80μm方孔筛筛余不大于10%或45μm方孔筛筛余不大于30%。

(2)水泥净浆标准稠度

为使水泥凝结时间和安定性的测定结果具有可比性,在此两项测定时必须采用标准稠度的水泥净浆。获得这一稠度用所需用水量称标准稠度用量水,以水和水泥质量的比值来表示。《标准稠度用水量、凝结时间、安定性检验方法》(GB/T 1346—2011)规定,水泥净浆标准稠度的标准测定方法为试杆法,以标准试杆沉入净浆,并距离底板6mm ± 1mm的水泥净浆稠度为"标准稠度",其拌和用水量为该水泥标准稠度用水量(P),按水泥质量的百分比计;以试锥法(调整水量法和不变水量法)为代用法,采用调整水量法测定标准稠度用水量时,拌和水量应按经验确定加水量;采用不变水量法测定时,拌和水量为142.5mL,水量精确到0.5mL,如发生争议时,以调整水量法为准。

(3)凝结时间

水泥的凝结时间是从加水开始到水泥浆失去可塑性所需时间,分为初凝时间和终凝时间。初凝时间是指水泥全部加入水中至初凝状态所经历的时间,用"min"计。初凝状态是指试针自由沉入标准稠度的水泥净浆,试针至距底板4mm ± 1mm时的稠度状态。终凝时间是指由水泥全部加入水中至终凝状态所经历的时间,用"min"计。终凝状态是指试针沉入试件0.5mm,即环形附件开始不能在试体上留下痕迹时的稠度状态。

水泥的凝结时间对水泥混凝土的施工有重要意义。初凝时间太短,将影响混凝土拌和物的运输和浇灌;终凝时间过长,则影响混凝土工程的施工进度。《通用硅酸盐水泥》(GB 175—2007)规定,硅酸盐水泥初凝不得早于 45min,终凝不得迟于 390min,普通硅酸盐水泥初凝不得早于 45min,终凝不得迟于 600min。实际上国产硅酸盐水泥的初凝时间一般在 1~3h,终凝时间一般在 4~6h。

(4)体积安定性

水泥体积安定性是反映水泥浆在凝结、硬化过程中,体积膨胀变形的均匀程度。各种水泥在凝结硬化过程中,如果产生不均匀变形或变形太大,使构件产生膨胀裂缝,就是水泥体积安定性不良,影响工程质量。

造成水泥体积安定性不良的原因,一般是由于熟料含有过量的游离氧化钙,也可能是由于熟料中所含有的游离氧化镁或水泥中三氧化硫含量。

《标准稠度用水量、凝结时间、安定性检验方法》(GB/T 1346—2011)规定:检验水泥体积安定性的标准法为雷氏法,以试饼法为代用法,有矛盾时以标准法为准。

雷氏法是将标准稠度的水泥净浆装于雷氏夹的环形试模中,经湿养 24h 后,在沸煮箱中加热 30min ± 5min 至沸,继续恒沸 180min ± 5min。测定试件两指针尖端距离,两个试件在沸煮后,针尖端增加的距离平均值不大于 5.0mm 时,即认为该水泥体积安定性合格。

试饼法是将水泥拌制成标准稠度的水泥净浆,制成直径 70~80mm,中心厚约 10mm 的试饼,在湿气养护箱中养护 24h,然后在沸煮箱中加热 30min ± 5min 至沸,然后恒沸 180min ± 5min,最后根据试饼有无弯曲、裂缝等外观变化,判断其安定性。

(5)强度

强度是水泥技术要求中最基本的指标,也是水泥的重要技术性质之一。

水泥强度除了与水泥本身的性质(熟料矿物成分、细度等)有关外,也与水灰比、试件制作方法、养护条件和时间有关。按《水泥胶砂强度检验方法(ISO 法)》(GB/T 17671—2021)规定,用水泥胶砂强度法作为水泥强度的标准检验方法。此方法是以 1:3 的水泥和中国 ISO 标准砂,按规定的水灰比为 0.5,用标准制作方法,制成 40mm × 40mm × 160mm 的标准试件,达到规定龄期(3d,28d)时,测其抗折强度和抗压强度。按《通用硅酸盐水泥》(GB 175—2007)第 3 号修改单规定的最低强度值来评定其所属强度等级。

硅酸盐水泥的强度和强度等级

在进行水泥胶砂强度试验时,要用到中国 ISO 标准砂,此砂的粒径为 0.08~2.0mm,分粗、中、细三级,各占三分之一。其中粗砂为 1.0~2.0mm,中砂为 0.5~1.0mm,细砂为 0.08~0.5mm。中国 ISO 标准砂颗粒分布见表 1-3-9。

ISO 基准砂颗粒分布 表 1-3-9

方孔边长(mm)	累计筛余(%)	方孔边长(mm)	累计筛余(%)
2.0	0	0.5	67 ± 5
1.6	7 ± 5	0.16	87 ± 5
1.0	33 ± 5	0.08	99 ± 1

①水泥强度等级。按规定龄期抗压强度和抗折强度来划分,硅酸盐水泥各龄期强度不低于表1-3-10数值。在规定各龄期的抗压强度和抗折强度均符合某一强度等级的最低强度值要求时,以28d抗压强度值(MPa)作为强度等级,硅酸盐水泥强度等级分为42.5、42.5R、52.5、52.5R、62.5、62.5R六个强度等级。

硅酸盐水泥的强度指标　　　　　表1-3-10

品　种	强度等级	抗压强度(MPa)		抗折强度(MPa)	
		3d	28d	3d	28d
硅酸盐水泥	42.5	≥17.0	≥42.5	≥3.5	≥6.5
	42.5R	≥22.0		≥4.0	
	52.5	≥23.0	≥52.5	≥4.0	≥7.0
	52.5R	≥27.0		≥5.0	
	62.5	≥28.0	≥62.5	≥5.0	≥8.0
	62.5R	≥32.0		≥5.5	

水泥28d以前强度称为早期强度,28d及其以后强度称为后期强度。

②水泥型号。为提高水泥早期强度,我国现行标准将水泥分为普通型和早强型(或称R型)两个型号。早强型水泥3d的抗压强度较同强度等级的普通型强度提高10%~24%;早强型水泥的3d抗压强度可达28d抗压强度的50%,水泥混凝土路面用水泥,在供应条件允许时,应尽量优先选用早强型水泥,以缩短混凝土养护时间,提早通车。

为了确保水泥在工程中的使用质量,生产厂在控制出厂水泥28d的抗压强度时,均留有一定的富余强度。在设计混凝土强度时,可采用水泥实际强度。通常富余强度系数为1.00~1.13。

3. 其他性质

(1)水化热(Heat of Hydration)

水泥在水化过程中放出的热称为水化热。水化热的大小与放热速度主要取决于水泥的矿物组成和细度,还与水灰比、混合材料及外加剂的品种、数量等因素有关。鲍格(Bogue)研究得出,对于硅酸盐水泥,1~3d龄期内水化放热量为总放热量的50%,7d为75%,6个月为83%~91%。由此可见,水泥水化热量大部分在早期(3~7d)放出,以后逐渐减少。

(2)抗冻性

抗冻性是指水泥石抵抗冻融循环的能力。在严寒地区使用水泥时,抗冻性是水泥石的重要性质之一。影响抗冻性的因素主要是水泥各成分的含量和水灰比。当C_3S含量高时,水泥的抗冻性好,适当提高石膏掺量也可提高抗冻性;水灰比控制在0.40以下,抗冻性好;水灰比大于0.55时,抗冻性将显著降低。

(3)抗渗性

抗渗性是指水泥石抵抗液体渗透作用的能力。水泥石的抗渗性与它的孔隙率和孔径大小有关,也与水灰比、水化程度、所掺混合材料的性能、养护条件等因素有关。水灰比小,水化程度高,水泥中凝胶含量高,抗渗性高。

三、水泥的质量评定

1. 编号及取样

水泥出厂前按同品种、同强度等级编号和取样。袋装水泥和散装水泥应分别进行编号和取样。每一编号为取样单位。水泥出厂编号按年生产能力规定为:

200×10^4 t 以上,不超过 4000t 为一编号;

120×10^4 t ~ 200×10^4 t,不超过 2400t 为一编号;

60×10^4 t ~ 120×10^4 t,不超过 1000t 为一编号;

30×10^4 t ~ 60×10^4 t,不超过 600t 为一编号;

10×10^4 t ~ 30×10^4 t,不超过 400t 为一编号;

10×10^4 t 以下,不超过 200t 为一编号。

取样方法按《水泥取样方法》(GB 12573—2008)进行。可连续取,亦可从 20 个以上不同部位取等量样品,总量至少 12kg。当散装水泥运输工具的容量超过该厂规定出厂编号吨数时,允许该编号的数量超过取样规定吨数。

2. 水泥出厂

经确认水泥各项技术指标及包装质量符合要求时方可出厂。

3. 出厂检验

出厂检验项目为化学性质指标(包括不溶物、烧失量、三氧化硫、氧化镁、氯离子),物理性质指标(包括凝结时间、安定性、强度)。

4. 判定规则

不溶物、烧失量、三氧化硫、氧化镁、氯离子、凝结时间、安定性、强度指标检测结果均符合《通用硅酸盐水泥》(GB 175—2007)标准要求为合格品,其中任一条结果不符合《通用硅酸盐水泥》(GB 175—2007)标准要求则为不合格品。

5. 检验报告

检验报告内容应包括出厂检验项目、细度、混合材料品种和掺加量、石膏和助磨剂的品种及掺加量、属旋窑或立窑生产及合同约定的其他技术要求。当用户需要时,生产者应在水泥发出之日起 7d 内寄发除 28d 强度以外的各项检验结果,32d 内补报 28d 强度的检验结果。

6. 交货与验收

(1)交货时水泥的质量验收可抽取实物试样以其检验结果为依据,也可以生产者同编号水泥的检验报告为依据。采取何种方法验收由买卖双方商定,并在合同或协议中注明。卖方有告知买方验收方法的责任。当无书面合同或协议,或未在合同、协议中注明验收方法的,卖方应在发货票上注明"以本厂同编号水泥的检验报告为验收依据"字样。

(2)以抽取实物试样的检验结果为验收依据时,买卖双方应在发货前或交货地共同取样和签封。取样方法按 GB 12573 进行,取样数量为 20kg,缩分为二等份。一份由卖方保存 40d,一份由买方按本标准规定的项目和方法进行检验。

在40d以内,买方检验认为产品质量不符合本标准要求,而卖方又有异议时,则双方应将卖方保存的另一份试样送省级或省级以上国家认可的水泥质量监督检验机构进行仲裁检验。水泥安定性仲裁检验时,应在取样之日起10d以内完成。

(3)以生产者同编号水泥的检验报告为验收依据时,在发货前或交货时买方在同编号水泥中取样,双方共同签封后由卖方保存90d,或认可卖方自行取样、签封并保存90d的同编号水泥的封存样。

四、硅酸盐水泥的腐蚀和防止

硅酸盐类水泥硬化后,在通常的使用条件下有较好的耐久性。但在某些腐蚀性液体或气体介质的长期作用下,水泥石会发生一系列的物理、化学的变化,水泥石结构逐渐遭受破坏,强度逐渐降低,甚至引起混凝土结构物溃裂破坏,这种现象称为水泥石的腐蚀。水泥石的腐蚀一般有以下几种类型:

(1)溶析性侵蚀

又称溶出侵蚀或淡水侵蚀。就是硬化后混凝土中的水泥水化产物被淡水溶解而带走的一种侵蚀现象。腐蚀介质有蒸馏水、雨水、雪水、工厂冷凝水等。

在硅酸盐水泥的水化产物中,$Ca(OH)_2$在水中的溶解度最大,首先被溶出。在水量小、静水或无压情况下,由于$Ca(OH)_2$的迅速溶出,周围的水很快饱和,溶出作用很快就终止。但在大量或流动的水中,由于$Ca(OH)_2$不断被溶析,不仅混凝土的密度和强度降低,还导致了水化硅酸钙和水化铝酸钙的分解,最终可能引起整体结构物的破坏。

(2)硫酸盐的侵蚀

海水、沼泽水、工业污水中,常含有易溶的硫酸盐类,它们与水泥石中的氢氧化钙反应生成石膏,石膏在水泥石孔隙中结晶时体积膨胀,且石膏与水泥中的水化铝酸钙作用,生成水化硫铝酸钙(即钙矾石),其体积可增大1.5倍。因此水泥石产生很大的内应力,使混凝土结构的强度降低,甚至破坏。

(3)镁盐侵蚀

在海水、地下水或矿泉水中,常含有较多的镁盐,如氯化镁、硫酸镁。镁盐与水泥石中的氢氧化钙反应生成无胶结能力、极易溶于水的氯化钙,或生成二水石膏导致水泥石结构破坏。

(4)碳酸侵蚀

在工业污水或地下水中常溶解有较多的二氧化碳(CO_2),CO_2与水泥石中的氢氧化钙作用,生成不溶于水的碳酸钙,碳酸钙再与水中的碳酸作用生成易溶于水的碳酸氢钙,其可溶性使水泥石的强度下降。

水泥石腐蚀的防止措施如下:

(1)根据腐蚀环境特点,合理选用水泥品种

例如:选用硅酸三钙含量低的水泥,使水化产物中$Ca(OH)_2$的含量减少,可提高抗淡水侵蚀能力;选用铝酸三钙含量低的水泥,则可降低硫酸盐的腐蚀作用。

(2)提高水泥石的密实度

水泥石内部存在的孔隙是水泥石产生腐蚀的内因之一。通过采取诸如合理设计混凝土配

合比、降低水灰比、合理选择集料、掺外加剂及改善施工方法等措施,可以提高水泥石的密实度,增强其抗腐蚀能力。另外也可以对水泥石表面进行处理,如碳化等,增加其表层密实度,从而达到防腐的目的。

(3)敷设耐蚀保护层

当腐蚀作用较强时,可在混凝土表面敷设一层耐腐蚀性强且不透水的保护层(通常可采用耐酸石料、耐酸陶瓷、玻璃、塑料或沥青等),以隔离侵蚀介质与水泥石的接触。

五、水泥的存储和运输

水泥在储存和运输过程中不得混入杂物,应按不同品种、强度等级或标号和出厂日期分别加以标明。水泥储存时应先存先用,对散装水泥分库存放,而袋装水泥一般堆放高度不超过10袋。水泥存放时不可受潮。受潮的水泥表现为结块,凝结速度减慢,烧失量增加,强度降低。对于结块水泥的处理方法为:有结块但无硬块时,可压碎粉块后按实测强度等级使用;对部分结成硬块的,可筛除或压碎硬块后,按实测强度等级用于非重要的部位;对于大部分结块的,不能作水泥用,可作混合材料掺入到水泥中,掺量不超过25%。水泥的储存期不宜太久,常用水泥一般不超过3个月。因为3个月后水泥强度将降低10%~20%,6个月后降低15%~30%,1年后降低25%~40%,铝酸盐水泥般不超过2个月。过期水泥应重新检测,按实测强度使用。

任务四　掺混合料的硅酸盐水泥

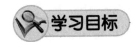

1.知识目标
(1)认识混合料的类型;
(2)认识掺混合料材料的硅酸盐水泥性质;
(3)掌握掺混合料材料的硅酸盐水泥适用范围。
2.技能目标
能根据环境选用水泥品种。
3.素质目标
(1)培养学生的实际应用能力;
(2)培养学生踏实、细致、认真的工作态度和作风。

掺混合料材料的硅酸盐水泥适用范围和选用。

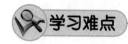
学习难点

根据环境选择掺混合料材料的硅酸盐水泥。

【任务描述】
某工程要选用水泥,请根据环境选择掺混合料材料的硅酸盐水泥品种。

【相关知识】
掺混合材料的硅酸盐水泥是指在硅酸盐熟料中掺入适量的各种混合材料与石膏共同磨细的水硬性胶凝材料。与硅酸盐水泥相比,掺混合料的水泥由于利用工业废渣和地方材料,因此,节省了硅酸盐水泥熟料,降低成本,同时达到增加产量和改善水泥的某些性能目的。水泥混合材料通常分为活性混合材料和非活性混合材料两大类。

1. 活性混合材料

活性混合材料是指磨成细粉掺入水泥后,其成分能与水泥中的矿物成分起化学反应,生成具有胶凝能力的水化产物,且能在空气中硬化的。常用的有符合现行《用于水泥中的粒化高炉矿渣》(GB/T 203)、《用于水泥、砂浆和混凝土中的粒化高炉矿渣粉》(GB/T 18046)、《用于水泥和混凝土中的粉煤灰》(GB/T 1596)、《用于水泥中的火山灰质混合材料》(GB/T 2847)标准要求的粒化高炉矿渣、粒化高炉矿渣粉、粉煤灰、火山灰质混合材料。

(1) 粒化高炉矿渣:指将高炉炼铁矿渣在高温液态卸出时经冷淬处理,使其成颗粒状态,质地疏松、多孔。主要化学成分 CaO、SiO_2、Al_2O_3、少量 MgO、FeO 等。

(2) 火山灰质混合料:含有活性氧化硅和活性氧化铝,经磨细后,在 $Ca(OH)_2$ 的碱性作用下,可在空气中硬化,而后在水中继续硬化增加强度。有火山灰、凝灰岩、硅藻岩、烧黏土、煤渣等。

(3) 粉煤灰:指火电厂的燃料煤燃烧后收集的飞灰。含有较多的 SiO_2、Al_2O_3 与 $Ca(OH)_2$,化合能力较强,具有较高的活性。

2. 非活性混合材料

非活性混合材料又称作填充性混合材料,指磨成细粉掺入水泥中不具有或只具有微弱的化学活性,在水泥水化中基本不参加化学反应,仅起提高产量、调节水泥强度等级、节约水泥熟料的作用。如石英砂、黏土等。

一、掺混合料材料的硅酸盐水泥性质

1. 普通硅酸盐水泥

(1) 定义

由硅酸盐水泥熟料,6%~20%混合材料,适量石膏磨细制成的水硬性胶凝材料,称为普通硅酸盐水泥(简称普通水泥),代号 P·O。活性混合材料的最大掺量不得超过水泥质量的20%。

(2) 主要技术性质

普通水泥由于掺加混合材料的数量少,性质与不掺混合材料的硅酸盐水泥相近。普通硅酸盐水泥技术要求如下:

①化学性质指标见表1-3-11。

普通硅酸盐水泥化学性质　　　　　表1-3-11

品　种	不溶物（质量分数）	烧失量（质量分数）	三氧化硫（质量分数）	氧化镁（质量分数）	氯离子（质量分数）
普通硅酸盐水泥	—	≤5.0	≤3.5	≤5.0①	≤0.06②

注：①如果水泥压蒸试验合格，则水泥中氧化镁的含量（质量分数）允许放宽至6.0%。
　　②当有更低要求时，该指标由买卖双方协商确定。

②细度。《通用硅酸盐水泥》(GB 175—2007)规定，普通硅酸盐水泥细度以比表面积表示，比表面积不小于 $300m^2/kg$。

③凝结时间。《通用硅酸盐水泥》(GB 175—2007)规定，普通硅酸盐水泥初凝不得早于45min，终凝不得迟于600min。

④强度等级。《通用硅酸盐水泥》(GB 175—2007)规定，普通硅酸盐水泥分为42.5、42.5R、52.5、52.5R四个强度等级。各强度等级在规定龄期的抗压强度和抗折强度不得低于表1-3-12值。

普通硅酸盐水泥各龄期强度表　　　　　表1-3-12

品　种	强度等级	抗压强度(MPa) 3d	抗压强度(MPa) 28d	抗折强度(MPa) 3d	抗折强度(MPa) 28d
普通硅酸盐水泥	≥42.5	≥17.0	≥42.5	≥3.5	≥6.5
	≥42.5R	≥22.0		≥4.0	
	≥52.5	≥23.0	≥52.5	≥4.0	≥7.0
	≥52.5R	≥37.0		≥5.0	

2. 矿渣硅酸盐水泥

(1) 矿渣硅酸盐水泥的定义

由硅酸盐水泥熟料和粒化高炉矿渣，适量石膏磨细制成的水硬性胶凝材料称为矿渣硅酸盐水泥（简称矿渣水泥），代号P·S，根据掺合料不同又分为P·S·A和P·S·B，详见表1-3-13。水泥中粒化高炉矿渣掺加量按质量百分比计为20%～70%。允许用石灰石、窑灰、粉煤灰和火山灰混合材料中的一种材料代替矿渣，代替数量不得超过水泥质量的8%，替代后水泥中粒化高炉矿渣不得少于20%。

(2) 矿渣硅酸盐水泥技术性质

①化学性质指标见表1-3-13。

矿渣硅酸盐水泥化学性质　　　　　表1-3-13

品　种	不溶物（质量分数）	烧失量（质量分数）	三氧化硫（质量分数）	氧化镁（质量分数）	氯离子（质量分数）
矿渣硅酸盐水泥P·S·A	—	—	≤4.0	≤6.0①	≤0.06②
矿渣硅酸盐水泥P·S·B	—	—		—	

注：①如果水泥中氧化镁的含量（质量分数）大于6.0%时，需进行水泥压蒸安定性试验并合格。
　　②当有更低要求时，该指标由买卖双方协商确定。

②细度。《通用硅酸盐水泥》(GB 175—2007)规定,矿渣硅酸盐水泥、火山灰质硅酸盐水泥、粉煤灰硅酸盐水泥和复合硅酸盐水泥以筛余表示,80μm方孔筛筛余不大于10%或45μm方孔筛筛余不大于30%。

③凝结时间。《通用硅酸盐水泥》(GB 175—2007)规定,矿渣硅酸盐水泥、火山灰质硅酸盐水泥、粉煤灰硅酸盐水泥和复合硅酸盐水泥初凝不得早于45min,终凝不得迟于600min。

④强度等级。《通用硅酸盐水泥》(GB 175—2007)规定,矿渣硅酸盐水泥、火山灰质硅酸盐水泥、粉煤灰硅酸盐水泥等级分为32.5、32.5R、42.5、42.5R、52.5、52.5R六个强度等级。各强度等级在规定龄期的抗压强度和抗折强度不得低于表1-3-14值。

矿渣硅酸盐水泥、火山灰质硅酸盐水泥、粉煤灰硅酸盐水泥各龄期强度表　　表1-3-14

品　种	强度等级	抗压强度(MPa)		抗折强度(MPa)	
		3d	28d	3d	28d
矿渣硅酸盐水泥、火山灰质硅酸盐水泥、粉煤灰硅酸盐水泥	≥32.5	≥10.0	≥32.5	≥2.5	≥5.5
	≥32.5R	≥15.0		≥3.5	
	≥42.5	≥17.0	≥42.5	≥3.5	≥6.5
	≥42.5R	≥22.0		≥4.0	
	≥52.5	≥23.0	≥52.5	≥4.0	≥7.0
	≥52.5R	≥37.0		≥5.0	

(3)矿渣硅酸盐水泥的特点和应用

由于矿渣硅酸盐水泥中水泥熟料含量比硅酸盐水泥少,并掺有大量的粒化高炉矿渣,因此与硅酸盐水泥相比,矿渣硅酸盐水泥的性能及应用具有以下特点:

①抗软水及硫酸盐腐蚀的能力较强

矿渣硅酸盐水泥中熟料相对减少,C_3S和C_3A的含量也随之减少,其水化所析出的$Ca(OH)_2$比硅酸盐水泥少,而且矿渣中活性SiO_2、Al_2O_3与$Ca(OH)_2$作用又消耗了大量的$Ca(OH)_2$,这样水泥石中$Ca(OH)_2$就更少了,因此提高了抗软水及硫酸盐腐蚀的能力。但因起缓冲作用的$Ca(OH)_2$较少,抵抗酸性水和镁盐腐蚀的能力不如普通硅酸盐水泥。

矿渣硅酸盐水泥适用于要求耐淡水腐蚀和耐硫酸盐侵蚀的水工或海港工程。

②水化热低

矿渣硅酸盐水泥中,熟料减少,相对降低了C_3S和C_3A的含量,水化和硬化过程较慢,因此水化热比普通硅酸盐水泥小,宜用于大体积工程。

③早期强度低,后期强度高

矿渣硅酸盐水泥的水化过程首先是熟料的水化,矿渣活性组分的水化要在熟料水化产物$Ca(OH)_2$的激发下进行。矿渣水泥中熟料含量少,而且常温下化合反应缓慢,因此强度增长速度较缓慢。到后期随着水化硅酸钙凝胶数量的增多,28d以后的强度将超过强度等级相同的硅酸盐水泥。矿渣掺入量越多,早期强度越低,后期强度增长率越大。此外,矿渣硅酸盐水泥的水化反应对温度敏感,提高养护温度、湿度,有利于强度发展。若采用蒸汽养护,强度增长较普通硅酸盐水泥快,且后期强度仍能稳定地增长。

矿渣硅酸盐水泥不宜用在温度太低、养生条件差的工程。

④耐热性较强

矿渣硅酸盐水泥中的 $Ca(OH)_2$ 含量较低,且矿渣本身又是水泥的耐热掺料,故具有较好的耐热性,适用于受热(200℃以下)的混凝土工程。还可掺入耐火砖粉等配制成耐热混凝土。

⑤干缩性较大

矿渣硅酸盐水泥中混合材料掺量较大,且磨细粒化高炉矿渣有尖锐棱角,故标准稠度需水量较大,保持水分能力较差,泌水性较大,因而干缩性较大,如养护不当,则易产生裂缝。因此矿渣水泥的抗冻性、抗渗性和抵抗干湿交替的性能均不及普通硅酸盐水泥,且碱度低,抗碳化能力差。

3. 火山灰质硅酸盐水泥

(1) 火山灰质硅酸盐水泥的定义

由硅酸盐水泥熟料和火山灰质混合材料,适量石膏磨细制成的水硬性胶凝材料称为火山灰质硅酸盐水泥(简称火山灰水泥),代号 P·P。水泥中火山灰质混合材料掺量按质量百分比计为 20%~40%。

(2) 火山灰质硅酸盐水泥技术性质

①化学性质指标见表 1-3-15。

火山灰质硅酸盐水泥、粉煤灰硅酸盐水泥、复合硅酸盐水泥化学性质　　表 1-3-15

品　种	不溶物 (质量分数)	烧失量 (质量分数)	三氧化硫 (质量分数)	氧化镁 (质量分数)	氯离子 (质量分数)
火山灰质硅酸盐水泥、粉煤灰硅酸盐水泥、复合硅酸盐水泥	—	—	≤3.5	≤6.0[①]	≤0.06[②]

注:①如果水泥中氧化镁的含量(质量分数)大于 6.0% 时,需进行水泥压蒸安定性试验并合格。
②当有更低要求时,该指标由买卖双方协商确定。

②细度、凝结时间、强度等级指标同矿渣硅酸盐水泥。

(3) 火山灰质硅酸盐水泥的特点和应用

①火山灰水泥凝结硬化缓慢,早期强度低,后期强度高。火山灰水泥的凝结硬化过程对环境温度、湿度变化较为敏感,故火山灰水泥宜用蒸汽或压蒸养护,不宜用于有早强要求及低温工程中。

②火山灰水泥具有良好的抗渗性、耐水性及一定的抗腐蚀能力。火山灰水泥在硬化过程中形成了大量的水化硅酸钙凝胶,提高了水泥石的致密程度,从而提高了抗渗性、耐水性及抗硫酸盐性,且由于氢氧化钙含量低,因而有良好的抗淡水侵蚀性。故火山灰水泥宜用于抗渗性要求较高的工程。但是当混合材料中活性氧化铝含量较多时,则抗硫酸盐腐蚀能力较差。

③火山灰水泥保水性差,在干燥环境中将由于失水而使水化反应停止,强度不再增长且由于水化硅酸钙凝胶的干燥将产生收缩和内应力,使水泥石产生很多细小的裂缝。在表面则由于水化硅酸钙抗碳化能力差,使水泥石表面产生"起粉"现象。因此,火山灰水泥不宜用于干燥环境中的地上工程。

④火山灰水泥具有较低的水化热,适用于大体积工程。

此外,这种水泥需水量大,收缩大,抗冻性差,使用时需引起注意。火山灰水泥是我国常用水泥品种之一。

4. 粉煤灰硅酸盐水泥

(1) 粉煤灰硅酸盐水泥的定义

由硅酸盐水泥熟料和粉煤灰,适量石膏磨细制成的水硬性胶凝材料称为粉煤灰硅酸盐泥(简称粉煤灰水泥),代号P·F。水泥中粉煤灰掺量按质量百分比计为20%～40%。

(2) 火山灰质硅酸盐水泥技术性质

① 化学性质指标见表1-3-15。

② 细度、凝结时间、强度等级指标同矿渣硅酸盐水泥。

(3) 粉煤灰硅酸盐水泥的性能和应用

① 粉煤灰水泥的凝结硬化慢,早期强度低,后期强度高甚至可以赶上或明显超过硅酸盐水泥。粉煤灰活性越高,细度越细,则强度增长速度越快。因此,这种水泥宜用于承受荷载较迟的工程。

② 粉煤灰内比表面积较小,吸附水的能力较小,因而这种水泥干缩小,抗裂性较强。

③ 粉煤灰水泥泌水较快,易引起失水裂缝,故应在硬化早期加强养护,并采取一定的工艺措施。

另外,粉煤灰水泥还有一些与火山灰水泥类似的特性,如水化热小,抗硫酸盐腐蚀能力强及抗冻性差等特点。因此,粉煤灰水泥除同样能用于工业与民用建筑外,还非常适用于大体积水工混凝土以及水中结构、海港工程等。

粉煤灰硅酸盐水泥亦是我国常用水泥品种之一。粉煤灰水泥水化产物的碱度低,不宜用于有抗碳化要求的工程。

5. 复合硅酸盐水泥

(1) 复合硅酸盐水泥的定义

由硅酸盐水泥熟料,两种或两种以上规定的混合材料,适量石膏磨细制成的水硬性胶凝材料,称为复合硅酸盐水泥(简称复合水泥),代号P·C。水泥中混合材料总掺加量按质量百分比计应大于20%,但不超过50%。水泥中允许用不超过8%的窑灰代替部分混合材料,掺矿渣时混合材料掺量不得与矿渣硅酸盐水泥重复。

(2) 复合硅酸盐水泥技术性质

① 化学性质指标见表1-3-15。

② 细度、凝结时间指标同矿渣硅酸盐水泥。

③ 强度等级。《通用硅酸盐水泥》(GB 175—2007)第2号修改单规定,复合硅酸盐水泥等级分为42.5、42.5R、52.5、52.5R四个强度等级。各强度等级在规定龄期的抗压强度和抗折强度不得低于表1-3-16值。

复合硅酸盐水泥各龄期强度表   表1-3-16

品 种	强度等级	抗压强度(MPa)		抗折强度(MPa)	
		3d	28d	3d	28d
复合硅酸盐水泥	≥42.5	≥15.0	≥42.5	≥3.5	≥6.5
	≥42.5R	≥19.0		≥4.0	
	≥52.5	≥21.0	≥52.5	≥4.0	≥7.0
	≥52.5R	≥23.0		≥5.0	

二、硅酸盐水泥适用范围及选用

水泥是混凝土的胶结材料,混凝土的性能很大程度上取决于水泥的质量和数量。不同的水泥品种有各自突出的特性,深入理解其特性是正确选择水泥品种的基础。

水泥的选用原则如下:

(1)按环境条件选择水泥品种

环境条件包括温度、湿度、周围介质、压力等工程外部条件,如在寒冷地区水位升降的环境应选用抗冻性好的硅酸盐水泥和普通水泥;有水压作用和流动水及有腐蚀作用的介质中应选掺活性混合材料的水泥;腐蚀介质强烈时,应选用专门抗侵蚀的特种水泥。

(2)按工程特点选择水泥品种

选用水泥品种时应考虑工程项目的特点,大体积工程应选用放热量低的水泥,如掺活性混合材料的硅酸盐水泥;高温窑炉工程应选用耐热性好的水泥,如矿渣水泥、铝酸盐水泥等;抢修工程应选用凝结硬化快的水泥,如快硬型水泥;路面工程应选用耐磨性好、强度高的水泥,如道路水泥。在混凝土结构工程中,常用水泥的选用可参照表1-3-17 选择。

通用水泥硅酸盐水泥的选用　　　　　　表1-3-17

		混凝土工程特点及所处环境	优先选用	可以选用	不宜选用
普通混凝土	1	在一般环境中的混凝土	普通硅酸盐水泥	矿渣硅酸盐水泥、火山灰质硅酸盐水泥、粉煤灰硅酸盐水泥、复合硅酸盐水泥	—
	2	在干燥环境中的混凝土	普通硅酸盐水泥	矿渣硅酸盐水泥	火山灰质硅酸盐水泥、粉煤灰硅酸盐水泥
	3	在高湿环境中或长期处于水中的混凝土	矿渣硅酸盐水泥、火山灰质硅酸盐水泥、粉煤灰硅酸盐水泥、复合硅酸盐水泥	普通硅酸盐水泥	—
	4	厚大体积的混凝土	矿渣硅酸盐水泥、火山灰质硅酸盐水泥、粉煤灰硅酸盐水泥、复合硅酸盐水泥	—	硅酸盐水泥
有特殊要求的混凝土	1	要求快硬、高强(强度等级>40)的混凝土	硅酸盐水泥	普通硅酸盐水泥	矿渣硅酸盐水泥、火山灰质硅酸盐水泥、粉煤灰硅酸盐水泥、复合硅酸盐水泥
	2	严寒地区的露天混凝土,寒冷地区处于水位升降范围内的混凝土	普通硅酸盐水泥	矿渣硅酸盐水泥(强度等级>32.5)	火山灰质硅酸盐水泥、粉煤灰硅酸盐水泥
	3	严寒地区处于水位升降范围内的混凝土	普通硅酸盐水泥(强度等级>42.5)	—	矿渣硅酸盐水泥、火山灰质硅酸盐水泥、粉煤灰硅酸盐水泥、复合硅酸盐水泥
	4	有抗渗要求的混凝土	普通硅酸盐水泥、火山灰质硅酸盐水泥	—	矿渣硅酸盐水泥
	5	有耐磨要求的混凝土	普通硅酸盐水泥、火山灰质硅酸盐水泥	矿渣硅酸盐水泥(强度等级>32.5)	火山灰质硅酸盐水泥、粉煤灰硅酸盐水泥
	6	受侵蚀介质作用的混凝土	矿渣硅酸盐水泥、火山灰质硅酸盐水泥、粉煤灰硅酸盐水泥、复合硅酸盐水泥	—	硅酸盐水泥

学习任务单

项目三 石灰与水泥	姓名：	
	班级：	
	自评	师评
思考与练习题	掌握：	合格：
	未掌握：	不合格：

一、简答题

1. 什么是胶凝材料、气硬性胶凝材料、水硬性胶凝材料？
2. 建筑石灰按加工方法不同可分为哪几种？它们的主要化学成分各是什么？
3. 什么是欠火石灰和过火石灰？它们对石灰的使用有什么影响？
4. 硅酸盐水泥熟料的主要矿物组成有哪些？它们各有什么特点
5. 制造硅酸盐水泥时，为什么必须掺入适量石膏？石膏掺量太少或太多时将产生什么情况？
6. 什么是水泥细度？细度大小对工程有什么影响？
7. 为什么要规定水泥的凝结时间？什么是初凝时间和终凝时间？凝结时间长短对工程有什么影响？
8. 什么是水泥的体积安定性？造成体积安定性不良的原因是什么？
9. 规定水泥净浆标准稠度的目的是什么？怎么判断水泥净浆达到标准稠度？
10. 如何判断水泥强度等级？
11. 影响水泥胶砂强度的因素有哪些？我们在做试验过程中要注意哪些事项？
12. 什么是活性混合材料和非活性混合材料？它们掺入硅酸盐水泥中各起什么作用？
13. 什么样的水泥达到合格标准？
14. 水泥稳定中粒土混合料配合比设计，设计强度为 3.0MPa，简要写出配合比设计步骤。

二、计算题

1. 某硅酸盐水泥，取样进行水泥胶砂强度试验其3d、28d 抗折抗压强度值如表1所示，试判断其强度等级。

28d 抗折抗压强度值 表1

硅酸盐水泥	抗折强度（MPa）		抗压强度（MPa）	
	3d	28d	3d	28d
试块1	4.0	6.7	22.0	45.7
试块2	4.5	6.8	23.5	46.9
试块3	4.6	6.5	24.0	49.0

续上表

项目三 石灰与水泥	姓名:	
	班级:	
	自评	师评
思考与练习题	掌握:	合格:
	未掌握:	不合格:

2. 某段高速公路底基层水泥稳定土配合比设计,成型6组试件,水泥剂量分别为:3%、4%、5%、6%、7%,其每组试件强度测定值如表2所示,试选定该水泥稳定土的配合比(设计强度 $R_d = 1.5$ MPa)。

6组试件7d无侧限抗压强度　　　　　　　　表2

水泥剂量(%)	试件(MPa)					
	1	2	3	4	5	6
3	1.00	1.20	0.82	0.90	0.92	0.78
4	1.40	1.60	1.62	1.50	1.40	1.48
5	1.74	1.82	1.70	1.62	1.50	1.70
6	2.02	1.62	1.60	1.66	1.78	1.62
7	2.12	2.02	2.30	1.88	1.80	1.78

项目四

水泥混凝土和砂浆

水泥混凝土和砂浆单元知识点

教学方式	教学内容	教学目标
理论教学	1. 水泥混凝土的组成材料； 2. 新拌混凝土的工作性； 3. 硬化后水泥混凝土的性质；水泥混凝土耐久性； 4. 普通水泥混凝土配合比设计； 5. 普通水泥混凝土的质量控制； 6. 混凝土外加剂； 7. 建筑砂浆技术性质、检验方法及标准	1. 熟知水泥混凝土组成材料的要求； 2. 掌握普通水泥混凝土技术性质、影响因素及要求； 3. 掌握水泥混凝土质量波动影响因素及强度评价方法； 4. 了解常用混凝土外加剂； 5. 掌握建筑砂浆技术性质、方法及标准
实践教学	试验教学：水泥混凝土试验	会测定水泥混凝土相关的技术指标，并对试验数据进行分析，确定混凝土工作性和立方体抗压强度
	案例教学：水泥混凝土配合比设计	能进行水泥混凝土配合比设计

任务一　水泥混凝土

1. 知识目标

(1) 掌握普通水泥混凝土的组成材料及其技术要求；

(2) 掌握新拌水泥混凝土、硬化后水泥混凝土的主要技术性质、要求及其影响因素；

(3) 掌握水泥混凝土配合设计应满足的基本条件、需收集的基本资料和配合比设计方法；

(4) 了解常用混凝土外加剂的概念和作用效果；

(5) 掌握普通混凝土质量评定；

(6) 了解其他功能水泥混凝土的特性及应用。

2. 能力目标

(1) 能选择配制普通水泥混凝土所用的原材料；

(2) 能测定新拌水泥混凝土、硬化后水泥混凝土的技术性质指标，并进行成果分析、评价；

(3)能够进行普通水泥混凝土的配合比设计；
(4)能进行混凝土质量评定；
(5)具备查阅标准、规范、试验规程等课程相关专业资料的能力。

3.素质目标

(1)树立严谨求实的工作态度,尊重试验数据、不弄虚作假,有工程质量安全意识；
(2)培养学生敬业、精益、专注、创新的工匠精神；
(3)具有沟通能力和团队协作精神。

学习重点

(1)普通水泥混凝土的组成材料技术要求；
(2)新拌水泥混凝土、硬化后水泥混凝土技术性质及测定方法；
(3)普通水泥混凝土配合比设计。

学习难点

普通水泥混凝土配合比设计。

【任务描述】

需完成：
(1)普通水泥混凝土组成材料的选用和技术要求；
(2)普通水泥混凝土的主要技术性能、影响因素、调整方法、技术性能指标测定和评价方法；
(3)依托案例,可独立完成普通水泥混凝土配合比设计；
(4)混凝土质量评定。

【相关知识】

水泥混凝土(简称混凝土)是由胶凝材料、水和粗、细集料,必要时掺加适量的外加剂、掺合料等按适当比例配制,通过水化反应并经凝结硬化后形成的具有所需形状、强度和耐久性的人造石材。其中水泥浆起胶凝和填充作用,集料起骨架和密实作用。水泥混凝土中的胶凝材料是水泥和活性矿物掺合料的总称。

水泥混凝土用途广泛,是工程结构物建造时用量最大的材料之一,具有许多优点,如具有较高的抗压强度和较好的耐久性,可以浇筑成任意形状、不同强度、不同性能的建筑物,原材料来源广泛,价格低廉。但水泥混凝土也存在着抗拉强度低、受拉时变形能力小、容易受温度湿度变化影响而开裂、自重大等缺点。

水泥混凝土可按其组成、特性和功能等进行分类。

按表观密度,水泥混凝土可分为：

(1)普通混凝土:干表观密度为 2000~2800kg/m³,是工程结构中最常用的混凝土。
(2)轻混凝土:干表观密度为 1900kg/m³,采用各种轻集料配制而成的轻集料结构混凝土,使其结构达到轻质高强,可以增大桥梁的跨度。

(3)重混凝土:干表观密度可达3200kg/m³,为了屏蔽各种射线的辐射一般采用高密度集料配制的混凝土。

按强度等级,水泥混凝土可分为:
(1)低强度混凝土:抗压强度小于30MPa。
(2)中强度混凝土:抗压强度在30~60MPa。
(3)高强度混凝土:抗压强度大于60MPa。

按照流动性,水泥混凝土可分为:
(1)干硬性混凝土:坍落度值小于10mm且需用维勃稠度表示其稠度的混凝土。
(2)塑性混凝土:坍落度值为10~90mm的混凝土。
(3)流动性混凝土:坍落度值大于100~150mm的混凝土。
(4)大流动性混凝土:坍落度值不低于160mm的混凝土。

一、普通水泥混凝土的组成材料

普通水泥混凝土是按照一定的比例由水泥、水、砂、石及矿物掺合料配制而成。同时为了改善水泥混凝土的性能,常加入外加剂,外加剂的用量一般情况不超过水泥质量的5%。

水泥混凝土的技术性质很大程度上是由原材料的性质及其相对含量决定的,要得到符合工程要求的水泥混凝土,首先要正确地选择原材料。在全面考虑水泥混凝土的各种性能的前提下,要考虑就地取材的方便施工和经济性。

(一)水泥

水泥是混凝土的主要胶结材料,水泥混凝土的性能很大程度上取决于水泥的质量和用量。水泥在混凝土组成材料中成本相对较高,故在保证水泥混凝土工程性能的前提下,应尽量节约水泥,降低工程造价。混凝土在水泥选择上主要是考虑符合工程要求的水泥品种和水泥强度等级。

1. 水泥品种选择

水泥品种与强度等级的选用应根据设计、施工要求以及工程所处环境确定。对于一般建筑结构及预制构件的普通混凝土,宜采用通用硅酸盐水泥;高强混凝土和有抗冻要求的混凝土宜采用硅酸盐水泥或普通硅酸盐水泥;有预防混凝土碱-集料反应要求的混凝土工程宜采用碱含量低于0.6%的水泥;大体积混凝土宜采用中、低热硅酸盐水泥或低热矿渣硅酸盐水泥。水泥应符合《通用硅酸盐水泥》(GB 175—2007)和《中热硅酸盐水泥、低热硅酸盐水泥》(GB/T 200—2017)的有关规定。

2. 水泥强度等级选择

选用水泥的强度应与要求配制的混凝土强度等级相适应。如果水泥强度等级选用过高,则混凝土中水泥用量过低,影响混凝土的和易性和耐久性。反之,如果水泥强度等级选用过低,则混凝土中水泥用量太多,非但不经济,而且降低混凝土的某些技术品质(如收缩率增大等)。

(二)细集料

水泥混凝土用细集料的粒径小于4.75mm,包括天然砂、人工砂和混合砂。细集料不宜采用海砂,当不得不用时,应对海砂冲洗处理,合格后使用。水泥混凝土对细集料的工程性质要求有以下几个方面。

1. 有害杂质含量

集料中含妨碍水泥水化、或降低集料与水泥石黏附性,以及能与水泥水化产物产生不良反应的各种物质,称为集料的有害杂质。砂中常有的有害杂质有泥土和泥块、云母、轻物质、有机质、硫化物和硫酸盐等,有害杂质对混凝土性能的危害见表1-4-1。

有害杂质对混凝土性能影响 表1-4-1

有害杂质种类	危害
含泥量—天然砂中粒径小于0.075mm颗粒含量 石粉含量—人工砂中粒径小于0.075mm颗粒含量 泥块—原粒径大于1.18mm,经水洗、手捏后可破碎成小于0.6mm颗粒含量	妨碍了水泥浆与集料的黏结,影响混凝土强度和耐久性
云母—呈薄片,表面光滑,易沿节理裂开,与水泥的黏附性差	降低混凝土强度,对新拌混凝土和易性、硬化后抗冻性和抗渗性均不利
轻物质—指相对密度小于2.0的颗粒(如煤、褐煤)	混凝土表面因膨胀而剥落破坏
有机质—指天然砂中混杂有有机物质(如动物的腐殖质、腐殖土等)	产生酸,腐蚀混凝土,延缓水泥硬化,降低强度,特别是早期强度
硫化物和硫酸盐—天然砂中掺杂的硫铁矿或石膏的碎屑等	含量过多与水化铝酸钙发生反应,产生水化硫铝酸钙结晶,体积膨胀而破坏水泥混凝土
氯化物—以氯离子质量计	腐蚀混凝土中的钢筋

2. 压碎值和坚固性

水泥混凝土中所用细集料应具备一定的强度和坚固性。对人工砂应进行压碎值测定,对天然砂采用硫酸钠溶液进行坚固性试验,经5次循环后测其质量损失。细集料的技术要求应符合《建设用砂》(GB/T 14684—2022)的规定,具体见表1-4-2。

细集料技术要求 表1-4-2

项目			I类	II类	III类
有害杂质含量	含泥量(按质量计,%)		≤1.0	≤3.0	≤5.0
	天然砂、机制砂泥块含量(按质量计,%)		0	≤1.0	≤2.0
	石粉含量(按质量计,%)	MB值≤1.4或快速法试验合格	≤10.0	≤10.0	≤10.0
		MB值>1.4或快速法试验不合格	≤1.0	≤3.0	≤5.0
	云母(按质量计,%)		≤1.0	≤2.0	≤2.0
	轻物质(按质量计,%)		≤1.0	≤1.0	≤1.0
	有机物(比色法)		合格	合格	合格
	硫化物及硫酸盐(按SO_3质量计,%)		≤0.5	≤0.5	≤0.5
	氯化物(按氯离子质量计,%)		≤0.01	≤0.02	≤0.06
坚固性(质量损失,%)			≤8	≤8	≤10
机制砂单级最大压碎指标(%)			≤20	≤25	≤30

续上表

项 目	技术要求		
	Ⅰ类	Ⅱ类	Ⅲ类
表观密度(kg/m³)	≥2500		
松散堆积密度(kg/m³)	≥1400		
空隙率(%)	≤44		
碱-集料反应	经碱-集料反应试验后,试件无裂缝、酥裂、胶体外溢等现象,在规定试验龄期的膨胀率应小于0.10%		

3. 砂的粗细程度和颗粒级配

砂的粗细程度和颗粒级配应使所配制的水泥混凝土满足设计强度等级要求,同时节约水泥。

根据《建设用砂》(GB/T 14684—2022)的规定,水泥混凝土用砂的级配划分为3区,天然砂和机制砂的级配应符合表1-4-3任何一个级配区所规定的级配范围。

砂的级配范围　　　　　表1-4-3

砂的分类	天 然 砂			机 制 砂		
级配区	Ⅰ区	Ⅱ区	Ⅲ区	Ⅰ区	Ⅱ区	Ⅲ区
筛孔尺寸(mm)	累计筛余(%)					
4.75	10～0	10～0	10～0	10～0	10～0	10～0
2.36	35～5	25～0	15～0	35～5	25～0	15～0
1.18	65～35	50～10	25～0	65～35	50～10	25～0
0.6	85～71	70～41	40～16	85～71	70～41	40～16
0.3	95～80	92～70	85～55	95～80	92～70	85～55
0.15	100～90	100～90	100～90	97～85	94～80	94～75

Ⅰ区砂:粗砂,用Ⅰ区砂配制水泥混凝土,新拌混凝土的内摩擦角阻力较大,保水性差,不易捣成型,故应比Ⅱ区采用较大的砂率。

Ⅱ区砂:中砂和部分偏粗的砂组成。

Ⅲ区砂:细砂和部分偏细的砂组成,用Ⅲ区砂配制水泥混凝土,新拌混凝土的黏性略大,比较细软,易捣成型,同时因其比表面积较大,对新拌混凝土的工作性影响比较敏感。故应采用比Ⅱ区较小的砂率。

(三)粗集料

水泥混凝土常用的粗集料是指粒径大于4.75mm的卵石(砾石)和碎石。卵石是在自然条件作用下形成的,根据产源可分为河卵石、海卵石及山卵石。碎石是将天然岩石或大卵石破碎、筛分而得到的,其表面粗糙且带棱角,与水泥浆黏结比较牢固。

水泥混凝土
粗集料选择

水泥混凝土用粗集料的主要技术要求如下：

1. 强度

为保证水泥混凝土的强度要求，粗集料必须具有足够的强度。对于碎石和卵石的强度，用压碎值指标表示，用于高强混凝土的粗集料还应包括岩石抗压强度。根据《建设用砂》的规定，将粗集料分为Ⅰ类、Ⅱ类、Ⅲ类，具体要求见表1-4-4。

粗集料技术要求　　　　　　　　　　表1-4-4

项目		技术要求		
		Ⅰ类	Ⅱ类	Ⅲ类
碎石压碎指标(%)		≤10	≤20	≤30
卵石压碎指标(%)		≤12	≤14	≤16
坚固性(质量损失,%)		≤5	≤8	≤12
针、片状颗粒总含量(按质量计,%)		≤5	≤10	≤15
有害杂质含量	含泥量(按质量计,%)	≤0.5	≤1.0	≤1.5
	泥块含量(按质量计,%)	0	≤0.2	≤0.5
	有机物(比色法)	合格	合格	合格
	硫化物及硫酸盐(按SO_3质量计,%)	≤0.5	≤1.0	≤1.0
吸水率(%)		≤1.0	≤2.0	≤2.0
空隙率(%)		≤43	≤45	≤47
表观密度(kg/m^3)		≥2600		
松散堆积密度(kg/m^3)		报告其实测值		
岩石抗压强度(水饱和状态,MPa)		火成岩应不小于80；变质岩应不小于60；水成岩应不小于30		
碱-集料反应		经碱-集料反应试验后，试件无裂缝、酥裂、胶体外溢等现象，在规定试验龄期的膨胀率应小于0.10%		

2. 坚固性

为保证混凝土的耐久性，用作混凝土的粗集料应具有足够的坚固性，以抵抗冻融和自然因素的风化作用。混凝土用粗集料的坚固性用硫酸钠溶液法检验，试样经5次循环后，其质量损失要求见表1-4-4。

3. 有害杂质含量

粗集料有害杂质主要有含泥量、泥块含量、有机物和硫化物及硫酸盐，它们对混凝土质量的危害作用同细集料的有害杂质，其含量限值见表1-4-4。

4. 最大粒径和颗粒级配

1) 最大粒径的选择

粗集料的最大粒径是指集料全部通过的最小标准筛筛孔尺寸。粗集料的公称最大粒径是指集料全部通过或允许有少量不通过(一般允许筛余百分率不超过10%)的最小标准筛筛孔尺寸。一般集料最大粒径比公称最大粒径大一级。

集料的粒径越大,比表面积越小,所需的水泥浆数量会相应减少,在一定的和易性和水泥用量的条件下,可减少用水量从而提高混凝土强度和耐久性。在固定的用水量和水胶比的条件下,加大最大粒径,可获得较好的和易性。通常在结构截面允许条件下,尽量增大最大粒径以节约水泥(注意:增大粒径虽可增加混凝土的抗压强度,但会降低其抗拉强度)。根据《混凝土结构工程施工质量验收规范》(GB 50204—2015)规定:混凝土用粗集料最大粒径不得超过结构截面最小尺寸的1/4,且不得超过钢筋间最小净距的3/4,对于混凝土实心板,集料的最大粒径不得超过板厚的1/3,且不得超过31.5mm。

2)颗粒级配

为获得密实、高强的混凝土,并能节约水泥,要求粗细集料组成的矿质混合料有良好的级配,矿质混合料的级配首先取决于粗集料的级配。

粗集料的级配分为连续级配和间断级配。连续级配矿质混合料的优点是所配制的新拌混凝土较为密实,特别是具有优良的工作性,不易产生离析等现象,故为经常采用的级配。但与间断级配矿质混合料相比较,连续级配配制相同强度的混凝土,所需要的水泥耗量较高。间断级配矿质混合料的最大优点是它的空隙率低,可以配制成密实高强的混凝土,而且水泥耗量较小,但是间断级配混凝土拌合物容易产生离析现象,适宜于配制干硬性拌合物,并须采用强力振动。

粗集料的级配应符合《建设用卵石、碎石》(GB/T 14685—2022)的规定,详见表1-4-5。

碎石或卵石的颗粒级配范围 表1-4-5

级配情况	公称粒径(mm)	筛孔尺寸(方孔筛,mm)									
		2.36	4.75	9.5	16.0	19.0	26.5	31.5	37.5	53.0	63.0	75.0	90
		累计筛余(按质量计,%)											
连续级配	5~16	95~100	85~100	30~60	0~10	0	—	—	—	—	—	—	—
	5~20	95~100	90~100	40~80	—	0~10	0	—	—	—	—	—	—
	5~25	95~100	90~100	—	30~70	—	0~5	0	—	—	—	—	—
	5~31.5	95~100	90~100	70~90	—	15~45	—	0~5	0	—	—	—	—
	5~40	—	95~100	70~90	—	30~65	—	—	0~5	0	—	—	—
单粒级配	5~10	95~100	80~100	0~15	0	—	—	—	—	—	—	—	—
	10~16	—	95~100	80~100	0~15	—	—	—	—	—	—	—	—
	10~20	—	95~100	85~100	—	0~15	—	—	—	—	—	—	—
	16~25	—	—	95~100	55~70	25~40	0~10	—	—	—	—	—	—
	16~31.5	—	95~100	—	85~100	—	—	0~10	0	—	—	—	—
	20~40	—	—	95~100	—	80~100	—	—	0~10	0	—	—	—
	40~80	—	—	—	—	95~100	—	—	70~100	—	30~60	0~10	0

5. 颗粒形状和表面特征

粗集料的针状颗粒是指长度大于其平均粒径2.4倍的颗粒;片状颗粒是指厚度小于其平均粒径0.4倍的颗粒。

粗集料颗粒形状比较理想的是接近正立方体,应控制针、片状含量。针、片状的粗集料会使混合料空隙增大,不仅使混凝土拌合物和易性变差,也会使混凝土的强度降低。

集料的表面特征是指集料表面的粗糙程度和孔隙特征等。一般情况下,碎石的表面粗糙并具有吸收水泥浆的孔隙特征,故与水泥浆的黏结力较强。卵石表面光滑,与水泥浆的黏结力较差,但新拌混凝土的和易性好。

6. 碱活性检验

对于长期处于潮湿环境的重要结构混凝土,其所使用的碎石或卵石应进行碱活性检验。进行碱活性检验时,首先应采用岩相法检验碱活性集料的品种、类型和数量。当检验出集料中含有活性二氧化硅时,应采用快速砂浆法和砂浆长度法进行碱活性检验;当检验出集料中含有活性碳酸盐时,应采用岩石柱法进行碱活性检验。当判定集料存在潜在碱-碳酸盐反应危害时,不宜用作混凝土集料,否则,应通过专门的混凝土试验,做最后评定。当判定集料存在潜在碱-硅反应危害时,应控制混凝土中的碱含量不超过 $3kg/m^3$,或采用能抑制碱-集料反应的有效措施。

(四)混凝土拌和用水

混凝土拌和用水的水质不符合要求,可能产生多种有害影响,最常见的有:影响混凝土的和易性和凝结;有损于混凝土强度发展;降低混凝土的耐久性、加快钢筋的腐蚀和导致预应力钢筋的脆断;使混凝土表面出现污斑等。为保证混凝土的质量和耐久性,必须使用合格的水拌制混凝土。

混凝土拌和用水水源,可分为饮用水、地表水、地下水、海水以及经适当处理或处置后的工业废水。符合国家标准的生活饮用水,可以用来拌制混凝土,不需再进行检验。地表水或地下水首次使用,必须进行适用性检验,合格后才能使用。混凝土拌和用水不应有漂浮明显的油脂和泡沫,不应有明显的颜色和异味。海水只允许用来拌制素混凝土,不宜用于拌制有饰面要求的混凝土、耐久性要求高的混凝土、大体积混凝土和特种混凝土。工业废水必须经过检验,经处理合格后方可使用。

《混凝土用水标准》(JGJ 63—2006)规定,混凝土用水根据其对混凝土的物理力学性能的影响和有害物质含量控制质量,混凝土拌和用水的水质要求应符合表1-4-6的规定。

混凝土拌和用水质量要求表　　　　表1-4-6

项 目	素 混 凝 土	钢筋混凝土	预应力混凝土
pH 值	≥4.5	≥4.5	≥5.0
不溶物(mg/L)	≤5000	≤2000	≤2000
可溶物(mg/L)	≤10000	≤5000	≤2000
氯离子(mg/L)	≤3500	≤1000	≤500
SO_4^{2-} (mg/L)	≤2700	≤2000	≤600
碱含量(mg/L)	≤1500	≤1500	≤1500

注:1. 对于设计使用年限为100年的结构混凝土氯离子含量不得超过500mg/L。对使用钢丝或经热处理钢筋的预应力混凝土,氯离子含量不得超过350mg/L。
2. 碱含量按 $Na_2O + 0.658K_2O$ 计算值来表示;采用非碱活性集料时,可不检验碱含量。

水质检验主要为水泥凝结时间对比试验和水泥胶砂对比试验:

1. 对比混凝土凝结时间

用待检验水和蒸馏水进行水泥凝结时间试验,两者的凝结时间差及终凝时间差,均不得大于30min。待检验水拌制的胶浆的凝结时间尚应符合水泥国家标准的规定。

2. 对比水泥胶砂强度

被检验水样应与饮用水样进行水泥胶砂强度对比试验,被检验水样配制的水泥胶砂3d和28d强度不应低于饮用水配制的水泥胶砂3d和28d强度的90%。

(五)矿物掺合料

矿物掺合料是指用于改善混凝土性能而加入的具有规定细度的活性矿物材料,在混凝土的配合比设计中,矿物掺合料和水泥共同作为胶凝材料。常用的矿物掺合料有粉煤灰、粒化高炉矿渣以及钢渣粉、硅灰等材料,各矿物掺合料对混凝土的改善性能比较见表1-4-7。

矿物掺合料性能比较　　　　　　　　表1-4-7

序 号	对混凝土性能的改善	粉 煤 灰	磨细矿渣粉	硅 灰
1	提高流动性	有效	持平	降低
2	提高黏聚性	有效	更有效	最有效
3	提高保水性	较好	好	最好
4	提高保塑性	最好	较好	差
5	降低水化热	最有效	持平	差
6	提高抗裂性	最好	差	最差
7	提高抗渗性	好	差	最好
8	提高抗冻性	差	较差	最好
9	提高抗氯离子渗透性	好	好	最好
10	提高抗化学侵蚀性	好	好	最好
11	提高抗碳化性能	一般	一般	最好
12	提高护筋性	一般	一般	最好

1. 粉煤灰

粉煤灰是从煤粉炉烟道气体中收集的粉末,分为F类和C类。F类粉煤灰:由无烟煤或烟煤煅烧收集的粉煤灰,C类粉煤灰:由褐煤或次烟煤煅烧收集的粉煤灰;其氧化钙含量一般大于10%。

1) 粉煤灰的化学成分

粉煤灰的化学成分因煤的品种及燃烧条件而异。一般来说,粉煤灰化学成分的变动范围为:SiO_2 含量为40%~60%,Al_2O_3 含量为20%~30%,Fe_2O_3 含量为5%~10%,CaO 含量为2%~8%,烧失量为3%~8%,SiO_2 和 Al_2O_3 是粉煤灰中的主要活性成分,粉煤灰的烧失量主要是未燃尽碳,会造成混凝土吸水量大、强度低、易风化、抗冻性差,为粉煤灰中的有害成分。

2) 粉煤灰质量等级和技术要求

低钙粉煤灰的密度一般为1.8~2.6g/cm³,松散密度为600~1000kg/m³,《用于水泥和混凝土中的粉煤灰》(GB/T 1596—2017)规定了粉煤灰的技术要求(表1-4-8)。Ⅰ级粉煤灰适用于钢筋混凝土和跨度小于 6m 的预应力混凝土。Ⅱ级粉煤灰适用于钢筋混凝土和无筋混凝土。Ⅲ级粉煤灰主要用于无筋混凝土。对设计强度等级 C30 及 C30 以上的无筋粉煤灰混凝土宜采用Ⅰ、Ⅱ级粉煤灰。

拌制砂浆和混凝土用粉煤灰的技术指标　　　　　　　　表 1-4-8

指　　标	级　别		
	Ⅰ	Ⅱ	Ⅲ
细度(0.045mm 方孔筛筛余,%)	≤12.0	≤30.0	≤45.0
需水量比(%)	≤95	≤105	≤115
烧失量(%)	≤5.0	≤8.0	≤15.0
含水率(%)	≤1.0		
三氧化硫(质量分数,%)	≤3		
游离氧化钙(质量分数,%)	F 类粉煤灰≤1.0;C 类粉煤灰≤4.0		
二氧化硅、三氧化二铝、三氧化二铁总量(质量分数,%)	F 类粉煤灰≥70.0;C 类粉煤灰≥50.0		
密度(g/cm^3)	≤2.6		
安定性(雷氏法)(cm)	≤5.0		
强度活性指数(%)	≥70.0		

2. 粒化高炉矿渣粉

矿渣是在炼铁炉中浮于铁水表面的熔渣,排出时用水急冷,得到粒化高炉矿渣。将粒化高炉矿渣经干燥、磨细掺加少量石膏并达到相当细度且符合相应活性指数的粉状材料,其活性比粉煤灰高。《用于水泥、砂浆和混凝土中的粒化高炉矿渣粉》(GB/T 18046—2017)规定了其技术要求(表 1-4-9)。

粒化高炉矿渣粉的技术指标　　　　　　　　表 1-4-9

指　　标	级　别		
	S105	S95	S75
密度(g/cm^3)	≥2.8		
比表面积(m^2/kg)	≥500	≥400	≥300
活性指数(7d,28d)	≥95;≥105	≥75;≥95	≥55;≥75
流动度比(%)	≥95		
初凝时间比(%)	≤200		
含水率(质量分数,%)	≤1.0		
三氧化硫(质量分数,%)	≤4.0		
氯离子(质量分数,%)	≤0.06		
烧失量(质量分数,%)	≤1.0		
不溶物(质量分数,%)	≤3.0		
玻璃体含量(质量分数,%)	≥85		
放射性	I_{Ra}≤1.0 且 I_γ≤1.0		

3. 硅灰

硅灰又称硅粉或硅烟灰,是从生产硅铁合金或硅钢等所排放的烟气中收集到的颗粒极细的烟尘。色呈浅灰到深灰,硅灰的颗粒是微细的玻璃球体,部分粒子凝聚成片或球状的粒子。其平均粒径为 $0.1\sim0.2\mu m$,比表面积高达 $2.0\times10^4 m^2/kg$。其主要成分是 SiO_2(占 90%以上),它的活性要比水泥高 1~3 倍。以 10%硅灰等量取代水泥,混凝土强度可提高25%以上。

(1)硅灰的化学成分。硅粉的 SiO_2 含量很高,在 90%以上,这种 SiO_2 是非晶态、无定形的,易溶于碱溶液中,在早期即可与 CH 反应,可以提高混凝土的早期强度。生成的水化硅酸钙凝胶钙硅比小,组织结构致密。

(2)硅灰的特性和技术要求。硅灰可以提高混凝土的早期和后期强度,但自干燥收缩大,不利于降低混凝土温升,因此通常用于复掺。例如可复掺粉煤灰和硅灰,用硅灰提高混凝土的早期强度,用优质粉煤灰降低混凝土需水量和自干燥收缩,在加之颗粒的填充作用,使混凝土更密实。由于硅灰的比表面积高,拌混凝土需水量大,常配以减水剂,方可保证混凝土的和易性。

4. 矿物掺合料

矿物掺合料在混凝土中的掺量应通过试验确定。采用硅酸盐水泥或普通硅酸盐水泥时,钢筋混凝土矿物掺合料的最大掺量宜符合表 1-4-10 的规定,预应力混凝土中矿物掺合料的最大掺量宜符合表 1-4-11 的规定。对大体积混凝土基础,粉煤灰、粒化高炉矿渣粉和复合掺合料的最大掺量可增加 5%。采用掺量大于 30% C 类粉煤灰的混凝土,应以实际使用的水泥和粉煤灰掺量进行安定性检验。

钢筋混凝土中矿物掺合料最大掺量　　　　表 1-4-10

矿物掺合料种类	水 胶 比	最大掺量(%)	
		硅酸盐水泥	普通硅酸盐水泥
粉煤灰	≤0.40	45	35
	>0.40	40	30
粒化高炉矿渣粉	≤0.40	65	55
	>0.40	55	45
钢渣粉	—	30	20
磷渣粉	—	30	20
硅灰	—	10	10
复合掺合料	≤0.40	65	55
	>0.40	55	45

注:1. 采用其他通用硅酸盐水泥时,宜将水泥混合材料掺量 20%以上的混合材料计入矿物掺合料。
　2. 复合掺合料中各组分的掺量不宜超过任一组分单掺时的最大掺量。
　3. 在混合使用两种或两种以上矿物掺合料时,矿物掺合料总量应符合表中复合掺合料的规定。

预应力混凝土中矿物掺合料最大掺量　　　　　　表 1-4-11

矿物掺合料种类	水 胶 比	最大掺量（%）	
		硅酸盐水泥	普通硅酸盐水泥
粉煤灰	≤0.40	35	30
	>0.40	25	20
粒化高炉矿渣粉	≤0.40	55	45
	>0.40	45	35
钢渣粉	—	30	20
磷渣粉	—	20	10
硅灰	—	10	10
复合掺合料	≤0.40	55	45
	>0.40	45	35

注：1. 采用其他通用硅酸盐水泥时，宜将水泥混合材料掺量20%以上的混合材料计入矿物掺合料。
　　2. 复合掺合料中各组分的掺量不宜超过任一组分单掺时的最大掺量。
　　3. 在混合使用两种或两种以上矿物掺合料时，矿物掺合料总量应符合表中复合掺合料的规定。

二、水泥混凝土的技术性质

普通水泥混凝土的主要技术性质包括新拌混凝土的工作性、硬化后混凝土的强度、变形和耐久性。

（一）新拌混凝土的工作性（和易性）

1. 概念

水泥混凝土在尚未凝结硬化以前，称为新拌混凝土或称混凝土拌合物。新拌混凝土工作性或称和易性，是指混凝土拌合物能保持其组成成分均匀，不发生分层离析、泌水等现象，适于运输、浇筑、捣实成型等施工作业，并能获得质量均匀、密实的混凝土的性能。

新拌混凝土工作性是一项综合性指标，包含流动性、黏聚性、保水性三方面的含义。流动性指混凝土拌合物在自重或机械振捣力的作用下，能产生流动并均匀密实地充满模板的性能，它表征拌合物的稀稠程度。黏聚性是指混凝土拌合物内部组分间具有一定的黏聚力，在运输和浇筑过程中不致发生离析分层现象，而使混凝土能保持整体均匀的性能。保水性指混凝土拌合物具有一定的保持内部水分的能力，在施工过程中不致产生严重的泌水现象。

新拌混凝土工作性三个性质相互关联又互相矛盾，流动性很大时，往往黏聚性和保水性差。流动性小，一般情况下黏聚性和保水性好。流动性是满足施工浇筑的需要，而黏聚性和保水性良好保证了硬化混凝土的密实性和均匀性。新拌混凝土工作性就是要是这个三方面的性能在某种具体条件下，达到良好，矛盾得到统一，即流动性符合施工要求，黏结性和保水性良好。

2. 新拌混凝土工作性测定方法

新拌混凝土工作性用稠度试验来测定。稠度试验包括坍落度与坍落扩展度试验、维勃稠度试验。

(1) 坍落度与坍落扩展度试验

本方法适用于集料最大粒径不大于 31.5mm,坍落度不小于 10mm 的混凝土拌合物稠度测定。方法是将新拌混凝土按规定的方法装入标准坍落度筒(图 1-4-1)内,装满刮平后,立即将筒垂直提起,此时,混凝土混合料将产生一定程度的坍落,坍落的高度即为坍落度,如图 1-4-2 所示。

图 1-4-1　坍落筒和捣棒　　　图 1-4-2　坍落度示意图(尺寸单位:mm)

当混凝土拌合物的坍落度大于 220mm 时,应同时测定坍落扩展度值,如图 1-4-3 和图 1-4-4 所示。用钢尺测量混凝土扩展后最终的最大直径和最小直径,在这两个直径之差小于 50mm 的条件下,用其算术平均值作为坍落扩展值。进行坍落度试验时,应同时观察混凝土拌合物的黏聚性、保水性和含砂情况,以全面地评价混凝土拌合物的工作性。

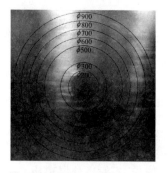 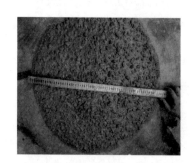

图 1-4-3　混凝土坍落扩展测定仪　　　图 1-4-4　混凝土坍落扩展度测定

(2) 维勃稠度试验

本方法适用于集料最大粒径不大于 31.5mm,维勃稠度在 5~30s 之间的干硬性混凝土拌合物稠度测定。方法是将坍落度筒放在圆筒中,圆筒安装在专用的振动台上,如图 1-4-5 所示。按坍落度试验的方法将新拌混凝土装入坍落度筒内后,小心垂直提起坍落度筒,并在新拌混凝土顶上置一透明圆盘。开动振动台并记录时间,从开始振动至透明圆盘底面被胶浆布满瞬间止,所经历的时间(以 s 计,精确至 1s)即为新拌混凝土的维勃稠度值。

3. 影响新拌混凝土拌合物工作性的因素

影响新拌混凝土拌合物工作性的因素主要有内因(如组成材料的质量和用量)和外因(如温度、搅拌时间等),具体如下。

影响新拌混凝土拌合物工作性的因素

1) 单位用水量

混凝土中的水,有以下几个用途和去处:①和水泥发生水化反应;②润湿集料的表面;③形成自由水。

图 1-4-5 维勃稠度仪

实践表明,对混凝土坍落度影响最大的因素是单位用水量。增加用水量,流动性变大,但用水量过多,会使新拌混凝土产生分层、泌水,同时也会使混凝土硬化后会产生较大孔隙,从而降低混凝土的强度和耐久性。

混凝土的配合比设计通过固定用水量保证混凝土坍落度的同时,在一定范围内调节水泥用量,即调整水胶比,来满足强度和耐久性要求。《普通混凝土配合比设计规程》(JGJ 55—2011)中混凝土的配合比设计时,根据施工要求的坍落度、粗集料的品种、规格,选用单位用水量,再经过试配调整,最终确定单位用水量。

2) 胶浆的数量和集浆比

水泥胶浆除了填充集料间的空隙外,包裹在集料表面并略有富余,使拌合物有一定的流动性。在水胶比一定的条件下,即胶浆的稠度是一定的,胶浆数量越少,流动性越小;胶浆数量越多,流动性越大;但如果胶浆过多,集料则相对减少,即集浆比小,将出现流浆现象,使拌合物的稳定性变差。因此,拌合物中胶浆数量应以满足流动性为宜。

3) 水胶比(W/B)

水胶比是指水的质量和胶凝材料质量的比例关系。水胶比的大小决定胶浆的稠度。很明显,水胶比越小,胶浆越黏稠,其胶浆的流动性越小,硬化后的强度越高。水胶比越大,胶浆越稀薄,流动性越大,其硬化后的强度越小。过大的水胶比形成的非常稀薄的胶浆在使用的过程中是不稳定的,不能很好地发挥胶凝材料的胶结作用,容易产生离析、流浆等现象。因此,应合理选择水胶比。

4) 砂率的影响

砂率是混凝土中砂的质量占砂石总质量的百分率。砂率表征混凝土拌合物中砂与石相对用量比例的组合,它会影响混凝土集料的空隙和总表面积,对混凝土拌合物的和易性影响很大,如图 1-4-6 所示。

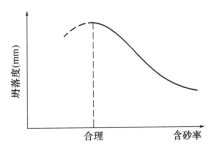

图 1-4-6 砂率与坍落度的关系(水与水泥用量一定)

当水泥浆用量一定时,砂率过大,则集料的总表面积增大,包裹砂子的水泥浆层变薄,砂粒间的壁阻力加大,拌合物的流动性减小;砂率过小,虽然表面积减小,但由于砂浆量不足,水泥砂浆除填充石子外,包裹在石子表面的水泥砂浆层变薄,拌合物的流动性变小,同时由于砂量不足,也易导致高析、泌水现象,影响混凝土的工作性。因此砂率应有一个合理值。在水泥浆用量一定时,能使新拌混凝土获得最大流动性,又不离析泌水时的砂率,即合理砂率。

5)水泥的品种和集料的性质

水泥品种不同,达到标准稠度的用水量也不同。在其他条件相同的情况下,标准稠度用水量小的水泥,其混凝土拌合物流动性较好。通常,普通水泥的混凝土拌合物比矿渣水泥和火山灰水泥的混凝土拌合物工作性好。矿渣水泥拌合物的流动性虽大,但黏聚性差,易泌水、离析;火山灰水泥流动性小,但黏聚性最好。在单位用水量相同的条件下,集料表面光滑、形状圆滑、少棱角的卵石所拌制的混凝土拌合物流动性大于碎石混凝土拌合物。

6)外加剂、矿物掺合料

在混凝土拌合物中加入少量的外加剂,如减水剂和引气剂,可在不增加用水量和水泥用量的情况下,有效改善混凝土拌合物的工作性,同时可提高混凝土的强度和耐久性。

在混凝土拌合物中掺入矿物掺合料,能增加新拌混凝土的黏聚性,减少离析和泌水。当同时加入优质粉煤灰、硅灰等超细微粒掺合料时,还能增加新拌混凝土的流动性。

7)温度与搅拌时间

混凝土拌合物的流动性随着温度的升高而降低,温度每升高10℃,坍落度减小20~40mm,夏季施工必须注意这一点。

新拌混凝土的流动性随时间的延长而逐渐变差,称为坍落度损失。另外,搅拌时间的长短,也会影响混凝土拌合物的工作性。若搅拌时间不足,混凝土拌合物的工作性就差,质量也不均匀。规范规定最少搅拌时间为1~3min。

4. 改善新拌混凝土工作性的主要措施

(1)调节混凝土的材料组成。在保证混凝土强度、耐久性和经济性的前提下,适当调整混凝土组成的配合比可以提高工作性。

(2)掺加外加剂(如减水剂、流化剂等),提高混凝土拌合物的工作性,同时提高其强度和耐久性。

(3)提高振捣机械效能。可以降低施工条件对混凝土拌合物工作性的要求,因而保持原有工作性也能达到振实的性能。

5. 混凝土拌合物的工作性选择

混凝土拌合物的工作性,依据结构物的断面尺寸、钢筋配置的疏密以及捣实的机械类型和施工方法等来选择。一般对于无筋大结构、钢筋配置稀疏易于施工的结构,尽可能选用较小的坍落度,以节约水泥。反之,对断面尺寸较小、形状复杂或配筋特密的结构,则应选用较大的坍落度,可易于浇捣密实,以保证施工质量。

铁路所用混凝土拌合物的工作性应根据《铁路混凝土》(TB/T 3275—2018)中规定,如表1-4-12所示。

铁路混凝土的工作性能 表 1-4-12

结构/构件类型	成型方法	工作性(入模时)	
		评价方法	指标
轨枕	振动台	增实因数法	1.05~1.4
接触网支柱(方)		维勃稠度法	≥20s
Ⅰ型轨道板	附着式振动	坍落度法	≤120mm
Ⅱ型轨道板		坍落度法	≤160mm
Ⅲ型轨道板		坍落度法	≤120mm
电杆	离心机	坍落度法	≤100mm
接触网支柱(圆)		坍落度法	≤100mm
桩、墩台、承台、T梁、道床板、底座、涵洞、隧道衬砌、仰拱、路基、支挡等	振动棒(斗送)	坍落度法	≤140mm
桩、墩台、承台、T梁、道床板、底座、涵洞、隧道衬砌、仰拱、路基、支挡等	振动棒(泵送)	坍落度法	≤200mm
桩	自密实	坍落度法	≤220mm
		扩展度法	≤600mm
填充层		扩展度法	≤750mm

(二)硬化后混凝土的强度

混凝土强度是混凝土硬化后的主要力学性能,硬化后混凝土力学性能包括立方体抗压强度、棱柱体抗压强度、劈裂抗拉强度、抗折强度等。

1. 混凝土的立方体抗压强度(f_{cu})

按照标准的制作方法制成150mm×150mm×150mm 的立方体试件(图 1-4-7),在标准养护条件(温度20℃±2℃,相对湿度95%以上),养护至28d 龄期,按照标准的测定方法利用压力机测定其抗压强度值(图1-4-8),称为"混凝土立方体试件抗压强度"(简称"立方抗压强度"),以f_{cu}表示,按下式计算:

$$f_{cu} = \frac{F}{A} \tag{1-4-1}$$

式中:f_{cu}——混凝土立方体抗压强度,MPa,计算结果精确至0.1MPa;
　　F——试件破坏荷载,N;
　　A——试件承压面积,mm^2。

以三块试件为一组,取三块试件强度的算术平均值作为每组试件的强度代表值。

我国《混凝土物理力学性能试验方法标准》(GB/T 50081—2019)规定,混凝土强度等级低于C60 时,若用非标准尺寸试件测得的立方体抗压强度均应乘以换算系数。200mm×200mm×200mm试件,换算系数为1.05;对于100mm×100mm×100mm试件,换算系数为0.95。当混凝土强度等级不小于C60 时,宜采用标准试件;当使用非标准试件时,尺寸换算系数宜由试验确定。

图1-4-7　150mm×150mm×150mm 标准试模　　图1-4-8　混凝土压力机

2. 立方体抗压强度标准值（$f_{cu,k}$）和混凝土强度等级

立方体抗压强度标准值（$f_{cu,k}$）是按照标准方法制作和养护的边长为150mm的立方体试件，在28d龄期，用标准试验方法测定的具有95%保证率的抗压强度，以MPa计。

由以上定义可知，立方体抗压强度 f_{cu} 只是一组混凝土试件抗压强度的算术平均值，并未涉及数理统计、保证率的概念。而立方体抗压强度标准值 $f_{cu,k}$，是按数理统计方法确定，具有不低于95%保证率的立方体抗压强度。

混凝土强度等级是根据"立方体抗压强度标准值"来确定的。强度等级的表示方法，是用符号"C"和"立方体抗压强度标准值"两项内容表示。例如"C35"即表示混凝土立方体抗压度标准值 $f_{cu,k}$ = 35MPa。

我国《混凝土结构设计规范》（GB 50010—2010）规定，普通混凝土按立方体抗压强度标准值划分为：C15、C20、C25、C30、C35、C40、C45、C50、C55、C60、C65、C70、C75、C80 等14个强度等级。

3. 轴心抗压强度（f_{cp}）

确定混凝土强度等级时采用立方体试件，但实际工程上钢筋混凝土结构形式极少是立方体，大部分为棱柱体或圆柱体。为使测得的混凝土强度接近混凝土结构的实际情况，在钢筋混凝土结构计算中，计算轴心受压构件时，均以混凝土的轴心抗压强度（f_{cp}）为依据。一般轴心抗压强度为抗压强度的0.7～0.8。

《混凝土物理力学性能试验方法标准》（GB/T 50081—2019）规定，采用150mm×150mm×300mm棱柱体作为测定轴心抗压强度 f_{cp} 标准试件，轴心抗压强度 f_{cp} 表示，按下式计算。

$$f_{cp} = \frac{F}{A} \tag{1-4-2}$$

式中：f_{cp}——混凝土轴心抗压强度，MPa，计算结果精确至0.1MPa；
　　　F——试件破坏荷载，N；
　　　A——试件承压面积，mm²。

以三块试件为一组，取三块试件强度的算术平均值作为每组试件的强度代表值。

《混凝土物理力学性能试验方法标准》（GB/T 50081—2019）规定，混凝土强度等级低于C60时，若用非标准尺寸试件测得的强度值均应乘以换算系数。200mm×200mm×400mm试件，换算系数为1.05；对于100mm×100mm×300mm试件，换算系数为0.95。当混凝土强度等级不小于 C60 时,宜采用标准试件,使用非标准试件时,尺寸换算系数宜由试验确定。

4. 劈裂抗拉强度(f_{ts})

《混凝土物理力学性能试验方法标准》(GB/T 50081—2019)规定,采用 150mm × 150mm × 150mm 的立方体作为标准试件,按规定的劈裂抗拉试验装置检测劈裂抗拉强度,由于混凝土是一种脆性材料,其抗拉强度很小,仅为抗压强度的 1/20 ~ 1/10。混凝土劈裂抗拉强度 f_{ts} 按下式计算。

$$f_{ts} = \frac{2F}{\pi A} = 0.637 \frac{F}{A} \quad (1\text{-}4\text{-}3)$$

式中:f_{ts} ——混凝土轴心抗压强度,MPa,计算结果精确至 0.01MPa;
F ——试件破坏荷载,N;
A ——试件劈裂面面积,mm^2。

以三块试件为一组,取三块试件强度的算术平均值作为每组试件的强度代表值。

《混凝土物理力学性能试验方法标准》(GB/T 50081—2019)规定,混凝土强度等级低于 C60 时,若用非标准尺寸试件测得的强度值应乘以换算系数。100mm × 100mm × 100mm 试件,换算系数为 0.85。当混凝土强度等级不小于 C60 时,宜采用标准试件。

5. 影响硬化后混凝土强度的因素

影响混凝土强度的因素很多,主要是组成原材料的影响,包括原材料的特征、质量、配合比以及养护条件、龄期和试验检测条件等。

(1)材料组成对混凝土强度的影响

①胶凝材料的强度

影响硬化后混凝土强度的因素

胶凝材料是混凝土中的活性物质,胶凝材料强度的大小直接影响混凝土的强度高低。混凝土在配合比相同的条件下,水泥的强度等级越高,胶凝材料的强度越高,则配制的混凝土的强度也越高。

②水胶比

在组成材料确定的情况下,影响强度的决定性因素是水胶比。水胶比大,意味着自由水的数量较多,一方面稀薄的水泥胶浆形成的水泥石的密实性不好,强度不高;同时水分的蒸发在混凝土的内部形成水泡或者蒸发后的毛细通道,减小了混凝土抵抗荷载的有效断面,而且毛细通道容易贯通,形成应力集中,降低水泥混凝土的强度。在其他材料不变的前提下,水胶比越小,水泥胶浆的稠度越大,所形成的水泥石的强度越高,同时,黏稠的水泥胶浆与集料的黏结更加牢靠。

③集料特性

集料的强度不同,混凝土的破坏机理也不同,当集料的强度大于水泥石的强度时,混凝土的破坏面会是集料与水泥石的胶结面,此时集料的强度对混凝土的强度几乎不影响。但是对于强度等级高的混凝土来说,集料的强度小于水泥石的强度,混凝土的破坏发生在集料内部,此时集料的强度对混凝土的影响很大,试验和经验表明,高强混凝土的破坏几乎全部发生在集料的内部。集料的形状以接近正方体最好,表面粗糙,与水泥胶浆的黏结强,因此要尽量减少针片状颗粒含量。

(2) 养护条件对混凝土强度的影响

相同配合比组成和相同施工方法的水泥混凝土,力学强度取决于养护的湿度、温度和养护的时间(龄期)。混凝土拌合物浇捣完毕后,必须保持适当的温度和湿度,使水泥充分水化,以保证混凝土强度不断提高。

①湿度:混凝土浇算成型后,必须有较长时间在潮湿环境中养护,如果湿度适当,水泥水化得以顺利进行,使混凝土强度得到充分发展;如果湿度不够,混凝土会失水干燥,影响水泥水化的正常进行,甚至停止水化,这不仅会严重降低混凝土的强度,而且会因水泥水化作用未完成,使混凝土结构疏松,渗水性增大,也可能形成干缩裂缝,从而影响混凝土的耐久性。为此,施工规定,在混凝土浇筑完毕后,应在12h内进行覆盖,以防止水分蒸发,并注意浇水保湿。

②温度:养护温度对混凝土强度发展有很大影响。在相同湿度的养护条件下,低温养护强度发展较慢,为了达到一定强度,低温养护较高温养护需要更长的龄期。当温度降至0℃时,混凝土中的水结冰,水泥水化反应停止,混凝土强度不仅停止增长,严重时由于混凝土结构孔隙内水结冰而引起体积膨胀,会使混凝土产生裂缝。

③龄期:混凝土在正常养护条件下,强度随着龄期的增长而提高。一般初期增长比例较为显著,后期较为缓慢。在标准养护条件下,混凝土强度与其龄期的对数大致成正比。工程中常利用这一关系,根据混凝土早期强度推算其后期强度,见下式:

$$f_{cu,n} = \frac{\lg n}{\lg a} f_{cu,a} \tag{1-4-4}$$

式中:$f_{cu,a}$ —— a 天龄期的混凝土抗压强度,MPa;

$f_{cu,n}$ —— n 天龄期的混凝土抗压强度,MPa。

(3) 试验条件对混凝土强度的影响

相同材料组成、相同制备条件和养护条件制成的混凝土试件,其力学强度还取决于试验条件。影响混凝土力学强度的试验条件主要有:试件形状与尺寸、试件湿度、试验温度、支承条件和加载速率等。

6. 提高混凝土强度的措施

(1) 选用高强度水泥和早强型水泥

为提高混凝土的强度,应选用高强度的水泥,采用高强水泥,才能满足混凝土强度高且水泥用量少的要求。为缩短养护时间,在供应条件允许时,应优先选用早强型水泥,但早强型水泥只能增加混凝土早期强度。

(2) 采用低水胶比和浆集比

采用低的水胶比,以减少混凝土中的游离水,从减小混凝土中的空隙,提高混凝土的密实度和强度。另一方面降低浆集比,减薄胶浆层的厚度,可以充分发挥集料的骨架作用,对混凝土强度的提高亦有帮助。如采用适宜的最大粒径,可调节抗压和抗折强度之间的关系,以达到提高抗折强度的效果。

(3) 掺加混凝土外加剂和掺合料

混凝土中掺加外加剂,可改善混凝土的技术性质。掺早强剂,可提高混凝土早期强度。掺加减水剂,在不改变流动性的条件下,可减小水胶比,从而提高混凝土强度。在混凝土中掺入高效减水剂的同时,掺入磨细的矿物掺合料,如硅灰、粉煤灰等,可显著提高混凝土强度。

(4)采用湿热处理——蒸汽养护和蒸压养护

①蒸汽养护是使浇筑好的混凝土构件经 1~3h 预养后,在 90% 以上的相对湿度、60℃ 以上温度的饱和水蒸气中养护,以加速混凝土强度的发展。

普通水泥混凝土经过蒸汽养护后,早期强度提高快,一般经过一昼夜蒸汽养护,混凝土强度能达到标准强度的 70%,但对后期强度增长有影响,所以用普通水泥配制的混凝土养护温度不宜太高,时间不宜太长,一般养护温度为 60~80℃,恒温养护时间 5~8h 为宜。

火山灰质水泥和矿渣水泥配制的混凝土,蒸汽养护效果比普通水泥混凝土好,不但早期强度增加快,而且后期强度比自然养护还稍有提高。这两种水泥混凝土可以采用较高温度养护,一般可达 90℃,养护时间不超过 12h。

②蒸压养护是将浇筑完的混凝土构件静置 8~10h 后,放入蒸压釜内,在高压、高温(如大于或等于 8 个大气压,温度为 175℃ 以上)饱和蒸汽中进行养护。

在高温、高压蒸汽下,水泥水化时析出的氢氧化钙不仅能充分与活性的氧化硅结合,而且也能与结晶状态的氧化硅结合而生成含水硅酸盐结晶,从而加速水泥的水化和硬化,提高混凝土的强度。此法比蒸汽养护的混凝土质量好,特别是对采用掺活性混合材料水泥及掺入磨细石英砂的混合硅酸盐水泥更为有效。

(5)采用机械搅拌和振捣

混凝土拌合物在强力搅拌和振捣作用下,胶浆的凝聚结构暂时受到破坏,因而降低了胶浆的黏度和集料间的摩阻力,提高了拌合物的流动性,从而使混凝土拌合物能更好地充满模型并均匀密实,混凝土强度得到提高。

(三)硬化后混凝土的变形

混凝土变形按其产生的原因可分为荷载作用下的变形和非荷载作用下的变形两大类。荷载作用下的变形分为短期荷载作用下的弹塑性变形及长期荷载作用下的徐变变形。非荷载作用下的变形包括混凝土的化学收缩、温度变形、干缩湿胀等。

1.短期荷载作用下变形——弹塑性变形

(1)弹性变形和塑性变形

混凝土在短期荷载作用下的变形有弹性变形和塑性变形,弹性变形是指对材料施加荷载出现,荷载卸除后可以恢复的变形。塑形变形是卸载后不可恢复的变形。当混凝土承受的压力在极限荷载的 30% 左右之前产生的变形近似于弹性变形,其应力—应变曲线大概接近直线。之后的变形主要是塑性变形。在混凝土未达到极限荷载时卸载,混凝土的变形瞬时恢复的是弹性变形,还有一部分变形是不能恢复的塑性变形,如图 1-4-9 所示。

(2)弹性模量

在应力—应变关系曲线上任一点的应力与应变的比值为混凝土在该应力下的弹性模量。但混凝土在短期荷载作用下的应力-应变并非线性关系,故弹性模量有三种表示方法如图 1-4-10 所示。

①始切线弹性模量 α_0;

②切线弹性模量 α_2;

③割线弹性模量 α_1：在应力小于极限抗压强度 30%～40% 时，应力—应变曲线接近直线。

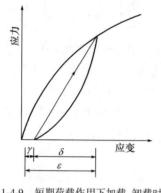

图 1-4-9　短期荷载作用下加载、卸载时的应力—应变曲线

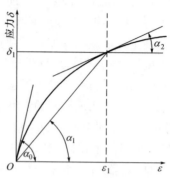

图 1-4-10　混凝土弹性变形的三种弹性模量示意图

2. 长期荷载作用下的变形——徐变

混凝土在长期荷载作用下，除产生瞬间的弹性变形和塑性变形外，还会产生徐变，徐变是长期恒定荷载作用下，随时间产生的沿受力方向增大的非弹性变形。徐变在早期增长很快，后逐渐缓慢，一般要延续 2～3 年才逐渐趋于稳定。

混凝土的徐变对混凝土及钢筋混凝土结构物的应力和应变状态有很大影响。徐变可能超弹性变形，甚至达到弹性变形的 2～4 倍。在某些情况下，徐变有利于削弱由温度、干缩等引起的约束变形，从而防止裂缝的产生。但在预应力结构中，徐变将产生应力松弛，引起预应力损失，造成不利影响。因此，在混凝土结构设计时，必须充分考虑徐变的有利和不利影响。

3. 非荷载作用变形

（1）化学变形

混凝土中水泥水化反应后水化物体积小于水化反应前的反应物（水和水泥）总体积，因而产生收缩。混凝土的这一体积收缩变形是不能恢复的，一般 40d 后渐趋稳定，对结构没有影响。

（2）温度变形

混凝土有热胀冷缩性能。混凝土温度变形稳定性，除由于降温或升温影响外，还有混凝土内部与外部的温差对体积稳定性产生的影响，即大体积混凝土存在的温度变形问题。大体积混凝土内部温度上升，主要是由于水泥水化热蓄积造成的。水泥水化会产生大量水化热，经验表明 1m³ 混凝土中每增加 10kg 水泥，所产生的水化热能使混凝土内部温度升高 1℃。由于混凝土的导热能力很低，水泥水化发出的热量聚集在混凝土内部不易散失，混凝土内外温差有时可达 50～70℃，这将使内部混凝土产生显著的体积膨胀，而外部混凝土随气温降低而收缩。内部膨胀和外面收缩相互制约，当外部混凝土所受拉力一旦超过混凝土抗拉强度，势必产生裂缝。

为了减少大体积混凝土体积变形引起的开裂，目前常用的方法有：

①用低水化热水泥和尽量减少水泥用量；

②尽量减少用水量，提高混凝土强度；

③选用热膨胀系数低的集料,以减小热变形;
④预冷原材料;
⑤合理分缝、分块、减轻约束;
⑥混凝土中埋设冷却水管;
⑦表面绝热,调节表面温度的下降速率等。

(3)干湿变形

混凝土有湿胀干缩性能。混凝土的湿胀变形量很小,一般无破坏作用。但干缩变形对混凝土危害较大,当干缩受到约束时会使混凝土表面出现拉应力而导致开裂,使混凝土抗渗、抗冻、抗侵蚀性能降低,严重影响混凝土的耐久性。因此应通过调节集料级配,增大粗集料粒径,减少水泥浆数量,选择合适的水泥品种,采用振动捣实、加强早期养护等措施来减少混凝土的干缩。

(四)混凝土的耐久性

混凝土的耐久性是指混凝土材料在长期使用过程中,抵抗环境外部因素和材料内部原因造成的侵蚀和破坏,而保持其原有性能不变的能力。混凝土在使用的过程中,随着时间的增长,性能会降低,也称为性能劣化。混凝土性能劣化的表现主要有:组成成分的改变、体积膨胀、裂缝、表面开裂、表面剥落、溶蚀、磨损、结构疏松、承载力下降、弹性模量降低、质量损失、体积增长等。混凝土耐久性直接影响混凝土结构物的安全性和使用性能。

造成混凝土性能劣化的环境外部因素指的是酸、碱、盐的腐蚀作用,冰冻破坏作用,水压渗透作用,碳化作用,干湿循环引起的风化作用,荷载应力作用和振动冲击作用等。材料内部因素主要指碱-集料反应和自身体积变化。

1.混凝土耐久性技术指标

混凝土耐久性是一项综合技术指标,包括抗渗性、抗冻性、抗氯离子渗透性和碱-集料反应等。

1)抗渗性

混凝土的抗渗性是指混凝土抵抗液体渗透的能力。它是决定混凝土耐久性的最主要因素,因为环境中各种侵蚀介质均要通过渗透才能进入混凝土内部。抗渗性主要与混凝土的密实度、孔隙率及孔隙结构有关。

混凝土的抗渗性以抗渗等级来表示。采用标准养护28d的标准试件,按规定的方法进行试验,以其所能承受的最大水压力来计算。《混凝土质量控制标准》(GB 50164—2011)规定:混凝土的抗渗等级分为P4、P6、P8、P10、P12、大于P12,分别表示混凝土能抵抗0.4MPa、0.6MPa、0.8MPa、1.0MPa、1.2MPa、1.2MPa以上的压力而不渗水。

2)抗冻性

混凝土抗冻性是指混凝土在饱水状态下,能经受多次冻融循环作用而不破坏的性能,由混凝土的抗冻性试验来确定抗冻性指标。其中,采用慢冻法确定混凝土抗冻强度等级(以D表示),采用快冻法确定混凝土抗冻破坏试验等级(以F表示)。混凝土工程结构(包括构件)基本都采用快冻法确定的抗冻等级作为抗冻性指标。

快冻法是以100mm×100mm×400mm棱柱体混凝土试件,经养护28d,在吸水饱和后于-18℃±2℃和5℃±2℃条件下快速冻结和融化循环。每隔25次冻融循环,对试件进行一次横向基频的测试并称重。当冻融至300次循环,或相对动弹性模量下降至60%以下,或试件的质量损失率达5%时,即可停止试验。根据混凝土所能承受的最大冻融循环次数来划分凝土的抗冻等级。《混凝土质量控制标准》(GB 50164—2011)规定:混凝土的抗冻等级(快冻法)分为F50、F100、F150、F200、F250、F300、F350、F400、大于F400,表示混凝土抗冻性试验能经受50次、100次、150次、200次、250次、300次、350次、400次、400次以上的冻融循环。

3)抗氯离子渗透性

氯离子对结构混凝土中的钢筋有严重的腐蚀作用。氯离子的来源主要是混凝土的外加剂(含有氯离子)和外界环境。在外加剂规范中,规定了"严禁使用氯盐外加剂"。混凝土在有氯离子的环境中使用时,外部氯离子会通过渗透、扩散和毛细作用侵入到混凝土内部锈蚀钢筋从而影响到混凝土结构耐久性。

4)碱-集料反应

水泥混凝土中,水泥中的碱与集料中的活性物质发生化学反应,可使混凝土产生膨胀、开裂,甚至破坏,这种化学反应称为碱-集料反应。碱-集料反应是引发水泥混凝土破损的原因,会导致路面或桥梁墩台的开裂和破坏,并且这种破坏会继续发展下去,维修困难,因此引起了世界各国的普遍关注。

碱-集料反应有三种类型:

(1)碱-硅反应:是指碱与集料中活性二氧化硅反应。

(2)碱-碳酸盐反应:是指碱与集料中活性碳酸盐反应。

(3)碱-硅酸盐反应:是指碱与某些硅酸盐岩石反应。

碱-集料反应必须具备三个条件:①水泥中碱含量高;②混凝土中的集料含有活性二氧化硅成分;③环境潮湿,水分存在。为防止碱-集料反应的危害,《通用硅酸盐水泥》(GB 175—2007)规定应使用碱含量小于0.6%的水泥。

2.提高混凝土耐久性的措施

提高混凝土的耐久性应注意合理选择水泥品种,选用良好的砂石材料,改善集料的级配,采用减水剂或加气剂,改善混凝土的施工操作方法,提高混凝土的密实度、强度等。在进行混凝土配合比设计时,为保证混凝土的耐久性,可根据混凝土结构的环境类别(表1-4-13)进行设计,混凝土的"最大水胶比"和"最小胶凝材料用量"应符合表1-4-14、表1-4-15的规定。

混凝土结构的环境类别　　　　　　　　表1-4-13

环境类别	条　件
一	室内干燥环境; 无侵蚀性静水浸没环境
二 a	室内潮湿环境; 非严寒和非寒冷地区的露天环境; 非严寒和非寒冷地区与无侵蚀性的水或土直接接触的环境; 严寒和寒冷地区的冰冻线以下与无侵蚀性的水或土直接接触的环境

续上表

环境类别	条件
二b	干湿交替环境； 频繁变动环境； 严寒和寒冷地区的露天环境； 严寒和寒冷地区的冰冻线以上与无侵蚀性的水或土直接接触的环境
三a	严寒和寒冷地区冬季水位变动区环境； 受除冰盐影响环境； 海风环境
三b	盐渍土环境； 受除冰盐影响环境； 海岸环境
四	海水环境
五	受人为或自然的侵蚀性物质影响的环境

结构混凝土材料的耐久性基本要求　　　表1-4-14

环境等级	最大水胶比	最低强度等级	最大氯离子含量(%)	最大碱含量(kg/m^3)
一	0.60	C20	0.30	不限制
二a	0.55	C25	0.20	3.0
二b	0.50(0.55)	C30(C25)	0.15	
三a	0.45(0.50)	C35(C30)	0.15	
三b	0.40	C40	0.10	

注：1.氯离子含量是指其占胶凝材料总量的百分比。
　　2.预应力构件混凝土中的最大氯离子含量为0.05%，最低混凝土强度等级按表中的规定提高两个等级。
　　3.素混凝土构件的水胶比及最低强度等级的要求可适当放松。
　　4.有可靠工程经验时，二类环境中的最低混凝土强度等级可降低一个等级。
　　5.处于严寒和寒冷地区二b、三a类环境中的混凝土应使用引气剂，并可采用括号中的有关参数。
　　6.当使用非碱活性集料时，对混凝土中的碱含量可不作限制。

混凝土的最小胶凝材料用量　　　表1-4-15

最大水胶比	最小胶凝材料用量(kg/m^3)		
	素混凝土	钢筋混凝土	预应力混凝土
0.60	250	280	300
0.55	280	300	300
0.50	320		
≤0.45	330		

三、普通混凝土的组成设计

(一)概述

混凝土中各组成材料用量之比即为混凝土的配合比。混凝土配合比设计就是根据原材料的性能和对混凝土的技术要求,通过计算和试配调整,确定出满足工程技术经济指标的混凝土各组成材料的用量。

1. 混凝土配合比表示方法

水泥混凝土配合比表示方法,有下列两种:

(1)单位用量表示法

以每立方米混凝土中各种材料的用量表示。例如,水泥:矿物掺合料:水:细集料:粗集料 = 283kg:68kg:145kg:710kg:1261kg。

(2)相对用量表示法

以水泥的质量为1,并按水泥:矿物掺合料:细集料:粗集料;水胶比的顺序排列表示。例如,1:0.24:2.51:4.46;$W/B = 0.41$。

2. 配合比设计的基本要求

混凝土配合比设计,应满足下列4项基本要求:

(1)满足结构物设计强度的要求

混凝土在设计时针对不同的结构部位提出不同的"设计强度"要求,为了保证结构物的可靠性,采用比设计强度高的"配制强度",才能满足设计强度的要求。

(2)满足新拌混凝土施工工作性的要求

按照结构物断面尺寸和形状、配筋的疏密以及施工方法和设备来确定工作性(坍落度或维勃稠度)。

(3)满足环境耐久性的要求

根据结构物所处环境条件,如严寒地区的路面或桥梁等,为保证结构的耐久性,在设计混凝土配合比时应考虑允许的"最大水胶比"和"最小胶凝材料用量"。

(4)满足经济性的要求

在保证工程质量的前提下,尽量节约水泥,多采用当地材料以及一些替代物(如工业废渣)等措施,合理地使用材料,以降低成本。

3. 混凝土配合比设计需要的基本资料

(1)设计要求的混凝土强度等级;

(2)工程特性,如工程所处的环境、结构类型、钢筋间距等;

(3)耐久性要求,如设计年限、抗冻等级、抗渗等级、抗腐蚀等要求;

(4)原材料要求及技术性能;

(5)施工工艺、施工水平等。

4. 混凝土配合比设计的步骤

(1)计算"初步配合比"

根据原始资料,按《普通混凝土配合比设计规程》(JGJ 55—2011),计算"初步配合比",即水泥:矿物掺合料:水:细集料:粗集料 = $m_{c0}:m_{f0}:m_{w0}:m_{s0}:m_{g0}$。

(2)提出"基准配合比"

根据初步配合比结果,采用施工现场原材料(烘干),按施工现场搅拌的方式进行试拌,测定新拌混凝土拌合物的工作性(坍落度或维勃稠度),调整材料用量,提出一个满足新拌混凝土工作性要求的"基准配合比",即 $m_{ca} : m_{fa} : m_{wa} : m_{sa} : m_{ga}$。

(3) 确定"试验室配合比"

以基准配合比为基础,增加和减少水胶比,拟定几组(通常为三组)适合工作性要求的配合比,通过制备试块、测定其抗压强度,确定同时满足强度和工作性要求混凝土的"试验室配合比",即 $m_{cb} : m_{fb} : m_{wb} : m_{sb} : m_{gb}$。

(4) 换算"施工配合比"

根据施工工地现场原材料的实际含水率,将试验室配合比换算为"施工配合比",即 $m_c : m_f : m_w : m_s : m_g$。

(二)普通水泥混凝土配合比设计方法(以抗压强度为指标的计算方法)

1. 初步配合比的计算

1) 确定混凝土的配制强度($f_{cu,o}$)

为了保证混凝土有必要的强度保证率(即 $P = 95\%$),要求混凝土配制强度必须大于其标准值。

普通混凝土初步配合比

(1) 当混凝土的设计强度等级小于 C60 时,配制强度应按式(1-4-5)确定。

$$f_{cu,o} = f_{cu,k} + 1.645\sigma \tag{1-4-5}$$

式中:$f_{cu,o}$——混凝土配制强度,MPa;

$f_{cu,k}$——混凝土立方体抗压强度标准值(即设计要求的混凝土强度等级),MPa;

σ——混凝土强度标准差,MPa。

(2) 当混凝土的设计强度等级不小于 C60 时,配制强度应按式(1-4-6)确定。

$$f_{cu,o} \geq 1.15 f_{cu,k} \tag{1-4-6}$$

(3) 混凝土标准差应按照下列规定确定:

①当具有近期 1~3 个月的同一品种、同一强度等级的混凝土强度资料时,混凝土强度标准差 σ 按式(1-4-7)计算:

$$\sigma = \sqrt{\frac{\sum_{i=1}^{n} f_{cu,i}^2 - n m_{f_{cu}}^2}{n-1}} \tag{1-4-7}$$

式中:$f_{cu,i}$——第 i 组的试件强度,MPa;

$m_{f_{cu}}$——n 组试件的强度平均值,MPa;

n——试件组数(≥30 组)。

对于强度等级不大于 C30 的混凝土,当混凝土强度标准差计算值不小于 3.0MPa 时,应按式(1-4-7)计算结果取值;当混凝土强度标准差计算值小于 3.0MPa 时,应取 3.0MPa。对于强度等级大于 C30 且小于 C60 的混凝土,当混凝土强度标准差计算值不小于 4.0MPa 时,应按式(1-4-7)计算结果取值;当混凝土强度标准差计算值小于 4.0MPa 时,应取 4.0MPa。

②当没有近期的同一品种、同一强度等级混凝土强度资料时可根据要求的强度等级按表 1-4-16 取值。

标准差 σ 值(MPa) 表1-4-16

混凝土强度标准值	≤C20	C25~C45	C50~C55
σ	4.0	5.0	6.0

2)计算水胶比(W/B)

(1)当混凝土强度等级小于C60时,混凝土水胶比宜按式(1-4-8)计算。

$$\frac{W}{B} = \frac{\alpha_a \times f_b}{f_{cu,o} + \alpha_a \times \alpha_b \times f_b} \qquad (1\text{-}4\text{-}8)$$

式中:$\frac{W}{B}$——混凝土水胶比;

α_a、α_b——回归系数,根据工程所使用的原材料,通过试验建立的水胶比与混凝土强度关系式来确定;当不具备试验统计资料时,可按表1-4-17选用;

f_b——胶凝材料28d胶砂抗压强度,MPa,可实测,试验方法应按《水泥胶砂强度检验方法(ISO法)》(GB/T 17671—2021)执行;无实测值时,可按式(1-4-9)计算。

$$f_b = \gamma_f \cdot \gamma_s \cdot f_{ce} \qquad (1\text{-}4\text{-}9)$$

式中:γ_f、γ_s——粉煤灰影响系数、粒化高炉矿渣粉影响系数,可按表1-4-18选用;

f_{ce}——水泥28d胶砂抗压强度,MPa,可实测;无实测值时,也可按式(1-4-10)计算。

$$f_{ce} = \gamma_c \cdot f_{ce,g} \qquad (1\text{-}4\text{-}10)$$

式中:γ_c——水泥强度等级值的富余系数,可按实际统计资料确定,当缺乏实际统计资料时,可按表1-4-19选用;

$f_{ce,g}$——水泥强度等级值,MPa。

回归系数 α_a、α_b 取值表 表1-4-17

粗集料品种系数	碎 石	卵 石
α_a	0.53	0.49
α_b	0.20	0.13

粉煤灰影响系数和粒化高炉矿渣粉影响系数 表1-4-18

掺量(%)	粉煤灰影响系数 γ_f	粒化高炉矿渣粉影响系数 γ_s
0	1.00	1.00
10	0.90~0.95	1.00
20	0.80~0.85	0.95~1.00
30	0.70~0.75	0.90~1.00
40	0.60~0.65	0.80~0.90
50	—	0.70~0.85

注:1.采用Ⅰ级、Ⅱ级粉煤灰宜取上限值。
2.采用S75级粒化高炉矿渣粉宜取下限值,采用S95级粒化高炉矿渣粉宜取上限值,采用S105级粒化高炉矿渣粉可取上限值加0.05。
3.当超出表中的掺量时,粉煤灰和粒化高炉矿渣粉影响系数应经试验确定。

水泥强度等级值的富余系数 γ_c　　　　　　　　　　　　　表1-4-19

水泥强度等级值	32.5	42.5	52.5
富余系数	1.12	1.16	1.10

(2)按耐久性校核水胶比。按式(1-4-8)计算所得的水胶比,还应根据混凝土所处环境条件(表1-4-13)、耐久性要求的允许最大水胶比(表1-4-14)进行校核。如计算的水胶比大于耐久性允许的最大水胶比,应采用允许的最大水胶比。

3)确定单位用水量(m_{wo})和外加剂用量(m_{ao})

(1)干硬性或塑性混凝土的用水量(m_{wo})

根据粗集料的品种、粒径及施工要求的混凝土拌合物稠度,每立方米干硬性或塑性混凝土的用水量(m_{wo})应符合下列规定:

①混凝土水胶比在0.40~0.80范围时,可按表1-4-20和表1-4-21选取。

干硬性混凝土的用水量(kg/m³)　　　　　　　　　　　　　表1-4-20

拌合物稠度		卵石最大公称粒径(mm)			碎石最大公称粒径(mm)		
项目	指标	10.0	20.0	40.0	16.0	20.0	40.0
维勃稠度(s)	16~20	175	160	145	180	170	155
	11~15	180	165	150	185	175	160
	5~10	185	170	155	190	180	165

塑性混凝土的用水量(kg/m³)　　　　　　　　　　　　　表1-4-21

拌合物稠度		卵石最大公称粒径(mm)				碎石最大公称粒径(mm)			
项目	指标	10.0	20.0	31.5	40.0	16.0	20.0	31.5	40.0
坍落度(mm)	10~30	190	170	160	150	200	185	175	165
	35~50	200	180	170	160	210	195	185	175
	55~70	210	190	180	170	220	205	195	185
	75~90	215	195	185	175	230	215	205	195

注:1.本表用水量采用中砂时的取值;采用细砂时,每立方米混凝土用水量可增加5~10kg;采用粗砂时,可减少5~10kg。

2.掺用矿物掺合料和外加剂时,用水量应相应调整。

②混凝土水胶比小于0.40时,可通过试验确定。

(2)掺外加剂时,流动性和大流动性混凝土用水量(m_{wo})

每立方米流动性和大流动性混凝土用水量(m_{wo})可按式(1-4-11)计算。

$$m_{wo} = m'_{wo}(1 - \beta) \tag{1-4-11}$$

式中:m_{wo}——计算配合比每立方米混凝土的用水量,kg/m³;

m'_{wo}——未掺外加剂时推定的满足实际坍落度要求的每立方米混凝土用水量,kg/m³,以表1-4-21中90mm坍落度的用水量为基础,按每增大20mm坍落度相应增加5kg/m³用水量来计算,当坍落度增大到180mm以上时,随坍落度相应增加的用水量可减少;

β——外加剂的减水率,%,应经混凝土试验确定。

(3)确定混凝土中外加剂用量(m_{ao})

每立方米混凝土中外加剂用量(m_{ao})按式(1-4-12)计算。

$$m_{ao} = m_{bo} \cdot \beta_a \tag{1-4-12}$$

式中：m_{ao}——计算配合比每立方米混凝土中外加剂用量，kg/m^3；

m_{bo}——计算配合比每立方米混凝土中胶凝材料用量，kg/m^3；

β_a——外加剂掺量，%，应经试验确定。

4)计算胶凝材料用量(m_{bo})、矿物掺合料用量(m_{fo})和水泥用量(m_{co})

(1)每立方米混凝土的胶凝材料用量(m_{bo})按式(1-4-13)计算。

$$m_{bo} = \frac{m_{wo}}{W/B} \tag{1-4-13}$$

式中：m_{bo}——计算配合比每立方米混凝土中胶凝材料用量，kg/m^3；

m_{wo}——计算配合比每立方米混凝土中的用水量，kg/m^3；

W/B——混凝土水胶比。

按混凝土耐久性要求校核单位胶凝材料用量。根据耐久性要求，混凝土的最小胶凝材料用量，依据混凝土结构的环境类别、结构混凝土材料的耐久性基本要求确定。按强度要求由式(1-4-13)计算所得的单位胶凝材料用量，应不低于表1-4-15规定的最小胶凝材料用量。

(2)每立方米混凝土的矿物掺合料用量(m_{fo})按式(1-4-14)计算。

$$m_{fo} = m_{bo} \cdot \beta_f \tag{1-4-14}$$

式中：m_{fo}——计算配合比每立方米混凝土中矿物掺合料用量，kg/m^3；

β_f——矿物掺合料掺量，%，可结合矿物掺合料和水胶比的规定确定。

(3)每立方米混凝土的水泥用量(m_{co})按式(1-4-15)计算。

$$m_{co} = m_{bo} - m_{fo} \tag{1-4-15}$$

式中：m_{co}——计算配合比每立方米混凝土中水泥用量，kg/m^3。

5)选定砂率(β_s)

当无历史资料可参考时，混凝土砂率的确定应符合下列规定：

(1)坍落度小于10mm的混凝土，其砂率应经试验确定。

(2)坍落度为10~60mm的混凝土，其砂率可根据粗集料品种、最大公称粒径及水胶比按表1-4-22选取。

混凝土的砂率(%) 表1-4-22

水胶比	卵石最大公称粒径(mm)			碎石最大公称粒径(mm)		
	10.0	20.0	40.0	16.0	20.0	40.0
0.40	26~32	25~31	24~30	30~35	29~34	27~32
0.50	30~35	29~34	28~33	33~38	32~37	30~35
0.60	33~38	32~37	31~36	36~41	35~40	33~38
0.70	36~41	35~40	34~39	39~44	38~43	36~41

注：1.本表数值系中砂的选用砂率，对细砂或粗砂，可相应地减小或增大砂率。

2.采用人工砂配制混凝土时，砂率可适当增大。

3.使用单粒级粗集料配制混凝土时，砂率应适当增大。

(3)坍落度大于60mm的混凝土,其砂率可按经验确定,也可在表1-4-22的基础上,按坍落度每增大20mm、砂率增大1%的幅度予以调整。

6)计算粗、细集料用量(m_{go}、m_{so})

(1)质量法

计算混凝土配合比时,粗、细集料用量可按式(1-4-16)计算。

$$\begin{cases} m_{c0} + m_{fo} + m_{wo} + m_{so} + m_{go} = m_{cp} \\ \beta_s = \dfrac{m_{so}}{m_{so} + m_{go}} \times 100\% \end{cases} \quad (1\text{-}4\text{-}16)$$

式中:m_{go}——计算配合比每立方米混凝土的粗集料用量,kg/m³;

m_{so}——计算配合比每立方米混凝土的细集料用量,kg/m³;

m_{cp}——每立方米混凝土拌合物的假定质量,kg,可取2350~2450kg/m³;

β_s——砂率,%。

(2)体积法

计算混凝土配合比时,粗、细集料用量可按式(1-4-17)计算。

$$\begin{cases} \dfrac{m_{co}}{\rho_c} + \dfrac{m_{fo}}{\rho_f} + \dfrac{m_{wo}}{\rho_w} + \dfrac{m_{so}}{\rho_s} + \dfrac{m_{go}}{\rho_g} + 0.01\alpha = 1 \\ \beta_s = \dfrac{m_{so}}{m_{so} + m_{go}} \times 100\% \end{cases} \quad (1\text{-}4\text{-}17)$$

式中:ρ_c——水泥密度,kg/m³,可取2900~3100kg/m³;

ρ_f——矿物掺合料密度,kg/m³;

ρ_s——细集料的表观密度,kg/m³;

ρ_g——粗集料的表观密度,kg/m³;

ρ_w——水的密度,kg/m³,可取1000kg/m³;

α——混凝土的含气量百分数,在不使用引气剂或引气型外加剂时,α可取1。

在实际工作中,混凝土配合比设计通常采用质量法。混凝土配合比设计也允许采用体积法,可视具体技术需要选用。与质量法比较,体积法需要测定水泥和矿物掺合料的密度以及粗、细集料的表观密度等,对技术条件要求略高。

2.试配、调整、提出基准配合比

1)试配

(1)试配原材料要求

试配混凝土所用各种原材料,要与实际工程使用的材料相同;配合比设计所采用的细集料含水率应小于0.5%,粗集料含水率应小于0.2%。

(2)搅拌方法和拌合物数量

混凝土搅拌方法,应尽量与生产时使用方法相同。试配时,每盘混凝土的最小搅拌量应符合表1-4-23的规定。采用机械搅拌时,其搅拌量不应小于搅拌机公称容量的1/4且不应大于搅拌机公称容量。

普通混凝土基准配合比

混凝土试配的最小搅拌量　　　　表1-4-23

粗集料最大公称粒径(mm)	拌合物数量(L)	粗集料最大公称粒径(mm)	拌合物数量(L)
≤31.5	20	40.0	25

2)校核工作性,确定基准配合比

按计算出的初步配合比进行试配,以校核混凝土拌合物的工作性。若试拌得出的混凝土拌合物的坍落度(或维勃稠度)不能满足要求,或黏聚性和保水性能不好时,应在保证水胶比不变的条件下相应调整用水量或砂率,直到符合要求为止。然后提出供混凝土强度校核用的"基准配合比",即$m_{ca}:m_{fa}:m_{wa}:m_{sa}:m_{ga}$。

3.检验强度、确定试验室配合比

1)制作试件、检验强度

为校核混凝土的强度,至少拟定三个不同的配合比。当采用三个不同的配合比时,其中一个为按上述得出的基准配合比,另外两个配合比的水胶比值,应较基准配合比分别增加、减少0.05,其用水量应与基准配合比相同,砂率可分别增加、减少1%。制作检验混凝土强度试验的试件时,应检验混凝土拌合物的坍落度(或维勃稠度)、黏聚性、保水性及拌合物的表观密度。

普通混凝土试验室配合比

为检验混凝土强度,每个配合比至少制作一组(三块)试件,在标准养护28d条件下进行抗压强度测试。有条件的单位可同时制作几组试件,供快速检验或较早龄期(3d、7d等)时抗压强度测试,以便尽早提出混凝土配合比供施工使用。但必须以标准养护28d强度的检验结果为依据调整配合比。

2)确定试验室配合比

根据"强度"检验结果和"表观密度"测定结果,进一步修正配合比,即可得到"试验室配合比设计值"。

(1)根据强度检验结果修正配合比

①确定用水量(m_{wb})。取基准配合比中的用水量(m_{wa}),并根据制作强度检验试件时测得的坍落度(或维勃稠度)值加以适当调整确定。

②确定胶凝材料用量(m_{bb})。取用水量乘以由"强度-胶水比"关系定出的、为达到配制强度($f_{cu,o}$)所必需的水胶比值。

③确定粗、细集料用量(m_{gb}、m_{sb})。应在用水量和胶凝材料用量调整的基础上,进行相应的调整。取基准配合比中的砂、石用量,并按定出的水胶比做适当调整。

(2)根据实测混凝土拌合物体积密度校正配合比

①根据强度检验结果校正后定出的混凝土配合比,按式(1-4-18)计算出混凝土拌合物表观密度计算值($\rho_{c,c}$),即:

$$\rho_{c,c} = m_{cb} + m_{fb} + m_{wb} + m_{so} + m_{go} \tag{1-4-18}$$

②当混凝土拌合物表观密度实测值($\rho_{c,t}$)与计算值之差的绝对值不超过计算值的2%时,$m_{cb}:m_{fb}:m_{wb}:m_{sb}:m_{gb}$即为确定的试验室配合比;当二者之差超过2%时,应将配合比中每项材料用量均乘以校正系数δ,即得最终确定的试验室配合比设计值。

③校正系数δ由混凝土拌合物的表观实测值($\rho_{c,t}$)除以混凝土拌合物表观密度计算值

($\rho_{c,c}$)得出,即:

$$\delta = \frac{\rho_{c,t}}{\rho_{c,c}} \tag{1-4-19}$$

混凝土拌合物表观密度实测值($\rho_{c,t}$)与计算值之差的绝对值不超过计算值的2%时,各项材料用量计算见式(1-4-20)。

$$\begin{cases} m'_{cb} = m_{cb} \times \delta \\ m'_{fb} = m_{fb} \times \delta \\ m'_{wb} = m_{wb} \times \delta \\ m'_{sb} = m_{sb} \times \delta \\ m_{gb} = m_{gb} \times \delta \end{cases} \tag{1-4-20}$$

即 $m'_{cb} : m'_{fb} : m'_{wb} : m'_{sb} : m'_{gb}$ 为最终试验室配合比。

4. 施工配合比换算

试验室最后确定的配合比,是按干燥状态集料计算的。而施工现场砂、石材料为露天堆放,都有一定的含水率。因此,施工现场应根据现场砂、石的实际含水率的变化,将试验室配合比换算为施工配合比。

若施工现场实测砂、石含水率分别为 $a\%$、$b\%$,则施工配合比的各种材料单位用量为:

普通混凝土施工配合比换算

$$\begin{cases} m_c = m'_{cb} \\ m_f = m'_{fb} \\ m_s = m'_{sb}(1 + a\%) \\ m_g = m'_{gb}(1 + b\%) \\ m_w = m'_{wb} - m'_{sb} \cdot a\% - m'_{gb} \cdot b\% \end{cases} \tag{1-4-21}$$

施工配合比为水泥:矿物掺合料:水:砂:石 = $m_c : m_f : m_w : m_s : m_g$。

水泥混凝土配合比设计例题如下(以抗压强度为指标的设计方法)。

[例 1-4-1]

[原始资料]

1. 某桥梁工程墩台用钢筋混凝土的混凝土设计强度等级为C35,无强度历史统计资料,要求混凝土拌合物坍落度为30~50mm,环境类别为二 a。

2. 原材料:普通硅酸盐水泥42.5级,密度 ρ_c = 3100kg/m³;碎石最大公称粒径31.5mm,表观密度 ρ_g = 2700kg/m³;砂为中砂,表观密度 ρ_s = 2645kg/m³,粉煤灰为Ⅱ级,表观密度 ρ_f = 2200kg/m³,掺量 β_f = 20%;使用自来水,各项指标符合要求。

请计算出该混凝土初步配合比。

解:

1. 确定混凝土配制强度($f_{cu,o}$)

由题意知:设计要求混凝土强度标准值 $f_{cu,k}$ = 35MPa,无强度历史统计资料,查表1-4-16得强度标准差 σ 为5.0MPa,则混凝土配制强度:

$$f_{cu,o} = f_{cu,k} + 1.645\sigma = 35 + 1.645 \times 5.0 = 43.2(\text{MPa})$$

2. 计算水胶比(W/B)

(1)计算胶凝材料强度(f_b)

由题意已知采用普通硅酸盐水泥42.5级,无水泥28d胶砂抗压强度实测值,查表1-4-19,得$\gamma_c = 1.16$;Ⅱ级粉煤灰,掺量为20%,查表1-4-18取粉煤灰影响系数$\gamma_f = 0.80$,未掺粒化高炉矿渣粉,故影响系数$\gamma_s = 1.00$。

$$f_{ce} = \gamma_c \cdot f_{ce,g} = 1.16 \times 42.5 = 49.3(\text{MPa})$$

$$f_b = \gamma_f \cdot \gamma_s \cdot f_{ce} = 0.80 \times 49.3 = 39.4(\text{MPa})$$

(2)计算混凝土水胶比(W/B)

无混凝土强度回归系数统计资料,采用表1-4-17中数值,碎石$\alpha_a = 0.53$,$\alpha_b = 0.20$。

$$\frac{W}{B} = \frac{\alpha_a \times f_b}{f_{cu,o} + \alpha_a \times \alpha_b \times f_b} = \frac{0.53 \times 39.4}{43.2 + 0.53 \times 0.20 \times 39.4} = 0.44$$

(3)按耐久性校核水胶比

根据混凝土所处环境等级为二a,查表1-4-14可知,允许最大水胶比为0.55,而计算水胶比为0.44,符合耐久性要求,采用计算水胶比$W/B = 0.44$。

3. 确定单位用水量(m_{wo})和外加剂用量(m_{ao})

由题意已知,要求混凝土拌合物坍落度为30~50mm,碎石最大公称粒径为31.5mm。查表1-4-21,选用混凝土用水量$m_{wo} = 185\text{kg/m}^3$。由于没有掺入外加剂,故$m_{ao} = 0$。

4. 计算胶凝材料用量(m_{bo})、矿物掺合料用量(m_{fo})和水泥用量(m_{co})

(1)计算每立方米混凝土的胶凝材料用量(m_{bo})

①已知混凝土单位用水量$m_{wo} = 185\text{kg/m}^3$,水胶比$W/B = 0.44$,计算每立方米混凝土胶凝材料用量:

$$m_{bo} = \frac{m_{wo}}{W/B} = \frac{185}{0.44} = 420(\text{kg/m}^3)$$

②按耐久性要求校核单位胶凝材料用量。由题意已知,混凝土所处环境等级为二a,根据耐久性要求,查表1-4-15,混凝土的最小胶凝材料用量为330kg/m³。计算得到每立方米混凝土胶凝材料用量为420kg/m³,符合耐久性要求。

(2)计算每立方米混凝土粉煤灰用量(m_{fo})

由题意已知,粉煤灰的掺量为20%,计算得:

$$m_{fo} = m_{bo} \cdot \beta_f = 420 \times 0.2 = 84(\text{kg/m}^3)$$

(3)计算每立方米混凝土的水泥用量(m_{co})

$$m_{co} = m_{bo} - m_{fo} = 420 - 84 = 336(\text{kg/m}^3)$$

5. 选定砂率(β_s)

集料采用碎石的最大公称粒径为31.5mm,水胶比$W/B = 0.44$,查表1-4-22并结合经验取混凝土砂率$\beta_s = 32\%$。

6. 体积法计算粗、细集料用量(m_{go}、m_{so})

已知:水泥密度$\rho_c = 3100\text{kg/m}^3$,粉煤灰密度$\rho_f = 2200\text{kg/m}^3$,砂表观密度$\rho_s = 2645\text{kg/m}^3$,碎

石表观密度 $\rho_g = 2700\text{kg/m}^3$，非引气混凝土 $\alpha = 1$，由式（1-4-17）得：

$$\begin{cases} \dfrac{336}{3100} + \dfrac{84}{2200} + \dfrac{185}{1000} + \dfrac{m_{so}}{2645} + \dfrac{m_{go}}{2700} + 0.01 \times 1 = 1 \\ \dfrac{m_{so}}{m_{so} + m_{go}} \times 100\% = 32\% \end{cases}$$

解得：砂用量 $m_{so} = 565\text{kg/m}^3$，碎石用量 $m_{go} = 1201\text{kg/m}^3$。

按体积法计算得到的初步配合比：$m_{co} : m_{fo} : m_{wo} : m_{so} : m_{go} = 336 : 84 : 185 : 565 : 1201$。

[例 1-4-2] 根据例题 1-4-1 的结果对该混凝土配合比进行试拌调整，完成基准配合比和试验室配合比，并根据施工现场砂含水率 2.5%，碎石含水率为 1.3%，计算施工配合比。

解：

1. 基准配合比确定

（1）计算试拌混凝土各原材料用量

按计算初步配合比计算结果 $m_{co} : m_{fo} : m_{wo} : m_{so} : m_{go} = 336 : 84 : 185 : 565 : 1201$，试拌 20L 混凝土拌合物，各种材料用量为：

水泥：$336 \times 0.020 = 6.72(\text{kg})$

粉煤灰：$84 \times 0.020 = 1.68(\text{kg})$

水：$185 \times 0.020 = 3.70(\text{kg})$

砂：$565 \times 0.020 = 11.30(\text{kg})$

碎石：$1201 \times 0.020 = 24.02(\text{kg})$

（2）新拌混凝土工作性验证

按计算材料用量拌制混凝土拌合物，测定其坍落度为 20mm，不满足本案例新拌混凝土施工工作性的要求。为此，保持水胶比不变，增加 3% 的水和胶凝材料用量。再经拌和，测坍落度满足要求且黏聚性和保水性良好，满足例题混凝土工作性要求。符合工作性要求后混凝土拌合物各组成材料用量为：

水泥：$6.72 \times (1 + 3\%) = 6.92(\text{kg})$

粉煤灰：$1.68 \times (1 + 3\%) = 1.73(\text{kg})$

水：$3.70 \times (1 + 3\%) = 3.81(\text{kg})$

砂：11.30kg

碎石：24.02kg

（3）提出基准配合比

调整工作性后，混凝土基准配合比为：$m_{ca} : m_{fa} : m_{wa} : m_{sa} : m_{ga} = 346 : 86 : 190 : 565 : 1201$。

2. 试验室配合比确定

（1）检验强度

采用水胶比分别是 $(W/B)_1 = 0.39$、$(W/B)_2 = 0.44$ 和 $(W/B)_3 = 0.49$ 拌制三组混凝土拌合物，三组拌合物的砂、碎石、用水量单位用量均采用基准配合比结果，根据三组水胶比分别计算三组水泥用量（表 1-4-24）。分别试拌，检验三组配合比的坍落度、黏聚性和保水性，均符合新拌混凝土工作性要求。

三组不同水胶比的混凝土按规范要求做混凝土立方体强度试块，在标准条件下养护28d后，按规定方法测定其立方体抗压强度值，结果列于表1-4-24中。

不同水胶比的混凝土强度值　　　　　　　　表1-4-24

组别	用水量(kg)	水胶比(W/B)	胶凝材料用量(kg)	胶水比(B/W)	28d立方体抗压强度(MPa)
1	190	0.39	487	2.56	51.5
2	190	0.44	432	2.27	44.7
3	190	0.49	388	2.04	39.2

根据表1-4-24试验结果，绘制混凝土28d立方体抗压强度与胶水比(B/W)关系，如图1-4-11所示。

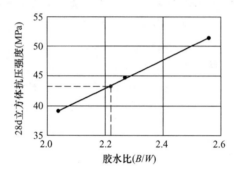

图1-4-11　混凝土28d抗压强度与胶水比关系曲线

由图1-4-11可知，相应混凝土配制强度$f_{cu,o}=43.2\text{MPa}$的胶水比$B/W=2.22$，即水胶比为0.45。

(2) 确定试验室配合比

①按强度试验结果修正配合比，各项材料用量分别为：

用水量：$m_{wb}=190\text{kg/m}^3$

胶凝材料用量：$m_{bb}=190\div0.45=422(\text{kg/m}^3)$

粉煤灰用量：$m_{fb}=422\times20\%=84(\text{kg/m}^3)$

水泥用量：$m_{cb}=422-84=338(\text{kg/m}^3)$

砂、石用量按体积法：

$$\begin{cases} \dfrac{338}{3100}+\dfrac{84}{2200}+\dfrac{190}{1000}+\dfrac{m_{so}}{2645}+\dfrac{m_{go}}{2700}+0.01\times1=1 \\ \dfrac{m_{so}}{m_{so}+m_{go}}\times100\%=32\% \end{cases}$$

解得：砂用量$m_{sb}=560\text{kg/m}^3$，碎石用量$m_{gb}=1190\text{kg/m}^3$。

修正后的配合比为$m_{cb}:m_{fb}:m_{wb}:m_{sb}:m_{gb}=338:84:190:560:1190$。

②根据实测混凝土拌合物表观密度确定试验室配合比

混凝土拌合物表观密度计算值：

$\rho_{c,c}=m_{cb}+m_{fb}+m_{wb}+m_{so}+m_{go}=338+84+190+590+1190=2370(\text{kg/m}^3)$

混凝土拌合物表观密度实测值$\rho_{c,t}=2420\text{kg/m}^3$，混凝土拌合物表观密度实测值与计算值之差的绝对值超过计算值的2%,需校正。

校正系数：$\delta = \dfrac{\rho_{c,t}}{\rho_{c,c}} = \dfrac{2420}{2370} = 1.02$

单位水泥用量：$m'_{cb} = 338 \times 1.02 = 345(kg/m^3)$

单位粉煤灰用量：$m'_{fb} = 84 \times 1.02 = 86(kg/m^3)$

单位用水量：$m'_{wb} = 190 \times 1.02 = 194(kg/m^3)$

单位砂用量：$m'_{sb} = 590 \times 1.02 = 602(kg/m^3)$

单位碎石用量：$m'_{gb} = 1190 \times 1.02 = 1214(kg/m^3)$

试验室配合比：$m'_{cb} : m'_{fb} : m'_{wb} : m'_{sb} : m'_{gb} = 345 : 86 : 194 : 602 : 1214$

3. 施工配合比换算

根据施工现场实测砂、石含水率分别为2.5%、1.3%,施工配合比的各种材料单位用量为：

$m_c = m'_{cb} = 345 kg/m^3$

$m_f = m'_{fb} = 86 kg/m^3$

$m_s = m'_{sb}(1 + a\%) = 602(1 + 0.025) = 604(kg/m^3)$

$m_g = m'_{gb}(1 + b\%) = 1214(1 + 0.013) = 1216(kg/m^3)$

$m_w = m'_{wb} - m'_{sb} \cdot a\% - m'_{gb} \cdot b\% = 194 - 602 \times 0.025 - 1214 \times 0.013$
$= 163(kg/m^3)$

施工配合比：$m_c : m_f : m_w : m_s : m_g = 345 : 86 : 163 : 604 : 1216$

四、普通混凝土的质量控制和质量评定

混凝土质量受多种因素影响,原材料质量、施工配料计量的误差、施工条件(搅拌、运输、浇筑成型和养护)等都会影响到混凝土成型后的质量。为了保证混凝土质量,除了在施工过程中应严格把控各个施工工序,还需对原材料质量、新拌混凝土和硬化后的混凝土进行质量检验和控制。

(一)混凝土质量控制

1. 原材料进场质量控制

混凝土原材料进场,供方应按规定批次提供质量证明文件。质量证明文件应包括型式检验报告、出厂检验报告与合格证等,外加剂还应提供使用说明书。所有的原材料需符合规定的质量标准。

2. 原材料计量

原材料计量宜采用电子计量设备,计量设备的精度应符合现行国家标准,应具有法定计量部门签发的有效检定证书,并定期校验。混凝土生产单位每月自检一次；每一工作班开始前,应对计量设备进行零点校准。原材料计量允许偏差(按质量计)符合以下规定。

胶凝材料：±2%；粗、细集料：±3%；拌合物用水、外加剂：±1%。

3. 混凝土施工质量控制

混凝土搅拌、运输、浇筑成型及养护应符合标准规定。

(二) 混凝土质量评定

混凝土的质量一般以抗压强度来评定。因为,混凝土质量破坏直接反映在强度上,通过对混凝土强度的管理可控制混凝土工程质量。为此必须有足够数量的混凝土试验值来反映混凝土总体的质量。混凝土强度的评价方法如下:

1. 统计方法(已知标准差方法)

当混凝土生产条件在较长时间内能保持一致,且同一品种混凝土的强度变异性能保持稳定时,应由连续的三组试件代表一个验收批。其强度应同时符合式(1-4-22)~式(1-4-25)的要求。

$$m_{fu} \geq f_{cu,k} + 0.7\sigma_o \qquad (1-4-22)$$

$$f_{cu,min} \geq f_{cu,k} - 0.7\sigma_o \qquad (1-4-23)$$

当混凝土强度等级不高于 C20 时,其强度最小值尚应满足式(1-4-24)的要求:

$$f_{cu,min} \geq 0.85 f_{cu,k} \qquad (1-4-24)$$

当混凝土强度等级高于 C20 时,其强度最小值尚应满足式(1-4-25)的要求:

$$f_{cu,min} \geq 0.90 f_{cu,k} \qquad (1-4-25)$$

以上式中:m_{fu}——同一验收批混凝土强度的平均值,MPa;

$f_{cu,k}$——设计的混凝土强度标准值,MPa;

$f_{cu,min}$——同一验收批混凝土强度的最小值,MPa;

σ_0——前一检验期内同一品种、同一强度等级混凝土立方体抗压强度的标准差,MPa。按式(1-4-26)计算,当计算值小于 2.5MPa 时,取 2.5MPa。

$$\sigma_0 = \sqrt{\frac{\sum_{i=1}^{n} f_{cu,i}^2 - n m_{f_{cu}}^2}{n-1}} \qquad (1-4-26)$$

式中:$f_{cu,i}$——前一检验期内同一品种、同一强度等级第 i 验收批的混凝土立方体抗压强度值,MPa;

$m_{f_{cu}}$——前一检验期内同一品种、同一强度等级的混凝土立方体抗压强度平均值,MPa;

n——前一检验期内的试件组数。

注:上述检验期时间不应少于 60d,且不超过 90d,同时该期试件样本容量不少于 45。

2. 统计方法(未知标准差方法)

当混凝土生产条件不能满足前述规定,或在前一个检验期内的同一品种混凝土没有足够数据用以确定验收批混凝土强度的标准差时,应由不少于 10 组的试件代表一个验收批,强度应同时符合式(1-4-27)和式(1-4-28)的要求。当试件≥10 组时,按下面条件评定:

$$m_{fu} \geq f_{cu,k} + \lambda_1 S_{f_{cu}} \qquad (1-4-27)$$

$$f_{cu,min} \geq \lambda_2 \cdot f_{cu,k} \qquad (1-4-28)$$

式中：λ_1、λ_2——合格判定系数，按表1-4-25取用；

$S_{f_{cu}}$——验收批混凝土强度的标准差，MPa，按式(1-4-29)计算，当计算值小于2.5MPa时，取2.5MPa。

$$S_{f_{cu}} = \sqrt{\frac{\sum_{i=1}^{n} f_{cu,i}^2 - nm_{f_{cu}}^2}{n-1}} \qquad (1-4-29)$$

式中：n——验收批混凝土试件的总组数。

混凝土强度的合格判定系数　　　　　　　　表1-4-25

试件组数	10~14	15~19	≥20
λ_1	1.15	1.05	0.95
λ_2	0.90	0.85	0.85

[**例1-4-3**]　某桥梁工程用混凝土设计强度等级为C30，现场集中搅拌，取样20组，混凝土立方体抗压强度测定值的结果见表1-4-26，试评价该批混凝土强度是否合格。（无混凝土强度历史统计资料）

混凝土立方体抗压强度测定值　　　　　　　　表1-4-26

$f_{cu,i}$(MPa)									
36.5	38.4	33.6	40.2	33.8	37.2	38.2	39.4	40.2	38.4
38.6	32.4	35.8	35.6	40.8	30.6	32.4	38.6	30.4	38.8
$n=20$，$m_{f_{cu}}=36.5$									

(1) 标准差计算

$$S_{f_{cu}} = \sqrt{\frac{\sum_{i=1}^{n} f_{cu,i}^2 - nm_{f_{cu}}^2}{n-1}} = 3.2(MPa) > 2.5MPa$$

(2) 验收界限计算

$$[m_{f_{cu}}] = f_{cu,k} + \lambda_1 \times S_{f_{cu}} = 30 + 0.95 \times 3.2 = 33.04(MPa)$$

$$[f_{cu,min}] = \lambda_2 \times f_{cu,k} = 0.85 \times 30 = 25.5(MPa)$$

(3) 评定该批混凝土强度

因 $m_{f_{cu}} = 36.5MPa > [m_{f_{cu}}] = 33.04MPa$，$f_{cu,min} = 30.4MPa > [f_{cu,min}] = 25.5MPa$，所以，桥梁工程用的该批次混凝土强度评定为合格。

3. 非统计方法

对零星生产预制构件的混凝土或现均搅拌批量不大的混凝土，按非统计方法评定混凝土强度时，其所保留强度应同时满足式(1-4-30)和式(1-4-31)的要求。试件小于10组时，按下述条件进行评定：

$$m_{fu} \geqslant f_{cu,k} + \lambda_3 S_{f_{cu}} \qquad (1-4-30)$$

$$f_{cu,min} \geqslant \lambda_4 \cdot f_{cu,k} \qquad (1-4-31)$$

式中：λ_3、λ_4——合格判定系数，按表1-4-27取用；

混凝土强度的非统计方法合格判定系数　　　　表1-4-27

混凝土强度等级	<C60	≥C60
λ_3	1.15	1.10
λ_4	0.95	

五、混凝土外加剂

(一)概述

混凝土外加剂亦称化学外加剂,是指在拌制混凝土过程中掺入,用以改善混凝土性能的材料,其掺量一般不大于水泥质量的5%。

混凝土外加剂的种类繁多,按其主要功能归纳有以下几种,见表1-4-28。

混凝土外加剂分类　　　　表1-4-28

类　　别		使用效果
减水剂	普通减水剂	减水、提高强度或改善和易性
	高效减水剂(流化剂或称超塑剂)	配制流动混凝土或早强高强混凝土
	引气剂	增加含气量,改善和易性,提高抗冻性
调凝剂	缓凝剂	延缓凝结时间,降低水化热
	早强剂(促凝剂)	提高混凝土早期强度
	速凝剂	速凝、提高早期强度
防冻剂		使混凝土在负温下水化,达到预期强度
防水剂		提高混凝土抗渗性,防止潮气渗透
膨胀剂		减少干缩

(二)常用混凝土外加剂

1. 减水剂

减水剂是在混凝土坍落度基本相同的条件下,减少拌和用水的外加剂。减水剂可以改善混凝土性能,如提高强度和耐久性。

高效减水剂是指在不改变新拌混凝土工作性条件下,能大幅度减少用水量,并显著提高混凝土强度,或在不改变用水量的条件下,可显著提高新拌混凝土工作性的减水剂。常用的减水剂品种及功能见表1-4-29。

常用减水剂品种及功能　　　　表1-4-29

减水剂类别	主要功能	品　　种
普通减水剂	具有5%以上减水、增强作用	木质素磺酸盐类(M剂)
缓凝减水剂	兼具缓凝功能	糖蜜类
引气减水剂	兼有引气作用	糖蜜类
高效减水剂(又称超塑化剂、流化剂)	具有12%以上减水、增强作用	多环芳香族磺酸盐类、水溶性树脂磺酸盐类
复合减水剂	兼具减水、早强作用,降低混凝土成本	

减水剂对新拌混凝土与硬化混凝土的性能都具有不同的改善作用。

(1)在混凝土中掺入减水剂后,在保持流动性的条件下可以显著降低水灰比。高效减水剂的减水率可达 10%~25%,而普通减水剂的减水率为 5%~15%。

(2)在混凝土中掺入减水剂后,可在保持水灰比不变的情况下增加流动性。在保持水泥用量不变的情况下,普通减水剂可使新拌混凝土坍落度增大 10cm 以上,高效减水剂可配制出坍落度达到 25cm 的混凝土。

(3)混凝土中掺入水泥质量 0.2%~0.5% 的普通减水剂,在保持和易性不变的情况下,能减水 8%~20%,使混凝土强度提高 10%~30%,高效减水剂提高强度的效果更明显。如掺入水泥质量 0.5%~1.5% 的高效减水剂,能减水 15%~25%,使混凝土强度提高 20%~50%。

(4)混凝土掺入减水剂(如引气减水剂),由于减水增强作用及引入一定数量独立微小气泡,使混凝土的耐久性特别是抗冻性有明显提高。

(5)如果保持混凝土强度和流动性不变,掺入减水剂则可节约水泥用量 10%~15%。

减水剂适用于现浇或预制混凝土、钢筋混凝土或预应力混凝土。高效减水剂宜用于 0℃以上施工的大流动性混凝土、高强混凝土和蒸养混凝土,普通减水剂不宜单独用于蒸养混凝土。在掺硬石膏或工业废料石膏的水泥中,是否能够掺用木质素磺酸盐类减水剂,需要经过试验,证明对混凝土无害后方可使用。

2. 引气剂

引气剂是掺入混凝土中经搅拌能引入大量分布均匀的微小气泡,以改善新拌混凝土的和易性,并在硬化后仍能保留微小气泡以改善混凝土抗冻性的外加剂。我国目前常用的引气剂有松香热聚物、松香皂和烷基苯磺酸钠,此外还有烷基磺酸钠等。引气剂的掺量一般为水泥质量的 0.005%~0.015%,引气剂也可与减水剂、促凝剂等复合使用,效果较好。

引气剂对混凝土性能的影响有:

(1)对于新拌混凝土,可改善工作性,减少泌水和离析。

(2)掺入引气剂能使混凝土的含气量增加至 3%~6%。对硬化后的混凝土,由于气泡存在使水分不易渗入,又可缓冲其水分结冰膨胀的作用,因而提高了混凝土的抗冻性、抗渗性和抗蚀性。在水泥用量及坍落度不变的条件下,能使混凝土的抗冻性提高 3 倍。

(3)由于气泡的存在,混凝土的强度及弹性模量有所降低。一般地,混凝土的含气量每增加 1%,抗压强度降低 4%~6%,抗弯拉强度降低 2%~3%。在引气量相同的情况下,若引入的气泡细小,分布均匀,则强度降低就少一些,甚至不降低。

3. 缓凝剂

缓凝剂是指延缓混凝土的凝结时间,并对其后期强度无不良影响的外加剂。常用的缓凝剂有酒石酸钠、柠檬酸、糖蜜、含氧有机酸、多元醇等,其掺量一般为水泥质量的 0.01%~0.02%。

缓凝剂对混凝土性能的影响:缓凝剂能延长混凝土的凝结时间,使新拌混凝土在较长时间内保持塑性,有利于浇筑成型和提高施工质量及降低水泥初期水化热。但掺量过大时,会引起强度降低。

4. 早强剂

早强剂是指能提高混凝土早期强度，并对后期强度无显著影响的外加剂。常用的早强剂有氯化物系早强剂、硫酸盐系早强剂、三乙醇胺系早强剂等。

早强剂对混凝土性能的影响：

(1) 混凝土中掺入早强剂，可缩短混凝土的凝结时间，提高早期强度，常用于混凝土的快速低温施工。

(2) 改变混凝土的抗硫酸盐侵蚀性。

(3) 提高混凝土的抗冻融能力。

(4) 提高混凝土的弹性模量。

(5) 掺加氯化钙早强剂，会加速钢筋的锈蚀，为此对氯化钙的掺加量应加以限制，通常配筋混凝土不得超过1%，无筋混凝土掺量亦不宜超过3%。为了防止氯化钙对钢筋的锈蚀，氯化钙早强剂一般与阻锈剂复合使用。

5. 速凝剂

速凝剂是促使水泥迅速凝结的外加剂，可以保证水泥初凝在5min之内、终凝在10min内完成。速凝剂可用于道路、桥梁、隧道的修补、抢修等工程。

6. 防冻剂

防冻剂是指在一定负温条件下，能显著降低冰点，使混凝土不遭受冻害，同时保证水与水泥进行水化反应，并在一定时间内获得预期强度的外加剂。可分为氯盐防冻剂、氯盐阻锈防冻剂和非氯盐防冻剂三类。

混凝土中加入防冻剂的主要作用是降低水的冰点，防冻剂还参与水泥的水化过程，改变熟料矿物的溶解性及水化产物，并且对水化生成物的稳定性起促进作用。

防冻剂主要用于有抗冻要求的混凝土以及冬季施工用混凝土。使用防冻剂时，应严格控制混凝土水灰比不宜过大，严格控制掺量，加强养护，10d内养护温度不低于-10℃。

7. 防水剂

防水剂是一种能减少孔隙和堵塞毛细通道，用以减低混凝土在静水压力下透水性的外加剂。防水剂分为无机防水剂（如三氧化铁、水玻璃等）和有机防水剂（如有机硅、沥青、橡胶液和树脂乳液等）。

混凝土中加入防水剂会大大增加混凝土的抗渗性，对于含有氯离子的防水剂，使用时应注意用量。

8. 膨胀剂

膨胀剂指在混凝土硬化过程中因化学作用能使混凝土产生一定体积膨胀的外加剂。

(三) 外加剂的适用范围

不同外加剂的适用范围如表1-4-30所示。

外加剂的适用范围   表1-4-30

外加剂类型	适 用 范 围
普通减水剂	1. 适用于日最低气温+5℃以上的混凝土工程； 2. 适用于各种预制及现浇混凝土、钢筋混凝土、预应力混凝土、泵混凝土、大体积混凝土及大模板、滑模等工程施工
高效减水剂	1. 适用于日最低气温0℃以上的混凝土工程； 2. 适用于各种高强混凝土、早强混凝土、大流动度混凝土及蒸养混凝土等
早强剂及早强减水剂	1. 适用于日最低气温-5℃以上及有早强或防冻要求的混凝土； 2. 适用于常温或低温下有早强要求的混凝土及蒸汽养护混凝土
缓凝剂及缓凝减水剂	1. 大体积混凝土； 2. 夏季和炎热地区的混凝土施工； 3. 用于日最低气温+5℃以上的混凝土施工； 4. 预拌商品混凝土、泵送混凝土以及滑模施工
引气剂及引气减水剂	1. 适用于有抗冻要求的混凝土和大面积易受冻融破坏的混凝土，如公路路面、机场飞机跑道等； 2. 适用于有抗渗要求的防水混凝土； 3. 适用于抗盐类结晶破坏及抗碱腐蚀混凝土； 4. 适用于泵送混凝土、大流动度混凝土，并能改善混凝土表面抹光性能； 5. 适用于集料质量相对较差以及轻集料混凝土
速凝剂	主要用于喷射混凝土、喷射砂浆、临时性堵漏用砂浆及混凝土
防冻剂	适用于一定负温条件下的混凝土施工
防水剂	适用于地下防水、防潮工程及储水工程等
膨胀剂	1. 适用于补偿收缩混凝土、自防水屋面、地下防水等； 2. 填充用膨胀混凝土及设备底座灌浆、地脚螺栓固定等； 3. 自应力混凝土

(四)外加剂的禁忌及不宜使用的环境条件

1. 基本规定

禁止使用失效及不合格的外加剂。禁止使用长期存放、未进行质量再检验的外加剂。

2. 含有氯离子的外加剂严禁使用情况

(1)在高湿度的空气环境中使用的结构(如排出大量蒸汽的车间、浴室，或经常处于空气相对湿度大于80%的房间，或钢筋混凝土结构)。

(2)有水位升降部位的结构。

(3)露天结构或经常受水淋的结构。

(4)金属相接触部位的结构、有外露钢筋预埋件而无防护措施的结构。

(5)与酸、碱或硫酸盐等侵蚀性介质相接触的结构。

(6)使用过程中经常处于环境温度为60℃以上的结构。

(7)使用冷拉钢筋或冷拔低碳钢丝的结构。

(8)靠近高压电源的结构。

(9)预应力混凝土结构。

(10)含有碱活性集料的混凝土结构。

3.其他的规定

(1)硫酸盐及其复合外加剂不得用于有活性集料的混凝土,电气化运输设施和使用直流电源的工厂、企业的钢筋混凝土结构,与金属相接触部位的结构,以及有外露钢筋预埋件而无防护措施的结构。

(2)引气剂及引气减水剂不宜用于蒸汽养护混凝土、预应力混凝土及高强混凝土。

(3)普通减水剂不宜单独用于蒸汽养护混凝土。

(4)缓凝剂及缓凝减水剂不宜用于日最低气温+5℃以下施工的混凝土,也不宜单独用于有早强要求的混凝土和蒸汽养护混凝土。

(5)硫铝酸钙类膨胀组分的膨胀混凝土,不得用于长期处于80℃以上的工程中。

六、其他混凝土

混凝土还有很多其他种类,用作不同的结构和用途。

(一)高强高性能混凝土

《普通混凝土配合比设计规程》(JGJ 55—2011)中将强度等级大于或等于C60的混凝土称为高强混凝土。获得高强高性能混凝土的最有效途径主要有掺高性能混凝土外加剂和活性掺合料,并同时采用高强度等级的水泥和优质集料。对于具有特殊要求的混凝土,还可掺用纤维材料提高抗拉、抗弯性能和冲击韧性,也可掺聚合物等提高密实度和耐磨性。常用的外加剂有高效减水剂、高效泵送剂、高性能引气剂、防水剂和其他特种外加剂。常用的活性混合材料有Ⅰ级粉煤灰或超细磨粉煤灰、磨细矿粉、沸石粉、偏高岭土、硅粉等,有时也可掺适量超细磨石灰石粉或石英粉。常用的纤维材料有钢纤维、聚酯纤维和玻璃纤维等。

1.高强高性能混凝土的原材料

1)水泥

水泥的品种通常选用硅酸盐水泥和普通硅酸盐水泥,也可采用矿渣水泥等。强度等级选择一般为:C50~C80混凝土宜用42.5强度等级;C80以上选用更高强度的水泥。1m^3混凝土中的水泥用量要控制在500kg以内,且尽可能降低水泥用量。胶凝材料的总量不应大于600kg/m^3。

2)掺合料

(1)硅粉:它是生产硅铁时产生的烟灰,故也称硅灰,是高强混凝土配制中应用最早、技术最成熟、应用较多的一种掺合料。硅粉中活性SiO_2含量达90%以上,比表面积达15000m^2/kg以上,火山灰活性高,且能填充水泥的空隙,从而极大地提高混凝土密实度和强度。硅灰的适宜掺量为水泥用量的5%~10%。

研究结果表明:硅粉对提高混凝土强度十分显著,当外掺6%~8%的硅灰时,混凝土强度一般可提高20%以上,同时可提高混凝土的抗渗、抗冻、耐磨、耐碱集料反应等耐久性能。但硅灰对混凝土也带来不利影响,如增大混凝土的收缩值、降低混凝土的抗裂性、减小混凝土流动性、加速混凝土的坍落度损失等。

(2)磨细矿渣:通常将矿渣磨细到比表面积350m^2/kg以上,从而具有优异的早期强度和耐久性。掺量一般控制在20%~50%。矿粉的细度越大,其活性越高,增强作用越显著,但粉磨成本也大大增加。与硅粉相比,增强作用略差,但其他性能优于硅粉。

(3)优质粉煤灰:一般选用Ⅰ级灰,利用其内含的玻璃微珠润滑作用,降低水胶比,以及细粉末填充效应和火山灰活性效应,提高混凝土强度和改善综合性能。掺量一般控制在20%~30%。Ⅰ级粉煤灰的作用效果与矿粉相似,且抗裂性优于矿粉。

(4)沸石粉:天然沸石含大量活性SiO_2和微孔,磨细后作为混凝土掺合料能起到微粉和火山灰活性功能,比表面积$500m^2/kg$以上,能有效改善混凝土黏聚性和保水性,并增强了内养护,从而提高混凝土后期强度和耐久性,掺量一般为5%~15%。

我国《高强高性能混凝土用矿物外加剂》(GB/T 18736—2017)规定了用于高强高性能混凝土的矿物外加剂的技术性能要求,如表1-4-31所示。

高强高性能混凝土用矿物外加剂的技术要求　　　　　　表1-4-31

试验项目			磨细矿渣		粉煤灰	磨细天然沸石	硅灰	偏高岭土
			Ⅰ	Ⅱ				
氧化镁(质量分数)(%)		≤	14.0		—		—	4.0
三氧化硫(质量分数)(%)		≤	4.0		3.0	—	—	1.0
烧失量(质量分数)(%)		≤	3.0		5.0	—	6.0	4.0
氯离子(质量分数)(%)		≤	0.06		0.06	0.06	0.10	0.06
二氧化硅(质量分数)(%)		≥	—		—	—	85	50
三氧化二铝(质量分数)(%)		≥	—		—	—	—	35
游离氧化钙(质量分数)(%)		≤	—		1.0	—	—	1.0
吸铵值(mmol/kg)		≥	—		—	1000	—	—
含水率(质量分数)(%)		≤	1.0		1.0	—	3.0	1.0
细度	表面积(m^2/kg)	≥	600	400	—	—	15000	—
	45μm方孔筛筛余(质量分数)(%)	≤	—	25.0	5.0	5.0	5.0	
需水量比(%)		≤	115	105	100	115	125	120
活性指数(%)	3d	≥	80	—	—	—	90	85
	7d		100	75	—	—	95	90
	28d		110	100	70	95	115	105

3)外加剂

高效减水剂(或泵送剂)是高强高性能混凝土最常用的外加剂品种,减水率一般要求大于20%,以最大限度降低水胶比,提高强度。为改善混凝土的施工和易性及提供其他特殊性能,也可同时掺入引气剂、缓凝剂、防水剂、膨胀剂、防冻剂等,掺量可根据不同品种和要求根据需要选用。

4)砂、石料

一般宜选用级配良好的中砂,细度模数宜大于2.6。含泥量不应大于2.0%,当配制C70以上的混凝土,含泥量不应大于1.0%。有害杂质控制在国家标准以内。石子宜选用碎石,最大集料粒径一般不宜大于25mm,强度宜大于混凝土强度的1.20倍。对强度等级大于C80的混凝土,最大粒径不宜大于20mm。针片状含量不宜大于5%,含泥量不应大于0.5%,泥块含量不应大于0.2%。

2. 高强高性能混凝土的主要技术性质

（1）高强混凝土的早期强度高，但后期强度增长率一般不及普通混凝土，故不能用普通混凝土的龄期—强度关系式（或图表），由早期强度推算后期强度。如C60～C80混凝土，3d强度约为28d的60%～70%；7d强度约为28d的80%～90%。

（2）高强高性能混凝土由于非常致密，故抗渗、抗冻、抗碳化、抗腐蚀等耐久性指标均十分优异，可极大地提高混凝土结构物的使用年限。

（3）由于高强高性能混凝土强度高，因此构件截面尺寸可大大减小，从而改变"肥梁胖柱"的现状，减轻建筑物自重，简化地基处理，并使高强钢筋的应用和效能得以充分利用。

（4）高强高性能混凝土的弹性模量高，徐变小，可大大提高构筑物的结构刚度。特别是对预应力混凝土结构，可大大减小预应力损失。

（5）高强高性能混凝土的抗拉强度增长幅度往往小于抗压强度，即拉压比相对较低，且随着强度等级的提高，脆性增大、韧性下降。

（6）高强高性能混凝土的水泥用量较大，故水化热大，自收缩大，干缩也较大，较易产生裂缝。

3. 高强高性能混凝土的应用

随着国民经济的发展，高强高性能混凝土在建筑、道路、桥梁、港口、海洋、大跨度及预应力结构、高耸建筑物等工程中的应用将越来越广泛，强度等级也将不断提高，C50～C80的混凝土将普遍得到使用，C80以上的混凝土将在一定围内得到应用。

（二）泵送混凝土

可在施工现场通过压力泵及输送管道浇筑的混凝土称为泵送混凝土。它能一次连续完成水平运输和垂直运输，效率高、节约劳动力，因而近年来国内外应用也十分广泛。

泵送混凝土拌和物必须具有较好的可泵性。所谓可泵性，即拌和物具有顺利通过管道、摩擦阻力小、不离析、不阻塞和黏聚性良好的性能。

1. 泵送混凝土的基本要求

（1）坍落度。泵送混凝土入泵时的坍落度一般应符合表1-4-32的要求。

混凝土入泵坍落度选用表　　　　表1-4-32

泵送高度(m)	30以下	30～60	60～100	100以上
坍落度(mm)	100～140	140～160	160～180	180～200

（2）粗集料的最大粒径。泵送混凝土的粗集料最大粒径，如表1-4-33所示。

泵送混凝土的粗集料最大粒径　　　　表1-4-33

粗集料品种	泵送高度(m)	最大公称粒径与输送管道比值	粗集料品种	泵送高度(m)	最大公称粒径与输送管道比值
碎石	<50	≤1:3	卵石	<50	≤1:2.5
	50～100	≤1:4		50～100	≤1:3
	>10	≤1:5		>10	≤1:4

坍落度和粗集料的最大粒径是配制泵送混凝土必须满足的最基本要求,它保证了混凝土的可泵性。

2. 泵送混凝土的其他要求

(1)水泥。泵送混凝土应选用硅酸盐水泥、普通硅酸盐水泥、矿渣硅酸盐水泥、粉煤灰硅酸盐水泥,不宜采用火山灰质硅酸盐水泥。

(2)集料。泵送混凝土所用粗集料宜用连续级配,其针片状含量不宜大于10%。最大粒径与输送管径之比符合表1-4-33要求。细集料宜采用中砂,其通过0.315mm筛孔的颗粒含量不应少于15%,通过0.160mm筛孔的含量不应少于5%。

(3)掺合料与外加剂。泵送混凝土应掺用泵送剂或减水剂,并宜掺用粉煤灰或其他活性掺合料以改善混凝土的可泵性。泵送混凝土掺加优质的磨细粉煤灰和矿粉后,可显著改善和易性及节约水泥。

(三)再生混凝土

1. 再生混凝土的组成

再生混凝土是指将废弃的混凝土块经过破碎、清洗、分级后,按一定比例与级配混合,部分或全部代替砂石等天然集料(主要是粗集料),再加入水泥、水等配制而成的新混凝土。再生混凝土按集料的组合形式可以有几种情况:集料全部为再生集料;粗集料为再生集料、细集料天然砂;粗集料为天然碎石或卵石、细集料为再生集料;再生集料替代部分粗集料或细集料。

2. 再生混凝土技术性质

(1)工作性

普通混凝土块在破碎过程中由于损伤,内部存在大量微裂纹,使其吸水率增大。由于再生集料表面粗糙、棱角较多且集料表面包裹着相当数量的水泥砂浆。因此,在配合比相同的条件下,再生混凝土的黏聚性、保水性均优于普通混凝土,而流动性比普通混凝土差。

(2)耐久性

再生混凝土的耐久性可用多个指标来表征,包括再生混凝土的抗渗性、抗冻性、抗硫酸盐侵蚀性、抗碳化能力、抗氯离子渗透性以及耐磨性等。由于再生集料的孔隙率和吸水率较高,因此再生混凝土的耐久性要低于普通混凝土。

(3)力学性质

①抗压强度

通过大量的试验,一般认为与普通混凝土的抗压强度相比,再生混凝土的强度会降低5%~32%。其原因为:由于再生集料孔隙率较高,在承受轴向应力时,易形成应力集中现象;再生集料与新旧水泥浆之间存在一些结合较弱的区域;再生集料本身的强度降低。

②抗拉及弯拉强度

大量的试验发现,再生混凝土的劈裂抗拉强度与普通混凝土的差别不大,仅略有降低。同时,再生混凝土的弯拉强度为其抗压强度的1/8~1/5,这与普通混凝土基本类似。再生混凝土的这个特性,对于在路面混凝土中应用再生混凝土尤为有利。

③弹性模量

综合已有的试验研究可以发现,再生混凝土的弹性模量较普通混凝土降低 15% ~ 40%。再生混凝土弹性模量降低的原因是大量的砂浆附着于再生集料表面,而这些砂浆的模量较低。再生混凝土弹性模量较低,从另外一个方面说明再生混凝土的变形能力要优于普通混凝土。

综上所述,再生混凝土的开发应用从根本上解决了天然集料日益缺乏、大量混凝土废弃物造成生态环境日益恶化等问题,保证了人类社会的可持续发展,社会效益和经济效益显著。

任务二 建筑砂浆

1. 知识目标
(1)掌握砂浆的材料组成;
(2)熟悉砂浆的技术性质、技术要求及工程应用;
(3)掌握砂浆配合比设计;
(4)掌握砌筑砂浆和抹面砂浆组成材料和工程性能要求的区别;
(5)掌握建筑砂浆性能的检测方法。
2. 能力目标
(1)能完成砌筑砂浆技术性能指标的测定;
(2)能根据工程要求选择砂浆的原材料;
(3)能根据工程要求进行砂浆配制。
3. 素质目标
(1)培养学生尊重试验数据,不弄虚作假的职业道德;
(2)培养学生踏实、细致、认真的工作态度和作风;
(3)培养学生重视工程质量,建立质量安全意识。

学习重点

(1)砂浆组成材料;
(2)砂浆技术性质指标及测定方法;
(3)砌筑砂浆配合比设计。

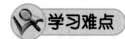

砂浆配合比设计。

【任务描述】
需完成：
(1)砌筑砂浆组成材料的选用和技术要求。
(2)砌筑砂浆技术性能、评价指标测定和评价方法。
(3)依托案例，可独立完成砌筑砂浆配合比设计。

【相关知识】
建筑砂浆是由胶凝材料、细集料和水配制而成的材料。常用的胶凝材料为水泥、石灰等，细集料则多采用天然砂。

建筑砂浆在工程中起黏结、衬垫和传递应力的作用，是一项用量大、用途广泛的建筑材料。在砖石结构中，通过砂浆把砖、石块、砌块砌筑成整体以及修饰这些构筑物的表面。

因此，按其用途可分为砌筑砂浆和抹面砂浆。

一、砌筑砂浆

砌筑砂浆是将砖、石或砌块等黏结成为整体的砂浆，它分为现场配制砂浆和预拌砌筑砂浆。现场配制砂浆又分为水泥砂浆和水泥混合砂浆。预拌砌筑砂浆(商品砂浆)是由专业生产厂生产的湿拌砌筑砂浆和干混砌筑砂浆，它的工作性、耐久性优良，生产时不分水泥砂浆和水泥混合砂浆。

水泥砂浆包括单纯用水泥为胶凝材料拌制的砂浆和掺入活性掺合料与水泥共同拌制的砂浆。现就其组成材料的要求、技术性质以及配合比设计叙述如下：

(一)组成材料

砂浆的组成材料除了不含粗集料外，基本上与混凝土的组成材料要求相同，但亦有其差异之处。

1. 水泥

砌筑砂浆宜采用通用硅酸盐水泥或砌筑水泥，水泥强度等级应根据砂浆品种及强度等级的要求进行选择。由于砂浆的等级较低，所以水泥的强度等级不宜太高，否则水泥的用量太低，会导致砂浆的保水性不良。一般 M15 及其以下强度等级的砌筑砂浆宜选用 32.5 级的通用硅酸盐水泥或砌筑水泥，M15 以上强度等级的砌筑砂浆宜选用 42.5 级通用硅酸盐水泥。

2. 掺合料

为提高砂浆的和易性，除水泥外，还掺加各种掺合料，如石灰膏、电石膏、粉煤灰、粒化高炉矿渣粉、硅灰、天然沸石粉等，其品质指标需符合国家现行的有关标准的要求。性质应符合《用于水泥和混凝土中的粉煤灰》(GB/T 1596—2017)的规定。当采用其他品种矿物掺合料时，应有充足的技术依据，并在使用前应进行试验验证。粉煤灰不宜采用Ⅲ级粉煤灰。使用高钙粉煤灰时，必须检验其安定性指标是否合格，合格后方能使用。

3. 砂

砌筑砂浆用砂宜选用中砂，应符合《普通混凝土用砂、石质量及检验方法标准》(JGJ 52—

2006)的规定,且应全部通过4.75mm筛。

4.水

拌制砂浆用水与混凝土用水相同,符合《混凝土用水标准》(JGJ 63—2006)的规定。

(二)技术性质

新拌砂浆应保证有较好的和易性,硬化后有足够的强度。

1.新拌砂浆的和易性

砂浆的组成中没有粗集料,因此和易性包括流动性及保水性两方面要求。

(1)流动性

流动性是指新拌砂浆在自重或外力作用下,易于产生流动的性质。砂浆的流动性是用稠度表示的。

水泥砂浆稠度是将新拌砂浆均匀装入砂浆筒中,置于砂浆稠度仪(图1-4-12)台座上,标准圆锥体锥尖由试样表面下沉,经10s的沉入深度[以毫米(mm)计]即为稠度。其稠度应按表1-4-34的规定选用。

图1-4-12 砂浆稠度仪

砌筑砂浆的稠度　　　　　　　表1-4-34

砌 体 种 类	砂浆稠度(mm)
烧结普通砖砌体、粉煤灰砖砌体	70~90
混凝土砖砌体、普通混凝土小型空心砌块砌体、灰砂砖砌体	50~70
烧结多孔砖砌体、烧结空心砖砌体、轻集料混凝土小型空心砌块砌体、蒸压加气混凝土砌块砌体	60~80
石砌体	30~50

砂浆的流动性主要取决于用水量以及胶结材料的种类和用量,细集料的种类、颗粒形状、粗糙程度和级配等。

(2)保水性

保水性是指新拌砂浆在运输和施工过程中保持水分不流失和各组分不分离的能力。保水性差的砂浆不仅易引起泌水、流浆现象,还会影响砂浆和砌筑材料的黏结和砂浆的硬化,降低砌体的强度。

砂浆的保水性采用分层度和保水率表示。

分层度是用稠度仪和分层仪测定(图1-4-13),将已测定稠度的砂浆,一次装入分层筒里,静置30min后,去掉上节200mm的砂浆,将剩余下层100mm的砂浆重新拌和,再测定该部分砂浆的稠度值。前后两次的稠度差值即为分层度,砌筑砂浆的分层度不得大于30mm。保水性良好的砂浆,分层度不宜大于20mm,否则易离析,不便施工,但分层度也不宜小于10mm,硬化后易产生干缩裂缝。

保水率适用于测定预制拌和砂浆的保水性能,它是吸水处理后砂浆中保留水的质量,用原始水量的百分数表示。砌筑砂浆的保水率要求具

图1-4-13 砂浆分层度仪

体见表1-4-35。

砌筑砂浆的保水率 表1-4-35

砂浆种类	保水率(%)	砂浆种类	保水率(%)
水泥砂浆	≥80	水泥混合砂浆	≥84
预拌砌筑砂浆	≥88		

影响保水性的主要因素是胶结材料的种类、用量和用水量,以及砂的品种、细度和用量等。掺有石灰膏和黏土膏的混合砂浆具有较好的保水性。

2. 硬化后砂浆的强度

砂浆硬化后应具有足够的强度。砂浆在圬工砌体中,主要是传递压力,所以要求砌筑砂浆应具有一定的抗压强度。砂浆立方体抗压强度是确定其强度等级的重要依据。

水泥砂浆立方体抗压强是以70.7mm×70.7mm×70.7mm的立方体试件,在标准条件(水泥混合砂浆的标准养护条件为温度20℃±2℃,相对湿度60%~80%;水泥砂浆和微沫砂浆的标准养护条件为温度20℃±2℃,相对湿度90%以上)下,养护28d龄期的单位承压面积上的破坏荷载。

$$f_{m,cu} = \frac{N_u}{A} \tag{1-4-32}$$

式中:$f_{m,cu}$——砂浆立方体抗压强度,MPa,精确到0.1MPa;
　　　N_u——破坏荷载,N;
　　　A——试件承压面积,m^2。

《砌筑砂浆配合比设计规程》(JGJ/T 98—2010)规定,水泥砂浆及预拌砌筑砂浆的强度等级可分为M5、M7.5、M10、M15、M20、M25、M30,水泥混合砂浆的强度等级可分为M5、M7.5、M10、M15。

3. 黏结力

砂浆应具有较强的黏结力,以便将砌体材料牢固黏结成为一个整体。砂浆的黏结力与其强度密切相关,通常砂浆强度越高则黏结力越大。此外,砖石表面状态、清洁程度、湿润情况及施工养护条件也对黏结力有一定的影响。

4. 耐久性

圬工砂浆经常受环境水的作用,故除强度外,还应考虑抗渗、抗冻、抗侵蚀等性能。有抗冻性能要求的砌体工程,砌体砂浆应进行冻融试验,根据不同的气候区对冻融次数进行了规定,用砂浆试件质量损失率不大于5%、抗压强度损失率不大于25%两项指标同时满足与否来衡量其抗冻性能是否合格。提高砂浆的耐久性,主要是提高其密实度。

(三)砌筑砂浆的配合比设计

砂浆的主要组成材料是胶凝材料、砂和水。砂浆的配合比设计即根据设计和施工要求,计算出每立方米砂浆的各组成材料用量。其中砂的用量是砂在干燥状态下的堆积密度值,而胶凝材料的用量决定了砂浆的强度,水的用量经试拌试验确定。配合比步骤:计算配合比、配合比试配、配合比试拌调整,配合比的密度修正。

1. 配合比计算

1)试配强度($f_{m,o}$)的计算

(1)砂浆试配强度计算按式(1-4-33)确定:

$$f_{m,o} = kf_2 \tag{1-4-33}$$

式中:$f_{m,o}$——砂浆的试配强度,MPa,精确至0.1MPa;
　　　f_2——砂浆强度等级值,MPa,精确至0.1MPa;
　　　k——系数,按表1-4-36取值。

砂浆强度标准差 σ 及 k 值　　　　表1-4-36

施工水平	强度标准差 σ(MPa)						k
	M5	M7.5	M10	M15	M20	M25	M30	
优良	1.00	1.50	2.00	3.00	4.00	5.00	6.00	1.15
一般	1.25	1.88	2.50	3.75	5.00	6.25	7.50	1.20
较差	1.50	2.25	3.00	4.50	6.00	7.50	9.00	1.25

(2)砂浆强度标准差 σ。

①当有统计资料时,砂浆强度标准差 σ 按式(1-4-34)计算的确定。

$$\sigma = \sqrt{\frac{\sum_{i=1}^{n} f_{m,i}^2 - n\mu_{f_m}^2}{n-1}} \tag{1-4-34}$$

式中:$f_{m,i}$——统计周期内同一品种砂浆第 i 组试件的强度,MPa;
　　　μ_{f_m}——统计周期内同一品种砂浆 n 组试件强度的平均值,MPa;
　　　n——统计周期内同一品种砂浆试件的总组数,$n \geq 25$。

②当无统计资料时,砂浆强度标准差可按表1-4-36取值。

2)水泥用量(Q_C)的计算

(1)每立方米砂浆中的水泥用量按式(1-4-35)计算。

$$Q_C = \frac{1000(f_{m,o} - \beta)}{\alpha \cdot f_{ce}} \tag{1-4-35}$$

式中:Q_C——每立方米砂浆中的水泥用量,kg,精确至1kg;
　　　f_{ce}——水泥的实测强度,MPa,精确至0.1MPa;
　　　α、β——砂浆的特征系数,其中 α 取3.03,β 取 -15.09。

注:各地区也可用本地区试验资料确定 α、β 值,统计用的试验组数不得少于30。

(2)在无法取得水泥的实测强度值时,可按式(1-4-36)计算 f_{ce}。

$$f_{ce} = \gamma_c \cdot f_{ce,k} \tag{1-4-36}$$

式中:γ_c——水泥强度等级值的富余系数,宜按实际统计资料确定;无统计资料时,可取1.0;
　　　$f_{ce,k}$——水泥强度等级值,MPa。

3)石灰膏用量(Q_D)的计算

石灰膏用量按式(1-4-37)计算。

$$Q_D = Q_A - Q_C \quad (1-4-37)$$

式中：Q_D——每立方米砂浆的石灰膏用量，kg，精确至1kg，石灰膏使用时的稠度为120mm±5mm；

Q_A——每立方米砂浆中水泥和石灰膏总量，kg，精确至1kg，可取为350kg；

Q_C——每立方米砂浆的水泥用量，kg，精确至1kg。

4)每立方米砂浆中的砂用量

应以干燥状态(含水率小于0.5%)的堆积密度值作为计算值(kg)。

5)立方米砂浆中的用水量

可根据砂浆稠度等要求选用210~310kg。应注意：

(1)混合砂浆中的用水量，不包括石灰膏中的水。

(2)当采用细砂或粗砂时，用水量分别取上限或下限。

(3)稠度小于70mm时，用水量可小于下限。

(4)施工现场天气炎热或干燥季节，可酌量增加用水量。

2.砂浆的试配要求

1)现场配制水泥砂浆的试配要求

(1)水泥砂浆的材料用量可按表1-4-37选用。

每立方米水泥砂浆材料用量(kg/m³)　　　　表1-4-37

强度等级	水　泥	砂	用　水　量
M5	200~230	砂的堆积密度值	270~330
M7.5	230~260		
M10	260~290		
M15	290~330		
M20	340~400		
M25	360~410		
M30	430~480		

注：1. M15及其以下强度等级水泥砂浆，水泥强度等级为32.5级；M15以上强度等级水泥砂浆，水泥强度等级为42.5级。

2. 当采用细砂或粗砂时，用水量分别取上限或下限。

3. 稠度小于70mm时，用水量可小于下限。

4. 施工现场天气炎热或干燥季节，可酌量增加用水量。

5. 试配强度应按式(1-4-33)计算。

(2)水泥粉煤灰砂浆材料用量可按表1-4-38选用。

每立方米水泥粉煤灰砂浆材料用量(kg/m³) 表1-4-38

强度等级	水泥和粉煤灰总量	粉 煤 灰	砂	用 水 量
M5	210~240	粉煤灰掺量可占胶凝材料总量的15%~25%	砂的堆积密度值	270~300
M7.5	240~270			
M10	270~330			
M15	300~330			

注:1.表中水泥强度等级为32.5级。
  2.当采用细砂或粗砂时,用水量分别取上限或下限。
  3.稠度小于70mm时,用水量可小于下限。
  4.施工现场气候炎热或干燥季节,可酌量增加用水量。
  5.试配强度应按式(1-4-33)计算。

2)预拌砌筑砂浆的试配要求
(1)预拌砌筑砂浆应满足下列规定:
①在确定湿拌砌筑砂浆稠度时应考虑砂浆在运输和储存过程中的稠度损失。
②湿拌砌筑砂浆应根据凝结时间要求确定外加剂掺量。
③干混砌筑砂浆应明确拌制时的加水量范围。
④预拌砌筑砂浆的搅拌、运输、储存等应符合《预拌砂浆》(GB/T 25181—2019)的规定。
⑤预拌砌筑砂浆性能应符合《预拌砂浆》(GB/T 25181—2019)的规定。
(2)预拌砌筑砂浆的试配应符合下列规定:
①预拌砌筑砂浆生产前应进行试配,试配强度应按式(1-4-33)计算确定,试配时稠度取70~80mm。
②预拌砌筑砂浆中可掺入保水增稠材料、外加剂等,掺量应经试配后确定。

3.砌筑砂浆配合比试配、调整与确定
(1)试配时应采用工程中实际采用的材料。
(2)按计算或查表所得配合比进行试拌时,测定砌筑砂浆拌合物的稠度和保水率。当稠度和保水率不能满足要求时,应调整材料用量,直到符合要求为止,然后确定为试配时的砂浆基准配合比。
(3)试配时至少应采用三个不同的配合比,其中一个为基准配合比,其他两个配合比的水泥用量应按基准配合比分别增加、减少10%。在保证稠度、保水率合格的条件下,可将用水量、石灰膏、保水增稠材料或粉煤灰等活性掺合料用量做相应调整。
(4)砌筑砂浆试配时稠度应满足施工要求,应按《建筑砂浆基本性能试验方法标准》(JGJ/T 70—2009)规定分别测定不同的配合比砂浆的表观密度及强度,并应选定符合试配强度及和易性要求、水泥用量最低的配合比作为砂浆的试配配合比。
(5)砌筑砂浆试配配合比应按下列步骤进行校正:
①应根据上述内容确定的砂浆配合比材料用量,按式(1-4-38)计算砂浆的理论表观密度值。

$$\rho_t = Q_C + Q_D + Q_S + Q_W \tag{1-4-38}$$

式中:ρ_t——砂浆的理论体积密度值,kg/m³,精确至10kg/m³。
②按式(1-4-39)计算砂浆配合比校正系数δ。

$$\delta = \frac{\rho_c}{\rho_t} \tag{1-4-39}$$

式中：ρ_c——砂浆的实测体积密度值，kg/m^3，精确至 $10kg/m^3$。

③当砂浆的实测体积密度值与理论体积密度值之差的绝对值不超过理论值的2%时，将试配配合比确定为砂浆设计配合比；当超过2%时，应将试配配合比中每项材料用量均乘以校正系数 δ 后，确定为砂浆设计配合比。

（6）预拌砌筑砂浆生产前应进行试配、调整与确定，并应符合《预拌砂浆》(GB/T 25181—2019)的规定。

二、抹面砂浆

涂抹于建筑物或建筑构件表面的砂浆称为抹面砂浆。

由于抹面砂浆一般对强度要求不高，但要求保水性好，与基底的黏附性好。

按使用要求不同，抹面砂浆又分为普通抹面砂浆和防水砂浆等。

（1）普通抹面砂浆可对砌体起保护作用，通常分两层或三层施工。要求砂浆具有较高的流动性和保水性。其组成可参考有关施工手册。

（2）防水砂浆主要用于隧道和地下工程。防水砂浆可用普通水泥砂浆制作，也可在水泥砂浆中掺入防水剂。常用的防水剂有氯化物金属盐类防水剂、水玻璃防水剂和金属皂类防水剂等。近年来，还掺加高聚物涂料，使之尽快形成密实的刚性砂浆防水层。

学习任务单

项目四 水泥混凝土和砂浆	姓名：	
	班级：	
	自评	师评
思考与练习题	掌握：	合格：
	未掌握：	不合格：

一、简答题

1. 什么是水泥混凝土？它有哪些优缺点？
2. 配制水泥混凝土时，如何选择水泥？
3. 水泥混凝土粗、细集料如何划分？水泥混凝土对粗细集料分别有哪些技术要求？
4. 粗集料的公称最大粒径对混凝土配合组成和技术性质有什么影响？如何确定集料的最大粒径和公称最大粒径？
5. 试述新拌混凝土的工作性概念、影响因素和改善措施，混凝土工作性检测方法有哪些？各方法适用范围是？
6. 如何确定混凝土的强度等级？
7. 影响混凝土强度的因素有哪些？论述提高混凝土强度的主要措施。
8. 什么是混凝土耐久性？提高混凝土耐久性的措施有哪些？
9. 混凝土配合比的表示方法有哪几种？混凝土配合比设计应满足哪些基本要求？
10. 简述混凝土配合比的设计步骤。
11. 混凝土外加剂按其功能分为哪几类？简述减水剂、引气剂、缓凝剂、早强剂、速凝剂的功能和使用范围。
12. 简述混凝土和砂浆在组成材料和技术性能上有哪些不同？
13. 现场抽检混凝土施工质量，取混凝土试样制备一组标准立方体试件，经28d标准养护，测得混凝土破坏荷载分别为660kN、682kN、668kN，假定混凝土的强度标准差为3.6MPa，试确定混凝土的抗压强度标准值，并分析该混凝土的强度等级应为多大？

项目四 水泥混凝土和砂浆	姓名：	
	班级：	
	自评	师评
思考与练习题	掌握：	合格：
	未掌握：	不合格：

14. 某工地施工人员拟采用下述方案提高混凝土拌合物的流动性，试问哪个方案可行？哪个不可行？简要说明原因。
    (1) 增加用水量；
    (2) 保持水灰比不变，适当增加水泥浆量；
    (3) 加入氯化钙；
    (4) 掺加减水剂；
    (5) 适当加强机械振捣。
15. 试述影响水泥混凝土强度的主要因素及提高强度的主要措施。
16. 简述水泥混合砂浆配合比的计算步骤。
17. 预拌砌筑砂浆的试配要求有哪些？
18. 建筑干拌砂浆有哪些特性？

二、填空题

1. 水泥混凝土是由（   ）、（   ）、（   ）按适当比例配合，必要时掺加适量的外加剂、掺合料等配置而成。
2. 新拌混凝土的工作性是一项综合技术性质，包括（   ）、（   ）、（   ）三个方面含义。
3. 立方体抗压强度是按照标准的制作方法制成（   ）的立方体试件，在标准养护条件温度（   ）相对湿度（   ）以上，养护（   ）天龄期，按照标准测定方法测定其抗压强度值。
4. 按照我国现行规范规定，普通水泥混凝土共有（   ）个强度等级。
5. 普通水泥混凝土配合比设计步骤包括：（   ）、（   ）、（   ）、（   ）。
6. 砂浆按用途不同可分（   ）和（   ）。
7. 新拌砂浆的和易性包括（   ）和（   ）两个方面。
8. 砌筑砂浆的组成材料包括（   ）、（   ）、（   ）和（   ）。
9. 水泥混合砂浆的强度等级可分为（   ）、（   ）、（   ）、（   ）。

三、单项选择题

1. 坍落度试验适用于公称最大粒径不大于 31.5mm，坍落度不小于（   ）mm 的混凝土。
   A. 5   B. 10   C. 15   D. 20
2. 水泥混凝土试件成型后，应在成型好的试模上覆盖湿布，并在室温 20℃±5℃、相对湿度大于（   ）的条件下静置 1~2d，然后拆模。
   A. 40%   B. 50%   C. 75%   D. 95%
3. 桥用 C40 的混凝土，经设计配合比为水泥：水：砂：碎石 = 380:175:610:1300，采用相对用量可表示为（   ）。
   A. 1:1.61:3.42；W/C = 0.46   B. 1:0.46:1.61:3.42
   C. 1:1.6:3.4；W/C = 0.46   D. 1:0.5:1.6:3.4
4. 水泥混凝土抗折强度是以标准尺寸的梁形试件，在标准养护条件下达到规定龄期后，采用（   ）加荷方式进行弯拉破坏试验，并按规定的计算方法得到的强度值。
   A. 三分点   B. 双点   C. 单点   D. 跨中
5. 进行水泥混凝土抗折强度试验，首先应擦干试件表面，检查试件，如发现试件中部（   ）长度内有蜂窝等缺陷，则该试件废弃。
   A. 1/2   B. 1/3   C. 1/4   D. 1/5

续上表

项目四 水泥混凝土和砂浆	姓名：	
	班级：	
	自评	师评
思考与练习题	掌握：	合格：
	未掌握：	不合格：

6. 影响混凝土强度的决定性因素是( )。
   A. 集料的特性　　　B. 水灰比　　　C. 水泥用量　　　D. 浆集比
7. 砂浆稠度试验中,捣棒插捣次数为( )。
   A. 15 次　　　B. 20 次　　　C. 25 次　　　D. 30 次
8. 砂浆立方体抗压强度试验试模尺寸为( )。
   A. 70.5mm × 70.5mm × 70.5mm　　　B. 70.6mm × 70.6mm × 70.6mm
   C. 70.7mm × 70.7mm × 70.7mm　　　D. 70.8mm × 70.8mm × 70.8mm
9. 砂浆密度试验中,当砂浆稠度( )时,采用振动法。
   A. 大于 50mm　　　B. 小于 50mm　　　C. 大于 40mm　　　D. 小于 40mm
10. 砂浆分层试验中,如两次分层度试验值之差大于( )mm,应重做试验。
    A. 10　　　B. 20　　　C. 15　　　D. 25
11. 砂浆凝结时间测定应在一盘内取两个试样,以两个试验结果的平均值作为凝结时间值,两次试验结果之差不应大于( )min,否则应重新测定。
    A. 10　　　B. 20　　　C. 30　　　D. 40

四、计算题

1. 试设计某桥梁用混凝土,桥梁所在环境为非严寒地区无侵蚀性水的环境,混凝土设计强度等级 C30,采用普通硅酸盐水泥,强度等级 42.5,密度 $\rho_c = 3100 kg/m^3$;碎石最大公称粒径 31.5mm,表观密度 $\rho_g = 2700 kg/m^3$;砂为中砂,表观密度 $\rho_s = 2645 kg/m^3$;粉煤灰为Ⅱ级,表观密度 $\rho_f = 2205 kg/m^3$,掺量 $\beta_f = 20\%$;使用自来水。要求坍落度为 35 ~ 50mm,试计算出初步配合比。

2. 某钢筋混凝土桥 T 梁用混凝土的设计强度等级为 C30,标准差 $\sigma_{max} = 5.0MPa$,混凝土设计坍落度为 30 ~ 50mm。本单位无混凝土强度回归系数统计资料,采用 $\alpha_a = 0.46$,$\alpha_b = 0.07$,可供材料:42.5 级硅酸盐水泥,密度 $\rho_c = 3.10 g/cm^3$,水泥富余系数 $\gamma_c = 1.13$;中砂,表观密度 $\rho_s = 2.65 g/cm^3$;碎石最大粒径为 31.5mm,表观密度 $\rho_g = 2.70 g/cm^3$。桥梁处于寒冷地区,要求最大水灰比限定值为 0.70,最小水泥用量限定值为 $280 kg/m^3$。试计算:
(1) 混凝土的配制强度为多大？
(2) 若单位用水量为 $195 kg/m^3$,砂率取 33%,计算初步配合比。
(3) 按初步配合比在试验室试拌 30L 混凝土,实际各材料用量为多少(计算结果精确至 0.01kg)？

续上表

项目四　水泥混凝土和砂浆	姓名：	
	班级：	
	自评	师评
思考与练习题	掌握： 未掌握：	合格： 不合格：

3. 某混凝土配合比设计经试验室配合比强度试验结果修正配合比后,每立方米混凝土原材料用量为水泥 325kg,粉煤灰 82kg,砂 582kg,碎石 1182kg,水 190kg,试验室实测该混凝土表观密度为 2420kg/m³,试判断是否需要修正配合比?并确定该混凝土试验室配合比。如工地所用砂含水率为 2.5%,碎石含水率为 1.2%,求该混凝土的施工配合比。

4. 试验测得两组水泥混凝土的立方体抗压强度的测定值为：
   A：43.0MPa　42.1MPa　34.8MPa
   B：55.1MPa　55.8MPa　54.9MPa
   问：A 组和 B 组混凝土的立方体抗压强度各为多少?

5. 某工程要求用于砌筑砖墙的砂浆为水泥混合砂浆。砂浆强度等级为 M7.5,稠度为 60~80mm。水泥采用 32.5 级的矿渣硅酸盐水泥;砂为中砂,含水率为 3%,堆积密度为 1450kg/m³;石灰膏稠度为 90mm,试确定砂浆的配合比?

项目五 沥青和沥青混合料

沥青和沥青混合料单元知识点

教学方式	教学内容	教学目标
理论教学	1.石油沥青技术性质、技术标准； 2.乳化沥青及其他沥青； 3.沥青混合料技术性质与技术标准； 4.CRTS Ⅰ 型板式无砟轨道中 CA 砂浆； 5.CRTS Ⅱ 型板式无砟轨道中 CA 砂浆	1.掌握石油沥青技术性质及标准； 2.会测定石油沥青三大指标，并对试验数据进行分析评价； 3.了解沥青混合料组成材料、技术性质及标准； 4.了解沥青混合料目标配合比设计，确定沥青的最佳用量； 5.掌握 CRTS Ⅰ、Ⅱ 型板式无砟轨道中 CA 砂浆材料组成、技术标准； 6.CA 砂浆的配合比要求
实践教学	试验教学；沥青试验	会测定沥青相关的技术指标，并对试验数据进行分析

任务一 沥青材料

1.知识目标
(1)熟悉石油沥青、煤沥青、乳化沥青和改性沥青的特点、结构和工程应用；
(2)熟悉沥青的技术性质和技术标准。
2.技能目标
(1)能够确定沥青的标号,判断沥青的质量；
(2)能结合沥青检测方法完成沥青材料试验检测报告。

学习重点

(1)石油沥青、煤沥青、乳化沥青和改性沥青的特点、结构和工程应用；
(2)沥青的技术性质和技术标准。

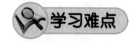

(1)沥青工程应用；
(2)沥青的技术性质和技术标准。

【任务描述】

采用沥青作胶结料的沥青混合料是城市交通、公路路面、机场道路结构中的一种主要材料，也可用于防渗坝面和地下工程等。

沥青是一种防水防潮和防腐的有机胶凝材料，石油沥青是原油蒸馏后的残渣。根据提炼程度的不同，在常温下呈液体、半固体或固体。石油沥青色黑而有光泽，具有较高的感温性，是路面结构中的一种常用材料，沥青质量的好坏直接影响路面的质量。因此，要结合工程实际情况合理选择沥青。其流程为：选择沥青类型和标号；分析石油沥青的组成和结构；评价该工程所用石油沥青的技术性质；依据煤沥青与石油沥青的技术性能，对两种沥青进行鉴别。

一、沥青

沥青是城市交通工程建设中不可缺少的材料，在城市交通、公路、桥梁、地下工程中应用广泛，主要用于防水材料、铺筑沥青路面和机场道路等。

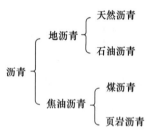

图 1-5-1 沥青分类

沥青是由多种有机化合物构成的复杂混合物。在常温下呈固体、半固体或液体状态；颜色呈褐色以至黑色；能溶解于多种有机溶剂。沥青在建筑工程上广泛应用于防水、防腐、防潮工程及水工建筑与道路工程中。

按产源分类，沥青有下列品种（图 1-5-1），目前常用的主要是石油沥青和少量煤沥青。

(1)天然沥青，指存在于自然界中的沥青矿（如沥青湖或含有沥青的砂岩等），经提炼加工后得到的沥青产品。其性质与石油沥青相同。

(2)石油沥青，是石油原油经分馏提出各种石油产品后的残留物，再经加工制得的产品。

(3)煤沥青，是煤焦油经分馏提出油品后的残留物，再经加工制得的产品。

(4)页岩沥青，是油页岩炼油工业的副产品。页岩沥青的性质介于石油沥青与煤沥青之间。

二、石油沥青

(一)概述

石油沥青是一种有机胶凝材料，在常温下呈固体、半固体或黏性液体状态，颜色为褐色或黑褐色。它是由许多高分子碳氢化合物及其非金属（如氧、硫、氮等）衍生物组成的复杂混合物。由于其化学成分复杂，为便于分析研究和实用，常将其物理、化学性质相近的成分归类为若干组，称为组分。不同的组分对沥青性质的影响不同。

(二)组成和结构

1. 石油沥青组成

通常将沥青分为油分、树脂质和沥青质三组分。生产中也有分为饱和分、芳香分、胶质和沥青质四组分的。

(1)油分

为沥青中最轻的组分,呈淡黄至红褐色,密度为 $0.7 \sim 1 g/cm^3$,在 170 ℃较长时间加热可以挥发。它能溶于大多数有机溶剂,如丙酮、苯、三氯甲烷等,但不溶于酒精。在石油沥青中含量为 40%～60%,油分使沥青具有流动性。

(2)树脂质(沥青脂胶)

为密度略大于 $1 g/cm^3$ 的黑褐色或红褐色黏稠物质。它能溶于汽油、三氯甲烷和苯等有机溶剂,但在丙酮和酒精中溶解度很低。在石油沥青中含量为 15%～30%。它使石油沥青具有塑性与黏结性。

(3)沥青质

为密度大于 $1 g/cm^3$ 的固体物质,黑色。不溶于汽油、酒精,但能溶于二硫化碳和三氯甲烷。在石油沥青中含量为 10%～30%。它决定石油沥青的温度稳定性和黏性,它的含量越多,则石油沥青的软化点越高,脆性越大。

此外,石油沥青中常含有一定量的固体石蜡,它会降低沥青的黏结性、塑性、温度稳定性和耐热性。由于存在于沥青油分中的蜡是有害成分,故常采用氯盐($AlCl_3$、$FeCl_3$、$ZnCl_2$等)处理或高温吹氧、溶剂脱蜡等方法处理,使多蜡石油沥青的性质得到改善,从而提高其软化点,降低针入度,使之满足使用要求。

2. 石油沥青的结构

沥青中的油分和树脂质可以互溶,树脂质能浸润沥青质颗粒而在其表面形成薄膜,从而构成以沥青质为核心,周围吸附部分树脂质和油分的胶团,而无数胶团分散在油分中形成胶体结构。沥青的胶体结构,可分为下列三个类型(图1-5-2)。

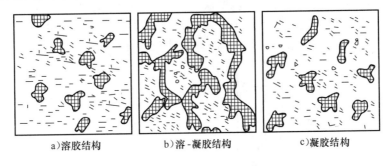

图 1-5-2 沥青胶体结构示意图

(1)溶胶型结构

沥青质含量相对较少,而有大量的胶质和有充分溶解能力的芳香分,胶团外膜较厚,胶团之间相对运动较自由。具有溶胶结构的石油沥青对温度的变化敏感,高温时黏度很小,低温时由于黏度增大而使流动性变差,冷却时变为脆性固体。所以溶胶型结构石油沥青的温度稳定性较差。

(2)溶-凝胶型结构

沥青质含量适当,并有较多的胶质作为保护层时,胶团之间保持一定的吸引力。溶凝胶型石油沥青的性质介于溶胶型和凝胶型两者之间。这类沥青的特点是,在变形最初阶段,表现出一定程度的弹性效应,但变形增加至一定数值后,则又表现出一定程度的黏性流动,此类沥青具有黏-弹性和触变性。在路用性能上,溶-凝胶结构沥青在高温时具有较低的感温性,低温时又具有较好的形变能力,是现代高级路面所用的理想胶体结构沥青。

(3)凝胶型结构

沥青质含量较多,沥青质未能被胶质很好地胶溶分散,胶团聚集成为不规则的空间网状结构,呈明显的弹性效应。凝胶型结构石油沥青黏结性较高,在常温下黏弹性好温度稳定性较好,但塑性较差。随着温度的升高,沥青的分散度加大,沥青则又可以近似牛顿黏结性液体。

三、石油沥青的技术性质和技术标准

1. 石油沥青的技术性质

(1)黏滞性(亦称黏性)

黏滞性是反映沥青材料在外力作用下,其材料内部阻碍(抵抗)产生相对流动(变形)的能力。液态石油沥青的黏滞性用黏度表示。半固体或固体沥青的黏性用针入度表示。黏度和针入度是沥青划分牌号的主要指标。

石油沥青技术性质

【技术提示】测定液体石油沥青的相对黏度,可用标准黏度计测定(道路沥青标准黏度计法),以标准黏度 $C_{T,d}$ 来表示(图1-5-3)。沥青的黏度是液体状态沥青试样在规定温度(20℃、25℃、30℃或60℃)条件下、通过规定的流孔直径(3mm、4mm、5mm及10mm),流出50mL所需的时间,以s表示。在相同温度和相同流孔条件下,流出时间越长,表示沥青黏度越大。

测定石油沥青的相对黏度,是用针入度仪测定,以针入度来表示。沥青的针入度是在规定的温度25℃条件下,以规定重量100g的标准针,经规定时间5s,标准针贯入试样中的深度,以0.1mm为单位表示。针入度值越小表示黏度越大(图1-5-4)。

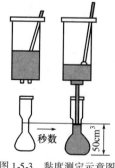

图1-5-3 黏度测定示意图

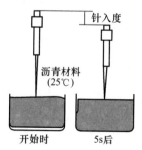

图1-5-4 针入度测定示意图

(2) 塑性

塑性是指沥青在外力作用下产生变形而不破坏，外力除去后仍能保持其变形后的形状的性质。塑性表示沥青开裂后自愈能力及受机械应力作用后变形而不破坏的能力。沥青之所以能被制造成性能良好的柔性防水材料，在很大程度上取决于这种性质。

沥青的塑性用"延伸度"（亦称"延度"）或"延伸率"表示。按标准试验方法，制成"8"形标准试件，试件中间最狭处断面积为 $1cm^2$，在规定温度（一般为 25℃）和规定速度（5cm/min）的条件下在延伸仪上进行拉伸，延伸度以试件拉细而断裂时的长度（cm）表示。沥青的延伸度越大，沥青的塑性越好。延伸度测定示意图见图 1-5-5。

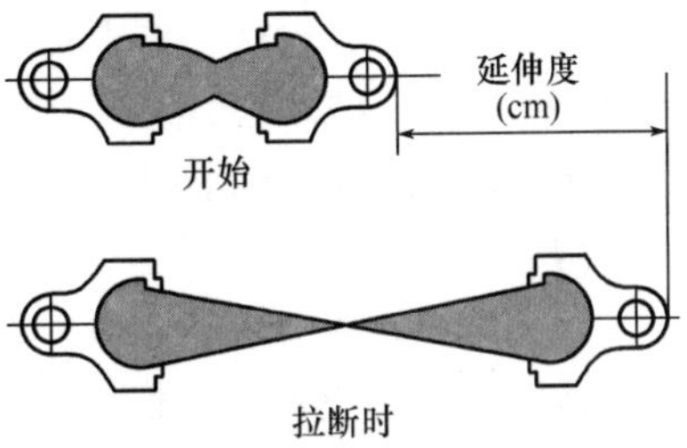

(3) 温度敏感性

温度敏感性是指石油沥青的黏滞性和塑性随温度升降而变化的性能。温度敏感性较小的石油沥青，其黏滞性、塑性随温度的变化较小。作为屋面防水材料，受日照辐射作用可能发生流淌和软化，失去防水作用而不能满足使用要求，因此温度敏感性是沥青材料的一个很重要的性质。

图 1-5-5 延伸度测定示意图

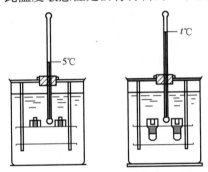

图 1-5-6 沥青的软化点测定示意图

温度敏感性常用软化点来表示，软化点是沥青材料由固体状态转变为具有一定流动性的膏体时的温度。软化点可通过"环球法"试验测定（图 1-5-6）。将沥青试样装入规定尺寸的铜环 B（内径为 18.9mm）中，上置规定尺寸和质量的钢球 a（重 3.5g），再将置球的铜环放在有水或甘油的烧杯中，以 5℃/min 的速率加热至沥青软化下垂达 25.4mm 时的温度（℃），即为沥青软化点。

不同沥青的软化点不同，大致在 25~100℃ 之间。软化点高，说明沥青的耐热性能好，但软化点过高，又不易加工；软化点低的沥青，夏季易产生变形，甚至流淌。所以，在实际应用时，希望沥青具有高软化点和低脆化点（当温度在非常低的范围时，整个沥青就好像玻璃一样脆硬。一般称作"玻璃态"，沥青由玻璃态向高弹态转变的温度即为沥青的脆化点）。为了提高沥青的耐寒性和耐热性，常常对沥青进行改性，如在沥青中掺入增塑剂、橡胶、树脂和填料等。

(4) 大气稳定性

大气稳定性是指石油沥青在热、阳光、氧气和潮湿等因素的长期综合作用下抵抗老化的性能，它反映沥青的耐久性。大气稳定性可以用沥青的蒸发损失及针入度变化来表示，即试样在 160℃ 温度加热蒸发 5h 后的质量损失百分率和蒸发前后的针入度比两项指标来表示。蒸发损失率越小，针入度比越大，则表示沥青的大气稳定性越好。

以上四种性质是石油沥青材料的主要性质。此外，沥青材料受热后会产生易燃气体，与空气混合遇火即发生闪火现象。当开始出现闪火时的温度，叫闪点，也称闪火点。它是加热沥青时，从防火要求提出的指标。

(5) 溶解度

沥青的溶解度是指石油沥青在三氯乙烯中溶解的百分率（即有效物质含量）。那些不溶解的物质为有害物质(沥青碳、似碳物),会降低沥青的性能,应加以限制。

(6)闪燃点

为了保证施工安全,应掌握石油沥青在施工中的闪燃点。闪点(闪火点)是指加热沥青挥发出可燃气体与空气组成混合气体,此混合气体在规定条件下与火接触,产生闪火(闪光)时的沥青温度(℃)。燃点(着火点)指沥青加热产生的混合气体与火接触能持续燃烧5s以上时的沥青温度(℃)。闪燃点温度相差10℃左右。闪燃点的高低能表明沥青引起火灾的可能程度。在运输沥青或储存沥青及其施工中加热等方面,都需加以控制。

(7)含水率

沥青的含水率是沥青试样中水分的质量占试样质量的百分率。实践证明,在我国,沥青从制造到使用的各个环节中都有可能混进水分,沥青中的水分不仅影响沥青质量,且影响施工安全。沥青中如含过量的水分,当加热时水分形成泡沫,使沥青体积增大,易产生溢锅现象,除了使材料受到损失,还可能引起火灾;如果使用含有水分的沥青,还将影响沥青与矿料的黏结。因此沥青中含水率必须加以限制。

(8)劲度模量

劲度模量是表示沥青的黏性和弹性联合效应的指标。沥青的弹性形变部分和永久形变部分的比例,取决于应力、荷载作用时间和温度(当形变量较小,荷载作用时间较短时,以弹性形变为主,反之,以黏性形变为主)。

所以黏—弹性材料的抗形变能力,以荷载作用时间(t)和温度(T)作为应力(σ)与应变(ε)之比的函数,并称此比值为劲度模量(S_b),因此,劲度模量可表示为:

$$S_b = \left(\frac{\sigma}{\varepsilon}\right)_{t,T} \tag{1-5-1}$$

①荷载作用时间(t)对沥青劲度的影响

在一定温度下,沥青材料的劲度模量在荷载作用时间很短时完全是弹性形变情况,当荷载长时间作用时完全是黏性形变情况。

②温度对沥青劲度模量的影响

沥青的劲度模量随温度升高而降低,随温度降低而升高。

(9)耐老化性

路用沥青在使用的过程中受到储运、加热、拌和、摊铺、碾压、交通荷载以及自然因素的作用,而使沥青发生一系列的物理化学变化,逐渐改变了其原有的性能(黏度、低温性能)而变硬变脆,这种变化称为沥青的老化。沥青路面应有较长的使用年限,因此要求沥青材料有较好的耐老化性。

沥青的老化可分为短期老化和长期老化两种,短期老化即沥青混合料在施工过程中的老化,长期老化即在路面使用过程中沥青的老化。因此,评价沥青耐老化性的试验方法包括:模拟沥青混合料在施工过程中的老化试验;薄膜烘箱加热试验和旋转薄膜加热试验;模拟路面使用过程中沥青的老化试验——压力老化试验。

2.石油沥青的技术标准

我国石油沥青产品按用途分为道路石油沥青、建筑石油沥青及普通石油沥青等。城市交通工程中最常用的是建筑石油沥青和道路石油沥青。石油沥青的牌号主要根据其针入度、延度和软化点等质量指标划分，以针入度值表示。同一品种的石油沥青，牌号越高，则其针入度越大，脆性越小；延度越大，塑性越好；软化点越低，温度敏感性越大。

（1）沥青路面使用性能气候分区

沥青路面由温度和雨量组成气候分区，第一个数字代表高温分区，第二个数字代表低温分区，第三个数字代表雨量分区。数字越小，表示气候因素对沥青路面的影响越严重。例如：气候名 1-1-4，表示为夏炎热冬严寒干旱区，最热月平均最高气温 >30℃，年极端最低气温 < -37.0℃，年降雨量 <250mm。沥青路面使用性能气候分区见表 1-5-1。

沥青路面使用性能气候分区表　　表 1-5-1

气候分区指标		气候分区			
按照高温指标	高温气候区	1	2	3	
	气候区名称	夏炎热区	夏热区	夏凉区	
	7月平均最高温度（℃）	>30	20~30	<20	
按照低温指标	低温气候区	1	2	3	4
	气候区名称	冬严寒区	冬寒区	冬冷区	冬温区
	极端最低气温（℃）	< -37.0	-37.0~-21.5	-21.5~-9.0	> -9.0
按照雨量指标	雨量气候区	1	2	3	4
	气候区名称	潮湿区	湿润区	半干区	干旱区
	年降雨量（mm）	>1000	1000~500	500~250	<250

（2）道路石油沥青的技术标准

道路石油沥青按针入度分为 30 号、50 号、70 号、90 号、110 号、130 号和 160 号七个标号；根据当前的沥青使用和生产水平，按技术性能分为 A 级、B 级、C 级三个等级，各自适用范围应符合表 1-5-2 的规定，道路石油沥青的技术要求见表 1-5-3。

道路石油沥青适用范围　　表 1-5-2

沥青等级	适用范围
A 级沥青	各个等级的公路，适用于任何场合和层次
B 级沥青	①高速公路、一级公路沥青层上部约 80~100cm 以下的层次，二级及二级以下公路的各个层次；②用作改性沥青、乳化沥青、改性乳化沥青、稀释沥青的基质沥青
C 级沥青	三级及三级以下公路的各个层次

（3）液体石油沥青的技术标准

液体石油沥青按照凝结速度分为快凝 AL(R)、中凝 AL(M) 和慢凝 AL(S) 三个标号，每个标号按照黏度又分为五个等级，液体石油沥青的黏度采用道路沥青标准黏度计测定。除黏度的要求外，对不同温度的蒸馏馏分含量及残留物的性质、闪点和含水率等均提出相应的要求。液体石油沥青的质量要求见表 1-5-4。

我国道路石油沥青技术要求　　　　　　　　　　　　　　　　　　　　表 1-5-3

指标	等级	160号[3]	130号[3]	110号			90号					70号[4]					50号	30号[5]
适用的气候分区				2-1	2-2	2-3	1-1	1-2	1-3	2-2	2-3	1-3	1-4	2-2	2-3	2-4	1-4	
针入度(25℃, 100g,5s)(0.1mm)		140~200	120~140	100~120			80~100					60~80					40~60	20~40
针入度指数 PI [1][2]	A							−1.5~+1.0										
	B							−1.8~+1.0										
软化点(TR&B)	A	38	40	43			45			44		46			45		49	55
	B	36	39	42			43			42		44			43		46	53
	C	35	37	41			42					43					45	50
60℃动力黏度[2] (Pa·s) ≥	A	—	60	120			160			140		180			160		200	260
10℃延度[2] (cm) ≥	A	50	50	40	45	30	20	30	20	20	15	25	20	15	15	10
	B	30	30	30	30	20	15	20	15	15	10	20	15	10	20	8
15℃延度 (cm) ≥	AB						100										80	50
	C	80	80	60			50					40					30	20
闪点(℃)				230			245					260						
含蜡量(蒸馏法) (%) ≤	A							2.2										
	B							3.0										
	C							4.5										
溶解度(%) ≥								99.5										
15℃密度 (g/cm³)								实测记录										
薄膜加热试验(或旋转薄膜加热试验)后																		
质量变化(%) ≤								±0.8										
残留针入度比 (%) ≥	A	48	54	55			57					61					63	65
	B	45	50	52			54					58					60	62
	C	40	45	48			5					54					58	60
残留10℃延度 (cm) ≥	A	12	12	10			8					6					4	—
	B	10	10	8			6					4					2	—
残留15℃延度 (cm) ≥	C	40	35	30			20					15					10	—

注:①用于仲裁试验时,求取针入度指数 PI 的 5 个温度与针入度回归关系的相关系数不得小于 0.997。
②经主管部门同意,针入度指数 PI、60℃动力黏度、10℃延度可作为选择性指标。
③160号、130号沥青除了寒冷地区可直接用于中低级公路以外,通常用作乳化沥青、稀释沥青及改性沥青的基质沥青。
④可根据需要要求厂家提供70号沥青的针入度范围50~70或80~90的沥青;或者要求提供针入度范围40~50或50~60的50号沥青。
⑤30号沥青仅适用于沥青稳定基层。

液体石油沥青技术标准   表1-5-4

试验项目		快凝		中凝						慢凝						试验方法
		AL(R)-1	AL(R)-2	AL(M)-1	AL(M)-2	AL(M)-3	AL(M)-4	AL(M)-5	AL(M)-6	AL(S)-1	AL(S)-2	AL(S)-3	AL(S)-4	AL(S)-5	AL(S)-6	
黏度(s)	$C_{25,5}$	<20	—	<20	—	—	—	—	—	<20	—	—	—	—	—	T 0621
	$C_{60,5}$	—	5~15	—	5~15	16~25	26~40	41~100	101~200	—	5~15	16~25	26~40	41~100	101~200	
蒸馏体积	225℃前	>20	>15	<10	<7	<3	<2	0	0	—	—	—	—	—	—	T 0632
	315℃前	>35	>30	<35	<25	<17	<14	<8	<5	—	—	—	—	—	—	
	360℃前	>45	>35	<50	<35	<30	<25	<20	<15	<40	<35	<25	<20	<15	<5	
蒸馏后残留物	针入度(25℃,100g,5s)(0.1mm)	60~200	60~200	100~300	100~300	100~300	100~300	100~300	100~300	—	—	—	—	—	—	T 0604
	延度(25℃,5cm/min)(cm)	>60	>60	>60	>60	>60	>60	>60	>60	—	—	—	—	—	—	T 0605
	浮漂度(50℃)(s)	—	—	—	—	—	—	—	—	<20	<20	<30	<40	<45	<50	T 0631
闪点(TOC)(℃)		30	30	65	65	65	65	65	65	70	70	100	100	120	120	T 0633
含水率(%)≤		0.2	0.2	0.2	0.2	0.2	0.2	0.2	0.2	2.0	2.0	2.0	2.0	2.0	2.0	T 0612

3. 石油沥青的应用

在选用沥青材料时,应根据工程类别(道路、房屋、防腐)及当地气候条件、所处工作部位(屋面、地下)来选用不同牌号的沥青(或选取两种牌号沥青调配使用)。

道路石油沥青主要用于道路路面或车间地面等工程,一般拌制成沥青混合料(沥青混凝土或沥青砂浆)使用。道路石油沥青的牌号较多,选用时应注意不同的工程要求、施工方法和环境温度差别。道路石油沥青还可作密封材料、黏结剂以及沥青涂料等。此时,一般选用黏性较大和软化点较高的石油沥青。

建筑石油沥青针入度较小(黏性较大)、软化点较高(耐热性较好),但延伸度较小(塑性较小),主要用作制造防水材料、防水涂料和沥青嵌缝膏。它们绝大部分用于屋面及地下防水、沟槽防水、防腐蚀及管道防腐等工程。为避免夏季流淌,一般屋面用沥青材料的软化点应比本地区屋面最高温度高20℃以上。例如,武汉、长沙地区沥青屋面温度约达68℃,选用沥青的软化点应在90℃左右。若软化点过低,夏季易流淌;若软化点过高,冬季低温时易硬脆,甚至开裂。

普通石油沥青由于含有较多的蜡,故温度敏感性较大,达到液态时的温度与其软化点相差很小。与软化点大体相同的建筑石油沥青相比,其针入度较大(黏性较小)、塑性较差,故在建筑工程上不宜直接使用。可以采用吹气氧化法改善其性能，即将沥青加热脱水，加入少量（约1%）的氧化锌，再加热（不超过280℃）吹气进行处理。处理过程以沥青达到要求的软化点和针入度为止。

四、煤沥青（煤焦油）

煤沥青是炼焦厂和煤气厂的副产品。烟煤在干馏过程中的挥发物质，经冷凝而成的黑色黏性液体称为煤焦油。煤焦油经分馏加工提取轻油、中油、重油、蒽油以后，所得残渣，即为煤沥青。按蒸馏程度不同，煤沥青分为低温沥青、中温沥青和高温沥青，建筑上多采用低温沥青。

煤沥青的大气稳定性与温度稳定性较石油沥青差。当与软化点相同的石油沥青比较时，煤沥青的塑性较差，因此当使用在温度变化较大（如屋面、道路面层等）的环境时，没有石油沥青稳定、耐久。煤沥青中含有酚，有毒性，防腐性较好，适于地下防水层或作防腐材料用。煤沥青各组分的组分特性见表1-5-5。道路用煤沥青的质量应符合表1-5-6的规定。

由于煤沥青在技术性能上存在较多的缺点，而且成分不稳定，并有毒性，对人体和环境不利，近来已很少用于建筑、道路和防水工程之中。石油沥青与煤沥青性质不同，必须认真鉴别，不能混淆。

煤沥青各组分的组分特性　　表1-5-5

化学组成		组分特性	对煤沥青性能的影响
游离碳		不溶于苯；加热不熔，高温分解	提高黏度和温度稳定性，增加低温脆性
树脂	硬树脂	类似石油沥青中的沥青质	提高沥青温度稳定性
	软树脂	赤褐色黏-塑性物，溶于氯仿	增加沥青延性
油分		液态碳氢化合物	—
萘		溶于油分中，低温结晶析出，常温下易挥发，有毒性	影响低温变形能力，加速沥青老化
蒽			
酚		溶于油分及水，易氧化，有毒性	加速沥青老化

道路用煤沥青技术要求　　表1-5-6

试验项目[①]		标号								
		T-1	T-2	T-3	T-4	T-5	T-6	T-7	T-8	T-9
黏度[②]（s）	$C_{30,5}$	5~25	26~70							
	$C_{30,10}$			5~25	26~50	51~120	121~200			
	$C_{50,10}$							10~75	76~200	
	$C_{60,10}$									35~65
蒸馏试验馏量（%）	170℃前≤	3.0	3.0	3.0	2.0	1.5	1.5	1.0	1.0	1.0
	270℃前≤	20	20	20	15	15	15	10	10	10
	300℃前≤	15~35	15~35	30	30	25	25	20	20	15
300℃蒸馏残渣软化点（环球法）（℃）		30~45	30~45	35~65	35~65	35~65	35~65	40~70	40~70	40~70
水分（%）≤		1.0	1.0	1.0	1.0	0.5	0.5	0.5	0.5	0.5

续上表

试验项目[①]	标 号								
	T-1	T-2	T-3	T-4	T-5	T-6	T-7	T-8	T-9
甲苯不溶物(%)≤	20	20	20	20	20	20	20	20	20
萘含量(%)≤	5	5	5	4	4	3.5	3	2	2
焦油酸含量(%)≤	4	4	3	3	2.5	2.5	1.5	1.5	1.5

注：①各种等级公路的各种基层上的透层,宜采用 T-1 或 T-2 级,其他等级不符合喷洒要求时可适当稀释使用。
②三级及三级以下的公路铺筑表面处治或贯入式沥青路面,宜采用 T-5、T-6 或 T-7 级。

五、乳化沥青

乳化沥青是将沥青热融,经过机械的作用,以细小的微滴状态分散于含有乳化剂的水溶液之中,形成水包油(O/W)状的沥青乳液。乳化沥青不仅可用于路面的维修与养护,并可用于铺筑表面处治、贯入式、沥青碎石、乳化沥青混凝土等各种结构形式的路面,还可用于旧沥青路面的冷再生、防尘处理。乳化沥青的优点如下：

乳化沥青

(1)可冷态施工,节约能源,无毒、无嗅、不燃,减少环境污染。
(2)常温下具有较好的流动性,能保证洒布的均匀性,可提高路面修筑质量。
(3)采用乳化沥青,扩展了沥青路面的类型,如稀浆封层等。
(4)乳化沥青与矿料表面具有良好的工作性和黏附性,可节约沥青并保证施工质量。
(5)可延长施工季节,低温多雨季节对其影响较小。

乳化沥青的缺点如下：
(1)稳定性差,储存期不超过半年,储存期过长容易引起凝聚分层,储存温度在0℃以上。
(2)乳化沥青修筑路面成型期较长,初期应控制车辆行驶速度。

1. 乳化沥青的组成材料

乳化沥青主要由沥青、乳化剂、稳定剂和水等组分所组成。

(1)沥青

沥青是乳化沥青组成的主要材料,在选择时首先要求沥青应有易乳化性,沥青的易乳化性与其化学结构有密切关系。一般来说,相同油源和工艺的沥青,针入度较大者易于形成乳液。但是针入度的选择,应根据乳化沥青在路面工程中的用途而决定。乳化沥青中沥青用量范围一般在55%~70%之间。

(2)乳化剂

①乳化剂的作用

乳化剂是表面活性剂,具有不对称的分子结构的特殊功能。乳化剂一端为极性亲水基团,另一端为非极性亲油基团,这两个基团具有使互不相容的沥青与水连接起来的特殊功能。在沥青、水分散体系中,沥青微粒被乳化剂分子的亲油基吸引,此时以沥青微粒为固体核,乳化剂包裹在沥青颗粒表面形成吸附层。乳化剂的另一端与水分子吸引,形成一层水膜,它可机械地阻碍颗粒的聚集。

②乳化剂分类

按其亲水基在水中是否电离而分为离子型和非离子型两大类。沥青乳化剂溶解于水溶液时,凡是能电离成离子的叫作离子型沥青乳化剂。离子型乳化剂还要按生成的离子电荷种类又分为阴离子型、阳离子型、两性离子型三种。非离子型沥青乳化剂在水中溶解时,乳化剂不能电离成离子,而是靠分子本身所含有的羟基和醚基作为弱水性亲水基。非离子型乳化剂按其不同结构和特性,可分为两类:聚乙二醇型和多醇型。

(3)稳定剂

必要时,在沥青乳液中加入适量的稳定剂,可以起到节省乳化剂用量,增加机械及泵送稳定性,提高乳化稳定性和储存稳定性,增强与集料的黏附性,防止乳化设备的腐蚀,延长乳化设备的使用寿命等作用。稳定剂可分为两类:

①有机稳定剂

常用的有机稳定剂有聚乙烯醇、聚丙烯酰胺、羧甲基纤维素纳、糊精、MF 废液等。这类稳定剂可提高乳液的储存稳定性和施工稳定性。

②无机稳定剂

常用的无机稳定剂有氯化钙、氯化镁、氯化铵和氯化铬等。这类稳定剂可提高乳化能力,改善乳液的稳定性,增强与集料的黏附能力。

(4)水

水是乳化沥青的主要组成部分,水在乳化沥青中起着润湿、溶解及化学反应的作用。自然界中的水常含有各种矿物质,或溶解、悬浮各种物质,影响水的 pH 值,或含有钙、镁离子等,这些因素都可能影响某些乳化沥青的形成或引起乳化沥青的过早分裂。因此,生产乳化沥青的水应不含其他杂质。

2. 乳化沥青的性质和技术要求

乳化沥青在使用中,与砂石集料拌和成型后,在空气中逐渐脱水,水膜变薄,使沥青微粒靠拢,将乳化剂薄膜挤裂而凝成连续的沥青黏结膜层。成膜后的乳化沥青具有一定的耐热性、黏结性、抗裂性、韧性及防水性。

乳化沥青的质量应符合表 1-5-7 的规定,在高温条件下宜采用黏度较大的乳化沥青,寒冷条件下宜使用黏度较小的乳化沥青。

道路用乳化沥青技术要求 表 1-5-7

项 目		种 类					
		阳离子(阴离子)				非离子	
		PC-1 PA-1	PC-2 PA-2	PC-3 PA-3	BC-1 BA-1	PN-2	BN-2
破乳速度		快裂	慢裂	快裂或中裂	慢裂或中裂	慢裂	慢裂
筛上剩余量(%)≤		0.1					
粒子电荷		阳离子带正电(+)阴离子带负电(-)				非离子	
黏度	沥青标准黏度 $C_{25,3}$(s)	10~25	8~20	8~20	10~60	8~20	10~60
	恩格拉黏度 E_{25}	2~10	1~6	1~6	2~30	1~6	2~30
蒸发残留物	残余物含量(%)≥	50	50	50	50	50	55
	针入度(100g,25℃,5s)(0.1mm)	50~200	50~300	45~150	45~150	50~300	60~300
	15℃延度(%)≥	40					
	溶解度(三聚乙烯)(%)≥	97.5					

续上表

项目		种 类					
		阳离子(阴离子)				非离子	
		PC-1 PA-1	PC-2 PA-2	PC-3 PA-3	BC-1 BA-1	PN-2	BN-2
与粗集料的黏附性(裹覆面积)(%)≥		2/3			—	2/3	—
与粗、细粒式集料拌和试验		—			均匀	—	
水泥拌和试验(1.18mm 筛余量)(%)≤		—					3
常温储存稳定性(%)	1d	1					
	5d	5					
低温储存稳定性(-5℃)		无粗颗粒、不结块					

注：1. 乳液黏度可选沥青标准黏度计或恩格拉黏度计的一种测定，$C_{25,3}$ 表示温度25℃、孔径3mm，E_{25} 表示在25℃时测定。
  2. 储存时稳定性一般用5d的，如时间紧迫也可用1d的稳定性。
  3. 需要在低温冰冻条件下储存或使用时，应进行低温储存稳定性试验。

3. 乳化沥青的应用

乳化沥青适用于沥青表面处治路面、沥青贯入式路面、冷拌沥青混合料路面，修补裂缝，喷洒透层、黏层与封层等。

我国根据实际情况和国际经验，按施工方法对乳液进行分类。乳化沥青分为三个部分，第一部分用 P 或 B 代表喷洒施工或拌和施工，第二部分用 C、A 和 N 代表阳离子、阴离子或非离子乳液，第三部分用 1~3 表示不同用途分类。阳离子乳化沥青可适用于各种集料品种，阴离子乳化沥青适用于碱性集料。乳化沥青的品种及适用范围宜符合表1-5-8 的规定。

乳化沥青的品种及适用范围 表1-5-8

类 别	代 号	用 途
阳(阴)离子乳化沥青	PC-1 PA-2	表处、贯入式路面及下封层用
	PG-2 PA-2	透层油及基层养生用
	PC-3 PA-3	黏油层用
	BC-1 BA-1	稀浆封层或冷拌沥青混合料用
	PN-2	透层油用
非离子乳化沥青	BN-1	与水泥稳定集料同时使用(基层路拌或再生)

六、改性沥青

通常普通石油沥青的性能不一定能全面满足使用要求，为此，常采取措施对沥青进行改性。性能得到不同程度改善后的新沥青，称为改性沥青。改性沥青可分为橡胶改性沥青，树脂改性沥青，橡胶、树脂并用改性沥青和矿物填充剂改性沥青等数种。

(一)橡胶改性沥青

这是在沥青中掺入适量橡胶后使其改性的产品。沥青与橡胶的相溶性较好，混溶后的改性沥青高温变形很小,低温时具有一定塑性。所用的橡胶有天然橡胶、合成橡胶(氯丁橡胶、丁基橡胶和丁苯橡胶等)和再生橡胶。使用不同品种橡胶掺入的量与方法不同,形成的改性沥青性能也不同。现将常用的几种分述如下。

1. 氯丁橡胶改性沥青

沥青中掺入氯丁橡胶后,可使其气密性、低温柔性、耐化学腐蚀性、耐光性、耐臭氧性、耐气候性和耐燃烧性大大改善。氯丁橡胶(CR)是由氯丁二烯聚合而成,因其强度、耐磨性均大于天然橡胶而得到广泛应用。用于改性沥青的氯丁橡胶以胶乳为主,即先将氯丁橡胶溶于一定的溶剂中形成溶液,然后掺入沥青(液体状态)中,混合均匀即成。或者分别将橡胶和沥青制成乳液,再混合均匀亦可。

2. 丁基橡胶改性沥青

丁基橡胶(IIR)是异丁烯—异戊二烯的共聚物,其中以异丁烯为主。由于丁基橡胶的分子链排列很整齐,而且不饱和程度很小,因此其抗拉强度好,耐热性和抗扭曲性均较强。用其改性的丁基橡胶沥青具有优异的耐分解性,并有较好的低温抗裂性和耐热性,多用于道路路面工程和制作密封材料和涂料。丁基橡胶改性沥青的配制方法与氯丁橡胶改性沥青类似。

3. 再生橡胶改性沥青

再生橡胶掺入沥青中以后,同样可大大提高沥青的气密性、低温柔性、耐光(热)性、耐臭氧性和耐气候性。再生橡胶沥青材料的制备,可以先将废旧橡胶加工成1.5mm以下的颗粒,然后与沥青混合,经加热搅拌脱硫,就能得到具有一定弹性、塑性和良好黏结力的再生橡胶沥青材料。废旧橡胶的掺量视需要而定,一般为3%~15%。也可在热沥青中加入适量磨细的废橡胶粉并强烈搅拌,可得到废橡胶粉改性沥青。胶粉改性沥青质量的好坏,主要取决于混合的温度、橡胶的种类和细度、沥青的质量等。废橡胶粉加入沥青中,可明显提高沥青的软化点,降低沥青的脆点。再生橡胶改性沥青可以制成卷材、片材、密封材料、胶黏剂和涂料等。

4. SBS 热塑性弹性体改性沥青

SBS 是以丁二烯、苯乙烯为单体,加溶剂、引发剂、活化剂,以阴离子聚合反应生成的共聚物。SBS 在常温下不需要硫化就可以具有很好的弹性,当温度升到180℃时,它可以变软、熔化,易于加工,而且具有多次的可塑性。SBS 用于沥青的改性,可以明显改善沥青的高温和低温性能。SBS 改性沥青已是目前世界上应用最广的改性沥青材料之一。

(二)树脂改性沥青

用树脂改性石油沥青,可以改进沥青的耐寒性、耐热性、黏结性和不透气性。由于石油沥青中含芳香性化合物很少,故树脂和石油沥青的相溶性较差,而且可用的树脂品种也较少。常用的树脂有古马隆树脂、聚乙烯树脂、环氧树脂、无规聚丙烯(APP)等。

1. 古马隆树脂改性沥青

古马隆树脂又名香豆桐树脂,为热塑性树脂。呈黏稠液体或固体状,浅黄色至黑色,易溶于氯化烃、酯类、硝基苯、酮类等有机溶剂等。

将沥青加热熔化脱水,在150~160℃情况下,把古马隆树脂放入熔化的沥青中,并不断搅拌,再将温度升至 185~190℃,保持一定时间,使之充分混合均匀,即得到古马隆树脂改性沥青。树脂掺量约 40%,这种沥青的黏性较大,可以和 SBS 等材料一起用于自黏结油毡和沥青基黏结剂。

2. 聚乙烯树脂改性沥青

沥青中聚乙烯树脂掺量一般为 7%~10%。将沥青加热熔化脱水,再加入聚乙烯(常用低压聚乙烯),并不断搅拌 30min,温度保持在 140℃左右,即可得到均匀的聚乙烯树脂改性沥青。

3. 环氧树脂改性沥青

我国生产的环氧树脂大部分是双酚 A 类,这类改性沥青具有热固性材料性质。其改性后沥青的强度和黏结力大大提高,但对延伸性改变不大。环氧树脂改性沥青可应用于屋面和厕所、浴室的修补,其效果较佳。

4. APP、APAO 改性沥青

APP、APAO 均属 α-烯烃类无规聚合物。APP 为无规聚丙烯均聚物。APAO 是由丙烯、乙烯、1-丁烯共聚而得,其中以丙烯为主。

APP 很容易与沥青混溶,并且对改性沥青软化点的提高很明显,耐老化性也很好。它具有发展潜力,如意大利 85% 以上的柔性屋面防水,都是用 APP 改性沥青油毡。

APAO 与 APP 相比,具有更好的耐高温性能、耐低温性能、黏结性和与沥青的相溶性及耐老化性。因此,在改性效果相同时,APAO 的掺量更少(约为 APP 的 50%)。

(三)橡胶、树脂并用改性沥青

橡胶和树脂用于沥青改性,使沥青同时具有橡胶和树脂的特性。且树脂比橡胶便宜,两者又有较好的混溶性,故效果较好。

配制时,采用的原材料品种、配比、制作工艺不同,可以得到多种性能各异的产品,主要有卷材、片材、密封材料、防水涂料等。

(四)矿物填充剂改性沥青

为了提高沥青的黏结能力和耐热性,减小沥青的温度敏感性,经常加入一定数量的粉状或纤维状矿物填充料。常用的矿物粉有滑石粉、石灰粉、云母粉、硅藻土粉等。

(五)改性沥青的应用和发展

改性沥青可用于做排水或吸音磨耗层及其下面的防水层。在老路面上做应力吸收膜中间层,以减少反射裂缝,在重载交通道路的老路面上加铺薄和超薄沥青面层,以提高耐久性。在老路面上或新建一般公路上做表面处治,以恢复路面使用性能或减少养护工作量等。使用改性沥青时,应当特别注意路基、路面的施工质量,以避免产生路基沉降和早期损坏。否则,使用改性沥青就会达不到应有的效果。

SBS 改性沥青无论在高温、低温、弹性等方面都优于其他改性剂,尤其是现在 SBS 的价格比以前有了大幅度的降低,仅成本这一项,它就可以和 PE、EVA 竞争,所以我国改性沥青的发展应该以 SBS 作为主要方向。

任务二　沥青混合料

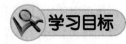

1.知识目标
(1)了解沥青混合料的特点和分类；
(2)了解沥青混合料的组成结构和强度理论；
(3)熟悉沥青玛蹄脂碎石混合料(SMA)和其他沥青混合料的特点和在工程中的应用；
(4)熟悉沥青混合料的技术性质和技术标准以及相关国家标准规定；
(5)熟悉沥青混合料的配合比设计方法；
(6)掌握沥青混合料的主要技术性质的试验原理及检测方法。
2.技能目标
(1)能够根据工程特点及设计要求进行沥青混合料原材料的选择及检测；
(2)能够进行沥青混合料的配合比设计；
(3)能依据试验检测规程,完成沥青混合料的试验检测任务；
(4)能提交混合料质量检测报告。

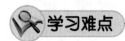

(1)石油沥青、煤沥青、乳化沥青和改性沥青的特点、结构和工程应用；
(2)沥青的技术性质和技术标准。

学习难点

(1)沥青工程应用；
(2)沥青的技术性质和技术标准。

【任务描述】
完成面层用沥青混合料的认知报告。
【任务实施】
结合工程应用,认识沥青混合料特点和分类；认识沥青混合料的技术性质及技术指标；沥青混合料组成材料的技术要求；认识沥青玛蹄脂碎石和其他沥青混合料。

沥青混合料是目前高等级公路的主要路面材料,由于它最能满足现代汽车交通对路面的要求,因而被广泛应用于高速公路、城市快速路、主干路和其他公路。在认知任务的实施过程中,应着重描述热拌沥青混合料的技术性质和技术标准。理解沥青混合料组成材料的技术要求,并能依据规范,进行原材料的选择及技术指标检测。同时,对其他沥青混合料也应有一定的了解。

一、概述

沥青混合料是由矿料与沥青结合料(在沥青混合料中起胶结作用的沥青类材料,含添加的外掺剂、改性剂等)拌和而成的混合料的总称。按材料组成及结构分为连续级配、间断级配混合料;按矿料级配组成及空隙率大小分为密级配、半开级配、开级配混合料;按公称最大粒径的大小可分为特粗式(公称最大粒径大于 31.5mm)、粗粒式(公称最大粒径等于或大于 26.5mm)、中粒式(公称最大粒径 16mm 或 19mm)、细粒式(公称最大粒径 9.5mm 或 13.2mm)、砂粒式(公称最大粒径小于 9.5mm)沥青混合料;按制造工艺分为热拌沥青混合料、冷拌沥青混合料、再生沥青混合料等。

沥青混合料中矿质混合料(简称矿料)起到骨架作用,沥青与填料起到胶结和填充作用。沥青混合料经摊铺、压实成型后成为沥青路面,是现代道路路面结构的主要材料之一。它具有良好的力学性质和路用性能,铺筑的路面平整无接缝,减震吸声,行车舒适;路表具有一定的粗糙度,且无强烈反光,有利于行车安全;沥青路面可全部采用机械化施工,有利于施工质量控制,施工后即可开放交通;便于分期修建和再生利用。由于上述特点,沥青混合料被广泛应用于各类道路路面,尤其适合高速行车道路路面。但是沥青混合料也存在高温稳定性和低温抗裂性不足的问题。

二、沥青混合料的特点和分类

(一)沥青混合料的特点

沥青混合料作为高等级公路最主要的路面材料,是因为它具有许多其他建筑材料无法比拟的优越性,具体表现如下:

(1)沥青混合料是一种弹塑性黏性材料,具有一定的高温稳定性和低温抗裂性。它不需设置施工缝和伸缩缝,路面平整且有弹性,行车比较舒适。

(2)沥青混合料路路面有一定的粗糙度,雨天具有良好的抗滑性。路面又能保证一定的平整度,而且沥青混合料路面为黑色,无强烈反光,能保证车辆高速安全行驶。

(3)施工方便,速度快,可以集中拌(厂拌)、机械化施工(摊铺、碾压等),完全可以实现大面积施工,质量能够得以保障,开放交通早。

(4)沥青混合料路面可分期改造和再生利用。随着道路交通量的增大,可以对原有的路面拓宽和加厚。对旧有的沥青混合料,可以运用现代技术再生利用,以节约原材料。

当然,沥青混合料也存在一些问题,如因老化现象会使路面表层产生松散,引起路面破坏。另外,温度稳定性差,夏季高温时易软化,路面易产生车辙、波浪等现象,冬季低温时易脆裂,在车辆重复荷载作用下易产生裂缝。

(二)沥青混合料分类

沥青混合料的分类方法取决于矿质混合料的级配、集料的最大粒径、拌和及铺筑温度等。

沥青混合料分类、组成结构

1. 按矿质混合料的级配组成分类

矿料由适当比例的粗集料、细集料及填料组成,根据矿料级配组成的特点及压实后剩余空隙率(简称空隙率)水平对沥青混合料分类如下:

(1)连续密级配沥青混凝土混合料

采用按连续密级配原理设计组成的矿料与沥青结合料拌和而成,如设计空隙率3%~6%(对重载道路为4%~6%;对人行道路为2%~5%)的密实式沥青混凝土混合料(以DAC或AC表示);设计空隙率3%~6%的密级配沥青稳定碎石混合料(ATB);我国传统的AC-Ⅰ型沥青混合料均属于此类型。

(2)连续半开级配沥青混合料

由适当比例的粗集料、细集料及少量填料(或不加填料)与沥青结合料拌和而成,压实后剩余空隙率在10%左右的半开式沥青混合料,也称沥青碎石混合料,以AM表示。

(3)开级配沥青混合料

矿料级配主要由粗集料组成,细集料及填料较少,经高黏度沥青结合料黏结形成的混合料,典型类型如排水式沥青磨耗层混合料,以OGFC表示;排水式沥青稳定碎石基层,以AT-PB表示。

(4)间断级配沥青混合料

矿料级配组成中缺少一个或几个档次而形成的级配间断的沥青混合料,典型类型如沥青玛蹄脂碎石混合料SMA。

2. 按照集料的最大粒径分类

根据《公路工程集料试验规程》(JTG E42—2005)的定义,集料的最大粒径是指通过百分率为100%的最小标准筛筛孔尺寸,集料的公称最大粒径是指全部通过或允许少量不通过的最小一级标准筛筛孔尺寸,通常比最大粒径小一个粒级。例如,某种集料在26.5mm筛孔的通过率为100%,在19mm筛孔上的筛余量小于10%,则此集料的最大粒径为26.5mm,而公称最大粒径为19mm。

根据集料的公称最大粒径,沥青混合料分为特粗式、粗粒式、中粒式、细粒式和砂粒式。

3. 根据沥青混合料的拌和及铺筑温度分类

(1)热拌热铺沥青混合料

采用黏稠沥青作为结合料,需要将沥青与矿料在热态下拌和、热态下铺筑施工的沥青混合料。

(2)常温沥青混合料

采用乳化沥青或液体沥青与矿料在常温状态下拌和、铺筑的沥青混合料。

根据《公路沥青路面施工技术规范》(JTG F40—2004)规定,热拌沥青混合料(HMA)适用于各种等级公路的沥青路面。其种类按集料公称最大粒径、矿料级配、空隙率划分。

三、沥青混合料的组成结构

沥青混合料是由沥青、粗细集料和矿粉按一定比例拌和而成的一种复合材料。粗集料分布在沥青与细集料形成的沥青砂中,细集料又分布在沥青与矿粉构成的沥青胶浆中,形成具有一定内摩阻力和黏结力的多级网络结构。由于各组成材料用量比例的不同,压实后沥青混合料内部的矿料颗粒的分布状态、剩余空隙率也不同,形成不同的组成结构。具有不同组成结构特征的沥青混合料在使用时则表现出不同的性能。按照沥青混合料中的矿料级配组成特点,将沥青混合料分为悬浮密实结构、骨架空隙结构和骨架密实结构三种类型。

1. 悬浮密实结构

当采用连续密级配矿质混合料与沥青组成混合料时,矿料由大到小形成连续级配的密实混合料,由于粗集料的数量较少,细集料的数量较多,较大颗粒被小一档颗粒挤开,使粗集料以悬浮状态存在于细集料之间(图 1-5-7a),按照连续密级配原理设计的 DAC 型沥青混合料以及我国传统的 AC-Ⅰ型沥青混凝土是典型的悬浮密实结构。悬浮密实结构的沥青混合料经压实后,密实度较大,水稳定性、低温抗裂性和耐久性较好,是使用较为广泛的沥青混合料。但这种沥青混合料结构强度受沥青性质及其状态的影响较大,在高温条件下使用时,由于沥青黏度降低,可能会导致沥青混合料强度和稳定性的下降。

2. 骨架空隙结构

当采用连续开级配矿料与沥青组成沥青混合料时,较粗集料颗粒较多、彼此接触,形成互相嵌挤的骨架,但较细粒料数量较少,不足以充分填充骨架空隙,压实后混合料中的空隙较大,形成了所谓的骨架空隙结构(图 1-5-7b)。沥青碎石混合料(AM)和开级配磨耗层沥青混合料(OGFC)是典型的骨架空隙结构。这种结构的沥青混合料,粗集料能充分形成骨架,集料之间的嵌挤力和内摩阻力起重要作用。因此,这种沥青混合料受沥青材料性质的变化影响较小,因而热稳定性较好。但沥青与矿料的黏结力较小、空隙率大、耐久性较差。

3. 骨架密实结构

采用间断型级配矿质混合料与沥青组成沥青混合料时,是综合以上两种结构优势的一种结构。它既有一定数量的粗集料形成骨架,又根据粗集料空隙的多少加入细集料,形成较高的密实度(图 1-5-7c)。这种结构的沥青混合料的密实度、强度和稳定性都较好,是一种较理想的结构类型。沥青玛蹄脂碎石 SMA 是此种结构的典型。

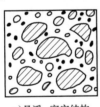 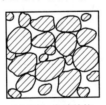 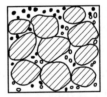

a)悬浮-密实结构　　　　b)骨架-空隙结构　　　　c)骨架-密实结构

图 1-5-7　沥青混合料的典型组成结构

四、沥青混合料的强度理论

1. 强度理论

沥青混合料的强度理论,主要是要求沥青混合料在高温时必须具备抗剪强度和抵抗变形的能力,称为高温强度和稳定性。沥青路面结构破坏的原因主要是高温时抗剪强度降低、塑性变形增大而产生推挤、波浪、拥包等现象,低温时塑性能力变差,使沥青路面产生裂缝现象。

目前,一般采用摩尔-库仑理论分析沥青混合料的强度和稳定性。通过三轴剪切强度研究得出结论:沥青混合料的抗剪强度(τ)主要取决于沥青与矿质集料物理、化学交互作用而产生的黏聚力(c),以及矿质集料在沥青混合料中分散程度不同而产生的内摩阻角(φ),见式(1-5-2)。

$$\tau = \sigma \tan\varphi + c \tag{1-5-2}$$

2. 沥青混合料抗剪强度的影响因素

(1)沥青黏滞度的影响

从沥青本身来看,沥青的黏滞度是影响沥青混合料黏结力c的重要因素。沥青的黏度反映了沥青在外力作用下抵抗变形的能力,沥青的黏度愈大,则沥青混合料的黏结力越大,并可保持矿质集料的相对嵌挤作用,抗变形能力越强。由于沥青是一种感温性材料,其黏度随温度的变化而变化,在高温条件下沥青黏度降低,沥青混合料的黏结力也会降低。

(2)矿质混合料性能的影响

矿质混合料的级配组成、颗粒几何形状和表面特性等对沥青混合料的嵌锁力或内摩阻角有着重要影响。

一般来说,悬浮密实型沥青混合料的结构强度主要依靠沥青与矿料的黏结力和沥青的内聚力,而矿料颗粒间的内摩阻力相对较小;骨架空隙型沥青混合料的强度主要依靠矿料间的嵌锁力,沥青的内聚力起辅助作用;骨架密实型沥青混合料既有以粗集料为主的嵌锁骨架,又有较强的黏结力。

采用粒径较大且均匀的矿料可以提高沥青混合料的嵌锁力与内摩阻角,但应保证其级配良好、空隙率适当。另外,颗粒表面的粗糙程度、形状对沥青混合料的抗剪强度也有显著影响,通常表面具有棱角、近似正方体以及具有明显细微凸出的粗糙表面的矿质集料在碾压后能相互嵌挤锁结而具有很大的内摩阻角。

(3)沥青与矿料化学性质的交互作用

列宾捷尔认为,沥青与矿料交互作用后,因化学组分重排列,形成沥青扩散膜。这一作用是化学吸附引起的,在此膜范围以内的沥青称为"结构沥青"。在此膜范围以外,可以"自由"运动的沥青称为"自由沥青"。

如果矿粉颗粒之间的接触是由结构沥青膜所连接,这样促成沥青具有更高的黏度和更大的扩散溶化膜的接触面积,因而可以获得更大的黏聚力。反之如颗粒之间的接触是自由沥青膜所连接,则具有较小的黏聚力。

化学吸附有选择性,不同矿料的"结构沥青"膜厚度不一样,混合料中"结构沥青"占的比例也不同。碱性石料(如石灰岩)的混合料其"结构沥青"所占比例比酸性石料的要高。所以碱性石料的沥青混合料强度和稳定性比酸性石料的好,沥青与碱性石料(如石灰石)有较好的黏附性,与酸性石料则黏附性较差。

(4)矿料比表面积与沥青用量的影响

在相同沥青用量的条件下,与沥青产生相互作用的矿料表面积越大,则形成的沥青膜越薄;在沥青混合料中结构沥青所占的比例越大,其黏聚力越高。所以在沥青混合料配料时,必须含有适量的矿粉,但不宜过多,否则施工时混合料易结团。

当沥青用量很少时,沥青不足以形成薄膜黏结矿料颗粒。随着沥青用量增加,沥青逐渐敷裹矿料表面,使得结构沥青用量增加,矿料间的黏结力增强,混合料整体强度增大,直到整个矿料表面被"结构沥青"所敷裹;当沥青用量进一步增加,此时过多的沥青形成"自由沥青",这部分沥青在矿料间主要起润滑作用,并将矿料"推开",从而使沥青混合料的整体强度下降。另外,沥青用量越大,矿料颗粒之间的相互位移越容易,沥青混合料的内摩阻角也越小。

(5)温度和形变速率的影响

沥青混合料的黏结力随着温度的升高而显著降低,但内摩阻角受温度影响较小。当温度降低,可使沥青混合料黏聚力提高,强度增大,变形能力降低。但温度过低会使沥青混合料路面开裂。同时,沥青混合料的抗剪强度与形变速率也有关,在其他条件相同的情况下,沥青混合料的黏结力随形变速率的增加而显著提高,而内摩阻角随形变速率的变化很小。

五、沥青混合料的技术性质与技术标准

(一)沥青混合料的技术性质

沥青混合料作为沥青路面的面层材料,在使用过程中将承受车辆荷载反复作用以及环境和气候因素的作用,因此,要求沥青混合料应具有足够的高温稳定性、低温抗裂性、水稳定性、抗老化性、抗滑性等技术性能,以保证沥青路面优良的服务性能及耐久性。

沥青混合料的
技术性质

1. 高温稳定性

高温稳定性是指沥青混合料在高温条件下,能够抵抗车辆荷载的反复作用,而不发生显著累积永久变形的特性。沥青混合料是典型的黏-弹-塑性材料,在高温条件下或长时间承受荷载作用时会产生显著的变形,其中不能恢复的部分成为永久变形,这种特性是导致沥青路面产生车辙、波浪及拥包等病害的主要原因。在交通量大、重车比例高和经常变速路段的沥青路面上车辙是最严重、最有危害的破坏形式之一。

沥青混合料的高温稳定性的评价试验方法较多,通常采用高温强度与稳定性作为主要技术指标。常用的测试评定方法有马歇尔稳定度试验法、无侧限抗压强度试验法、史密斯三轴试验法等。

(1)马歇尔稳定度试验

马歇尔稳定度试验方法用于测定沥青混合料试件的破坏荷载和抗变形能力。主要力学指标为马歇尔稳定度和流值,稳定度是指试件受压至破坏时承受的最大荷载,以 kN 计,流值是达到最大破坏荷载时试件的垂直变形,以 0.1mm 计。

在我国沥青路面工程中,马歇尔稳定度与流值既是沥青混合料配合比设计的主要指标,也是沥青路面施工质量控制的重要试验项目。然而各国的试验和实践已证明,马歇尔试验具有一定的局限性,因此在评价沥青混合料的高温抗车辙能力时,还需要采用其他试验。

(2)车辙试验

车辙试验是一种模拟车辆轮胎在路面上滚动形成车辙的工程试验方法,试验结果较为直观,与沥青路面车辙深度之间有着较好的相关性。我国《公路沥青路面施工技术规范》(JTG F40—2004)中规定,对用于高速公路、一级公路和城市快速路、主干路沥青路面的上面层和中面层的沥青混合料,在用马歇尔稳定度试验进行配合比设计时,必须采用车辙试验对沥青混合料的抗车辙能力进行检验,不满足要求时应对矿料级配或沥青用量进行调整,重新进行配

合比设计。

车辙试验测定的是动稳定度，沥青混合料的动稳定度是指标准试件在规定温度下，一定荷载的试验车轮在同一轨迹上，在一定时间内反复行走（形成一定的车辙深度）产生1mm变形所需的行走次数（次/mm）。

2. 低温抗裂性

当冬季气温降低时，沥青面层将产生体积收缩，并在结构层中产生温度应力。由于沥青混合料具有一定的应力松弛能力，当降温速率较慢时，所产生的温度应力会随着时间逐渐松弛减小，不会对沥青路面产生较大的危害。但当气温骤降时，所产生的温度应力来不及松弛，当温度应力超过沥青混合料的容许应力值时，沥青混合料被拉裂，导致沥青路面出现裂缝造成路面的损坏。因此要求沥青混合料具备一定的低温抗裂性能，即要求沥青混合料具有较高的低温强度或较大的低温变形能力。可用低温弯曲试验所得破坏应变值表征。沥青混合料在低温下破坏弯拉应变越大，低温柔韧性越好，抗裂性越好。

3. 耐久性

耐久性是指沥青混合料在使用过程中抵抗环境因素及行车荷载反复作用的能力，它包括沥青混合料的抗老化性、水稳定性、抗疲劳性等综合性质。

在沥青混合料使用过程中，受到空气中氧、水、紫外线等介质的作用，促使沥青发生诸多复杂的物理化学变化，逐渐老化或硬化，致使沥青混合料变脆易裂，从而导致沥青路面出现各种与沥青老化有关的裂纹或裂缝。在沥青路面工程中，为了减缓沥青老化的速度和程度，除了应选择耐老化沥青外，还应使沥青混合料含有足量的沥青。在沥青混合料的施工过程中，应控制拌和加热温度，并保证沥青路面的压实密度，以降低沥青在施工和使用过程中的老化速率。仅从耐久性考虑可选用细粒密级配的沥青混合料，并增加沥青用量，降低沥青混合料的空隙率，以防止水分渗入，并减少阳光对沥青材料的老化作用。

沥青混合料的水稳定性不足表现为：由于水或水汽的作用，促使沥青从集料颗粒表面剥离降低沥青混合料的黏结强度，松散的集料颗粒被滚动的车轮带走，在路表形成独立的大小不等的坑槽，即所谓的沥青路面"水损害"。当沥青混合料的压实空隙率较大、沥青路面排水系统不完善时，滞留于路面结构中的水长期浸泡沥青混合料，加上行车引起的动水压力对沥青产生剥离作用，将加剧沥青路面的"水损害"病害。由于在浸水条件下，沥青与集料之间黏附性的降低，最终表现为沥青混合料整体力学强度损失，因此以浸水前后的马歇尔稳定度比值、车辙深度比值、劈裂强度比值和抗压强度比值的大小评价沥青混合料的水稳定性。

4. 抗滑性

沥青路面的抗滑性对于保障道路交通安全至关重要，随着现代交通车速不断提高，对沥青路面的抗滑性提出了更高的要求。而沥青路面的抗滑性能必须通过合理地选择沥青混合料组成材料、科学设计与施工来保证。

沥青路面的抗滑性与所用矿料的表面构造深度、颗粒形状与尺寸、抗磨光性有着密切的关系。矿料的表面构造深度取决于矿料的矿物组成、化学成分及风化程度；颗粒形状与尺寸既受到矿物组成的影响，也与矿料的加工方法有关；抗磨光性则受到上述所有因素加上矿物成分硬度的影响。因此用于沥青路面表层的粗集料应选用表面粗糙、坚硬、耐磨、抗冲击性好、磨光值大的碎石或破碎砾石集料。此外应严格控制沥青混合料中的沥青含量,特别是应选用含蜡量低的沥青,以免沥青表层出现滑溜现象。

5. 施工和易性

沥青混合料应具备良好的施工和易性,使混合料在拌和、摊铺与碾压过程中,集料颗粒保持分布均匀,表面被沥青膜完整地裹覆,并能被压实到规定的密度,这是保证沥青路面使用质量的必要条件。影响沥青混合料施工和易性的因素很多,诸如沥青混合料组成材料的技术品质、用量比例,以及施工条件等。目前尚无直接评价沥青混合料施工和易性的方法和指标,一般是通过合理选择组成材料、控制施工条件等措施来保证沥青混合料的质量。

(二)热拌沥青混合料的技术标准

1. 密级配沥青混凝土混合料马歇尔试验技术标准

《公路沥青路面施工技术规范》(JTG F40—2004)对密级配沥青混凝土混合料的技术要求见表1-5-9。

密级配沥青混凝土混合料马歇尔试验技术标准　　表1-5-9

试验指标		单位	高速公路、一级公路				其他等级公路	行人道路
			夏炎热区 (1-1、1-2、1-3、1-4区)		夏热区及夏凉区 (2-1、2-2、2-3、2-4、3-2区)			
			中轻交通	重载交通	中轻交通	重载交通		
击实次数(双面)		次	75				50	50
试件尺寸		mm	φ101.6mm×63.5mm					
空隙率 VV	深约90mm以内	%	3~5	4~6	2~4	3~5	3~6	2~4
	深约90mm以下	%	3~6		2~4	3~6	3~6	—
稳定度 MS,不小于		kN	8				5	3
流值 FL		mm	2~4	1.5~4	2~4.5	2~4	2~4.5	2~5
矿料间隙率 VMA (%) 不小于	设计空隙率(%)	相应于以下公称最大粒径(mm)的最小 VMA 及 VFA 技术要求(%)						
		26.5	19	16	13.2	9.5	4.75	
	2	10	11	11.5	12	13	15	
	3	11	12	12.5	13	14	16	
	4	12	13	13.5	14	15	17	
	5	13	14	14.5	15	16	18	
	6	14	15	15.5	16	17	19	
沥青饱和度 VFA(%)			55~70		65~75			70~85

注:1. 本表适用于公称最大粒径小于或等于26.5mm 的密级配沥青混凝土混合料。
2. 对空隙率大于5%的夏炎热区重载交通路段,施工时应至少提高压实度1%。
3. 当设计的空隙率不是整数时,由内插法确定要求的 VMA 最小值。
4. 对改性沥青混合料,马歇尔试验的流值可适当放宽。

2.沥青混合料路用性能检验标准

对用于高速公路和一级公路的公称最大粒径小于或等于19mm的密级配沥青混合料(AC)及SMA、OGFC混合料,需在配合比设计的基础上再进行各种路用性能检验。不符合要求的沥青混合料,必须更换材料或重新进行配合比设计。二级公路参照此要求执行。

(1)必须在规定的试验条件下进行车辙试验,并符合表1-5-10的要求。

沥青混合料车辙试验动稳定度技术要求 表1-5-10

气候条件与技术指标	相应于下列气候分区所要求的动稳定度(次/mm)									试验方法
七月份平均最高气温(℃)及气候分区	>30				20~30				<20	
	夏炎热区				夏热区				夏凉区	
	1-1	1-2	1-3	1-4	2-1	2-2	2-3	2-4	3-2	
普通沥青混合料,不小于	800		1000		600		80		600	T 0719
改性沥青混合料,不小于	2400		2800		2000		2400		1800	
SMA 混合料	非改性,不小于				1500					
	改性,小于				3000					
OGFC 混合料				1500(一般交通路段),3000(重交通量路段)						

注:1.如果其他月份的平均最高气温高于七月份时,可使用该月平均最高气温。
　　2.车辙试验不得采用二次加热的混合料,试验必须检验其密度是否符合试验规程的要求。

(2)必须在规定的试验条件下进行浸水马歇尔试验和冻融劈裂试验检验沥青混合料的水稳定性,并同时符合表1-5-11中的要求。达不到要求时,必须按要求采取抗剥落措施(比如掺加消石灰、水泥或用饱和石灰水处理后使用或掺加抗剥落剂,也可采用改性沥青的措施),调整最佳沥青用量后再次试验。

沥青混合料水稳定性检验技术要求 表1-5-11

气候条件与技术指标	相应于下列气候分区的技术要求(%)				试验方法
年降雨量(mm)及气候分区	>1000	500~1000	250~500	<250	
	1.潮湿区	2.湿润区	3.半干区	4.干旱区	
浸水马歇尔试验残留稳定度(%),不小于					
普通沥青混合料	80		75		T 0709
改性沥青混合料	85		80		
SMA 混合料	普通沥青		75		
	改性沥青		80		
冻融劈裂试验的残留强度比(%),不小于					
普通沥青混合料	75		70		T 0729
改性沥青混合料	80		75		
SMA 混合料	普通沥青		75		
	改性沥青		80		

(3)宜对密级配沥青混合料在温度-10℃、加载速率50mm/min的条件下进行弯曲试验,测定破坏强度、破坏应变、破坏劲度模量,并根据应力应变曲线的形状综合评价沥青混合料的

低温抗裂性能。其中沥青混合料的破坏应变宜不小于表 1-5-12 的要求。

沥青混合料低温弯曲试验破坏应变(με)技术要求　　　　表 1-5-12

气候条件与技术指标	相应于下列气候分区所要求的破坏应变(με)								试验方法
年极端最低气温(℃)及气候分区	<-37.0		-21.5~-37.0			-9.0~-21.5		>-9.0	
	1.冬严寒区		2.冬寒区			3.冬冷区		4.冬温区	
	1-1	2-1	1-2	2-2	3-2	1-3	2-3	1-4　2-4	
普通沥青混合料,不小于	2600		2300			2000			T 0715
改性沥青混合料,不小于	3000		2800			2500			

(4)宜利用轮碾机成型的车辙试验试件,脱模架起进行渗水试验,并符合表 1-5-13 的要求。

沥青混合料试件渗水系数技术要求　　　　表 1-5-13

级配类型	渗水系数要求(mL/min)	试验方法
密级配沥青混凝土,不大于	120	T 0730
SMA 混合料,不大于	80	
OGFC 混合料,不小于	实测	

六、沥青混合料组成材料的技术要求

沥青混合料的技术性质取决于组成材料的性质、配合比和制备工艺等。为保证沥青混合料的技术性质,首先要正确选择符合质量要求的组成材料。

1. 沥青材料

沥青是沥青混合料的重要组成材料,在选择沥青标号时,宜按照公路等级、气候条件、交通条件、路面类型及在结构层中的层位及受力特点、施工方法等,结合当地的使用经验,经技术论证后确定。

对高速公路、一级公路,夏季温度高、高温持续时间长、重载交通、山区及丘陵区上坡路段、服务区、停车场等行车速度慢的路段,尤其是汽车荷载剪应力大的层次,宜采用稠度大、60℃黏度大的沥青,也可提高高温气候区的温度水平选用沥青等级;对冬季寒冷的地区和交通量小的公路、旅游公路宜选用稠度小、低温延度大的沥青;对日温差、年温差大的地区宜注意选用针入度指数大的沥青。当高温要求与低温要求发生矛盾时应优先考虑满足高温性能的要求。

2. 粗集料

(1)物理力学性质要求。

沥青混合料的粗集料要求洁净、干燥、无风化、无杂质,并且具有足够的强度和耐磨性,形状要接近正立方体,表面粗糙,有一定的棱角。我国《公路沥青路面施工技术规范》(JTG F40—2004)规定其各项质量应符合表 1-5-14 的规定。

沥青混合料用粗集料质量技术要求　　　　表 1-5-14

指　　标	单位	高速公路及一级公路		其他等级公路	试验方法
		表面层	其他层次		
石料压碎值,不大于	%	26	28	30	T 0316

续上表

指 标	单位	高速公路及一级公路 表面层	高速公路及一级公路 其他层次	其他等级公路	试验方法
洛杉矶磨耗损失,不大于	%	28	30	35	T 0317
表观相对密度,不小于	t/m³	2.60	2.50	2.45	T 0304
吸水率,不大于	%	2.0	3.0	3.0	T 0304
坚固性,不大于	%	12	12	—	T 0314
针片状颗粒含量(混合料),不大于	%	15	18	20	T 0312
其中粒径大于9.5mm,不大于	%	12	15	—	T 0312
其中粒径小于9.5mm,不大于	%	18	20	—	T 0312
水洗法 <0.075mm 颗粒含量,不大于	%	1	1	1	T 0310
软石含量,不大于	%	3	5	5	T 0320

注:1. 坚固性试验可根据需要进行。
2. 用于高速公路、一级公路时,多孔玄武岩的视密度可放宽至2.45t/m³,吸水率可放宽至3%,但必须得到建设单位的批准,且不得用于SMA路面。
3. 对S14 即 3~5 规格的粗集料,针片状颗粒含量可不予要求,<0.075mm 含量可放宽到3%。

(2)粒径规格要求。

沥青混合料用粗集料规格应符合表1-5-15 的要求。

沥青混合料用粗集料规格　　　　表1-5-15

规格名称	公称粒径(mm)	通过下列筛孔(mm)的质量百分率(%)											
		106	75	63	53	37.5	31.5	26.5	19.0	13.2	9.5	4.75	2.36	0.6
S1	40~75	100	90~100	—	—	0~15	—	0~5						
S2	40~60		100	90~100	—	0~15	—	0~5						
S3	30~60		100	90~100	—	—	0~15	—	0~5					
S4	25~50			100	90~100	—	—	0~15	—	0~5				
S5	20~40				100	90~100	—	—	0~15	—	0~5			
S6	15~30					100	90~100	—	—	0~15	—	0~5		
S7	10~30					100	90~100	—	—	—	0~15	0~5		
S8	10~25						100	90~100	—	0~15	—	0~5		
S9	10~20							100	90~100	—	0~15	0~5		
S10	10~15								100	90~100	0~15	0~5		
S11	5~15								100	90~100	40~70	0~15	0~5	
S12	5~10									100	90~100	0~15	0~5	
S13	3~10									100	90~100	40~70	0~20	0~5
S14	3~5										100	90~100	0~15	0~3

(3)与沥青的黏附性要求。

选用岩石应尽量选用碱性岩石。由于碱性岩石与沥青具有较强的黏附力,组成沥青结合料可得到较高的力学强度。在缺少碱性岩石的情况下,也可采用酸性岩石代替,但必须对沥青或粗集料进行适当的处理,以增加混合料的黏聚力。粗集料与沥青的黏附性应符合表1-5-16的规定。高速公路、一级公路沥青路面的表面层(或磨耗层)的粗集料的磨光值也应符合表1-5-16的规定。

粗集料与沥青的黏附性、磨光值的技术要求　　　　　　　　　　　　　表1-5-16

雨量气候区		1(潮湿区)	2(湿润区)	3(半干区)	4(干旱区)	试验方法
年降雨量(mm)		>1000	1000~500	500~250	<250	附录A
粗集料的磨光值PSV,不小于		42	40	38	36	T 0321
粗集料与沥青的黏附性(级)	表面层	5	4	4	3	T 0616
	其他层次	4	4	3	3	T 0663

(4)采石场在生产过程中必须彻底清除覆盖层及泥土夹层。生产碎石用的原石不得含有土块、杂物,集料成品不得堆放在泥土地上。

3.细集料

(1)物理力学性能要求

沥青混合料用细集料必须由具有生产许可证的采石场、采砂场生产。细集料应洁净、干燥、无风化、无杂质,并有适当的颗粒级配,我国《公路沥青路面施工技术规范》(JTG F40—2004)对细集料的技术要求见表1-5-17。

沥青混合料用细集料质量要求　　　　　　　　　　　　　表1-5-17

项　目	单位	高速公路、一级公路	其他等级公路	试验方法
表观相对密度,不小于	t/m³	2.50	2.45	T 0328
坚固性(>0.3mm部分),不小于	%	12	—	T 0340
含泥量(小于0.075mm的含量),不大于	%	3	5	T 0333
砂当量,不小于	%	60	50	T 0334
亚甲蓝值,不大于	g/kg	25	—	T 0349
棱角性(流动时间),不小于	s	30	—	T 0345

注:坚固性试验可根据需要进行。

(2)粒径规格要求

热拌沥青混合料的细集料一般采用天然砂、机制砂和石屑。

天然砂可采用河砂或海砂,通常宜采用粗、中砂,其规格应符合表1-5-18的规定,砂的含泥量超过规定时应水洗后使用,海砂中的贝壳类材料必须筛除,热拌密级配沥青混合料中天然砂的用量通常不宜超过集料总量的20%,SMA和OGFC混合料不宜使用天然砂。

石屑是指采石场破碎石料时通过4.75mm或2.36mm的筛下部分,其规格应符合表1-5-19的要求。

细集料与粗集料和填料配制成矿质混合料,其级配应符合要求。当一种细集料不能满足级配要求时,可采用两种或两种以上的细集料掺合使用。

沥青混合料用天然砂规格 表1-5-18

筛孔尺寸(mm)	通过各孔筛的质量百分率(%)		
	粗砂	中砂	细砂
9.5	100	100	100
4.75	90~100	90~100	90~100
2.36	65~95	75~90	85~100
1.18	35~65	50~90	75~100
0.6	15~30	30~60	60~84
0.3	5~20	8~30	15~45
0.15	0~10	0~10	0~10
0.075	0~5	0~5	0~5

沥青混合料用机制砂或石屑规格 表1-5-19

规格	公称粒径(mm)	水洗法通过各筛孔的质量百分率(%)							
		9.5	4.75	2.36	1.18	0.6	0.3	0.15	0.075
S15	0~5	100	90~100	60~90	40~75	20~55	7~40	2~20	0~10
S16	0~3		100	80~100	50~80	25~60	8~45	0~25	0~15

注:当生产石屑采用喷水抑制扬尘工艺时,应特别注意含粉量不得超过表中要求。

4. 矿粉

沥青混合料的矿粉应采用石灰岩或岩浆岩中的强基性岩石(碱性石料)磨细制得的矿粉,应干燥、洁净,能自由地从矿粉仓流出,其质量应符合表1-5-20的技术要求。粉煤灰作为填料使用时,用量不得超过填料总量的50%,粉煤灰的烧失量应小于12%,与矿粉混合后的塑性指数应小于4%,其余质量要求与矿粉相同。高速公路、一级公路的沥青面层不宜采用粉煤灰作填料。

沥青混合料用矿粉质量要求 表1-5-20

项目	单位	高速公路、一级公路	其他等级公路	试验方法
表观相对密度,不小于	t/m³	2.50	2.45	T 0352
含水率,不大于	%	1	1	T 0103 烘干法
粒度范围 <0.6mm	%	100	100	T 0351
<0.15mm	%	90~100	90~100	
<0.075mm	%	75~100	70~100	
外观		无团粒结块		
亲水系数		<1		T 0353
塑性指数		<4		T 0354
加热安定性		实测记录		T 0355

七、沥青玛蹄脂碎石混合料(SMA)

1. SMA 概述

沥青玛蹄脂碎石混合料 SMA[Stone Mastic Asphalt(英),Stone Matrix Asphalt(美)]是由沥

青、纤维稳定剂、矿粉及少量的细集料组成的沥青玛蹄脂填充于间断级配的粗集料骨架间隙而组成的沥青混合料(图 1-5-8)。

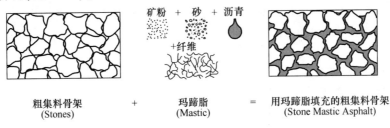

图 1-5-8　沥青玛蹄脂碎石混合料的构成

与传统的沥青混凝土混合料(AC)相比,SMA 无论在功能、经济还是技术上都更加优越,故而以其优良的高温抗车辙性能、低温抗裂性能、耐久性和优良的路用性能被各国纷纷采用及研究。SMA 于 20 世纪 60 年代发源于德国,现已发展成欧洲重交通道路、机场和港区道路流行的沥青混合料,并在世界范围内推广应用。SMA 由粗集料构成的坚固的骨架结构具有优异的抵抗永久变形的能力,而填充粗集料结构空隙的丰富沥青玛蹄脂赋予 SMA 高度的耐久性,其粗糙的表面构造则使路面具有优良的抗滑性能和较低的交通噪声。

(1) SMA 的组成特点

①SMA 是一种间断级配的沥青混合料,粗集料含量较高,以 SMA-16 为例,4.75mm 以上颗粒含量高达 70% ~80%;矿粉用量较多,达 8% ~13%;细集料用量很少。

②为加入较多的沥青,一方面增加矿粉用量,同时使用纤维作为稳定剂。

③沥青结合料用量多(6% ~7%),且要求沥青黏度大,软化点高,温度稳定性好,最好采用改性沥青。

④对材料的要求:粗集料必须特别坚硬,表面粗糙,针片状颗粒少,以便嵌挤良好;细集料一般不用天然砂,宜采用坚硬的人工砂;矿粉必须是磨细石灰石粉。

总体来说,SMA 组成特点是"三多一少",即粗集料多、矿粉多、沥青结合料多、细集料少,掺有纤维稳定剂,材料要求高,使用性能全面提高。

(2) SMA 的技术特点

①抗车辙能力高

较高百分率的破碎粗集料组成一个紧密嵌锁的骨架结构,帮助消散对下层的冲击力,交通荷载主要由粗集料骨架承受,有效防止车辙。90% 的 SMA 项目测试车辙深度小于 4mm,约 25% 项目未出现车辙。

②优良的抗裂性能

低温抗裂性主要由结合料的拉伸性能决定。由于 SMA 集料间填满了沥青玛蹄脂,它有较好的黏结作用,在低温收缩变形时,它的韧性和柔性使得混合料有较好的低温变形性能。SMA 路面,很少发现温度和反射裂缝,这主要由于采用了优良性质的沥青结合料和较厚的沥青膜。

③良好的水稳定性和耐久性

SMA 沥青混合料的空隙率很小,几乎不透水,混合料受水的影响很小,再加上玛蹄脂与集料的黏结力好,使得沥青混合料的水稳定性有较大改善。同时较厚的沥青膜能减少氧化、水分渗透、沥青剥落和集料破碎,从而使面层有较长的使用寿命。

④耐磨性能和抗滑性能好

由于全部采用轧制的具有粗糙表面的高强碎石,又采用间断级配,所以压实成型后其表面构造深度大,因此具有良好的抗滑和耐磨性能,雨天行车也不会有大的水雾和溅水,噪声也会明显降低。

如上所述,SMA路面具有极优异的面层功能特性,稳定性好。由于具有较高的抗滑性、平整度和抗车辙能力,降低交通噪声,改善雨天的能见度,所以为车辆行驶提供了优良的安全性和舒适性。同时,由于SMA路面耐久性好,故养护工作少,使用寿命长,综合经济效益和环境效益好。

2. SMA的材料选择

(1)沥青

SMA混合料采用的沥青较黏稠,以适应其高沥青含量的低流淌性。一般使用针入度等级90以下的道路石油沥青。在寒冷地区,采用此范围内较大针入度的沥青时,还应考虑其沥青改性。在其他地区,应使用较黏稠的沥青。SMA的沥青用量比沥青混凝土的用量要高,这主要是由于混合料中的矿粉用量较高引起的。在实际设计和铺筑中,聚合物改性沥青在SMA中的用量范围为5.0%~6.5%。而当有机物或矿质纤维作为稳定剂时,沥青用量一般可达5.5%~7.0%,甚至更高。

(2)集料

用于SMA混合料的粗集料应是高质量的轧制碎石,为不吸水的硬质石料,表面粗糙,以便更好地发挥其骨架间的锁结摩擦作用及增强沥青与集料的黏结作用。严格限制软石含量,形状接近正立方体,针片状颗粒含量尽可能的低。集料的力学性质如耐磨耗性、压碎性、耐磨光性等要高于沥青混凝土的要求,还要尽量选择碱性集料,若不能满足要求,必须采取有效的抗剥落措施。

细集料最好选用机制砂。当采用普通石屑作为细集料时,宜采用石灰石石屑,且不得含有泥土等杂物。当与天然砂混用时,天然砂的含量不宜超过机制砂或石屑的比例。另外细集料的棱角性最好大于45%。

粗、细集料的技术要求还要符合表1-5-14、表1-5-17的规定。

(3)填料

必须采用石灰石等碱性岩石磨细的矿粉。矿粉的质量应满足普通热拌沥青混合料对矿粉的要求。粉煤灰不得作为SMA混合料的填料使用。回收粉尘的比例不得超过填料总量的25%。

(4)纤维稳定剂

稳定剂在SMA中的作用:一是稳定沥青;二是增加沥青混合料的抗拉强度和抗滑能力。沥青玛蹄脂碎石混合料在没有纤维、沥青含量多、矿粉用量大的情况下,沥青矿粉胶浆在运输、摊铺过程中会产生流淌离析,或在成型后由于沥青膜厚而引起路面抗滑性差等现象。

纤维稳定剂宜选用木质纤维素、矿物纤维等。纤维应在250℃的干拌温度下不变质、不发脆,使用纤维必须符合环保要求,不危害人们身体健康。纤维必须在混合料拌和过程中能充分分散均匀。

矿物纤维宜采用玄武岩等矿石制造,易影响环境及造成人体伤害的石棉纤维不宜直接使用。

3. SMA 的应用

SMA 被广泛地应用于高速公路、城市快速路、干线道路的抗滑表层及公路重交通路段、重载及超载车多的路段、城市道路的公共汽车专用道、城市道路交叉口、公路汽车站、停车场、城镇地区等需要降低噪声路段的铺装,特别是钢桥面铺装。

八、其他沥青混合料

1. 冷拌沥青混合料

冷拌沥青混合料也称常温沥青混合料,是指矿料与乳化沥青或液体沥青在常温状态下拌和、铺筑的沥青混合料。这种混合料一般比较松散,存放时间达 3 个月以上,可随时取料施工。

冷拌沥青混合料适用于三级及三级以下公路的沥青面层、二级公路的罩面层施工以及各级公路的沥青路面的基层、联结层或整平层。冷拌改性沥青混合料可用于沥青路面的坑槽冷补。

冷拌沥青混合料中对矿料的要求与热拌沥青混合料大致相同。冷拌沥青混合料中的沥青可采用液体石油沥青、乳化沥青或改性乳化沥青,我国普遍采用乳化沥青。乳化沥青用量应根据当地实践经验以及交通量、气候、集料情况、沥青标号、施工机械等条件确定,一般情况较热拌沥青碎石混合料沥青用量减少 15%~20%。

冷拌沥青混合料在道路铺筑前,常温条件下应保持疏松,易于施工,不易结团。冷拌沥青混合料不能在道路修筑时达到完全固结压实的程度,而是在开放交通后,在车辆作用下逐渐使路面固结起来,达到要求的密实度。

2. 水泥混凝土路面填缝料

水泥混凝土路面因受温度应力的影响和施工的原因,必须修筑纵向和横向的接缝。为了使路表水不致渗入接缝而降低路面基层的稳定性,必须在这些接缝处嵌填接缝材料。

水泥混凝土接缝材料包括接缝板和填缝料。接缝板主要为杉木板橡胶、海绵泡沫树脂类和纤维板类。水泥混凝土路面接缝的填缝料应与混凝土板黏结性好,低温时延度大,从而在混凝土板收缩时不会开裂。同时,高温时不软化、不流淌,具有较好的热稳定性,并且具有抗老化的耐久性。填缝料包括加热施工式填缝料(如树脂沥青类的聚氯乙烯胶泥填缝料、橡胶沥青类的氯丁橡胶沥青填缝料)和常温施工填缝料(如聚氨酯类的改性沥青填缝胶、聚氨酯焦油、密封胶等)。

3. 桥面铺装材料

为了保护桥面板,防止车轮或履带直接磨耗桥面,并分散车轮集中荷载,应在桥面上铺筑铺装层。通常有水泥混凝土和沥青混凝土铺装。下面只介绍沥青混凝土桥面铺装。

(1)水泥混凝土桥

大中型水泥混凝土桥桥面铺筑的沥青铺装层应满足与混凝土桥面的黏结、防止渗水、抗滑及有较高抵抗振动变形的能力等功能性的要求,对于钢桥还要防止钢桥面生锈。

沥青铺装层由黏层、防水层、保护层及沥青面层组成,总厚度为 6~10cm。对潮湿多雨、纵坡度较大或设计车速较高的桥面还应加设抗滑表层。分述如下：

①黏层：黏层沥青可采用快裂的洒布型乳化沥青，或快、中凝液体石油沥青、煤沥青，其种类、标号应与所使用沥青相同。

②防水层：其厚度宜为1.0~1.5mm，可采用沥青涂胶防水层、高聚物涂胶防水层、沥青卷材防水层等几种形式。

③保护层：其厚度约为1.0cm，主要为防止损伤防水层而设置。一般采用AC-10或AC-5型沥青混凝土或单层式沥青表面处治。

④沥青面层：宜采用高温稳定性好的AC-16、AC-20型中粒式热拌沥青混凝土，厚度4~6cm。面层所用沥青最好为改性沥青。

(2) 钢桥

钢桥桥面铺装应满足防水性、稳定性、抗裂性、耐久性以及层间连接性好的使用性能要求。根据铺装的功能要求，钢桥桥面铺装结构有防锈层、防水黏结层以及沥青面层。

①防锈层：对钢桥桥面必须采取防锈措施。

②防水黏结层：宜采用高黏度的改性沥青、环氧沥青、防水卷材。当采用浇注式沥青混凝土铺筑桥面时，可不设防水黏结层。

③沥青面层：可采用单层铺筑（铺装厚度低于60mm）或两层铺筑。沥青铺装下层混合料应具有较好的变形能力，能适应钢桥面板的各种变形，同时还应满足耐久、抗车辙、抗水损害、防水性能要求；上层混合料应具有较好的热稳定性，抗车辙能力强，同时还应满足耐久、抗裂、抗水损害、抗滑性能要求。混合料类型可选用沥青玛蹄脂碎石（SMA）、浇筑式沥青混凝土（GA）、密级配沥青混凝土（AC）混合料，其中SMA、AC应采用改性沥青，而GA应采用硬质沥青。

4. 大孔隙开级配排水式沥青磨耗层（OGFC）

大孔隙开级配排水式沥青磨耗层是指混合料经压实后其剩余空隙率大于18%的沥青混合料。它的主要特点是：

(1) 透水性。降雨时，雨水可通过OGFC内部的孔隙流动并排出路面外，而不会在表面形成水膜和径流，从而避免水漂现象，消除溅水和喷雾现象。

(2) 降低噪声。OGFC有降低噪声水平的性能，主要是由于：①层内孔隙吸音；②消除了轮胎与路面接触面的吸气；③有良好的平整度。

(3) 抗滑性。OGFC主要优点在于改善潮湿气候条件下和高速行驶时的抗滑能力。

(4) 耐久性较差。OGFC的缺点是容易剥落。有关资料表明，OGFC的耐久性比密实沥青混凝土表面面层短5年，如果掺加改性剂则可延长寿命。

九、沥青混合料配合比设计

我国现行沥青混合料的配合比设计方法主要内容包括：①矿料组成设计：采用试算法或图解法决定各种矿料用量；②最佳沥青用量确定：通过马歇尔稳定度试验，初步确定沥青最佳用量；然后进行水稳定性和动稳定度校核调整。经设计确定的标准配合比在施工过程中不得随意变更，生产过程中应加强跟踪检测，严格控制进场材料的质量，如遇材料发生变化并经检测沥青混合料的矿料级配、马歇尔技术指标不符合要求时，应及时调整配合比，保证混合料质量的稳定性。沥青混合料配合比设计步骤：第一步，矿质混合料配合组成设计；第二步，沥青最佳用量确定;第三步,配合比设计检验。

采用的是马歇尔试验配合比设计方法,它适用于密级配沥青混凝土及沥青稳定碎石混合料。沥青混合料配合比设计包括目标配合比设计、生产配合比设计及生产配合比验证(即试验路试铺)三个阶段,通过三个阶段的配合比设计过程,可以确定沥青混合料中组成材料品种、矿料级配和沥青用量。本任务着重介绍目标配合比设计。

目标配合比设计可分为矿质混合料组成设计和沥青最佳用量的确定两部分内容。

(一)矿质混合料的组成设计

矿质混合料配合组成设计的目的是选配一个具有足够密实度,并且有较高的内摩阻力的矿质混合料。通常是采用规范推荐的矿质混合料级配范围来确定。根据我国《公路沥青路面施工技术规范》(JTG F40—2004)的规定,按下列步骤进行。

1. 确定沥青混合料类型

热拌沥青混合料适用于各种等级公路的沥青路面。沥青混合料的类型应根据道路等级、路面类型、所处的结构层位按表1-5-21来选定。

沥青混合料类型　　　　　　　　　　　　　　表1-5-21

结构层次	高速公路、一级公路、城市快速路、主干路					其他等级公路		一般城市道路及其他道路工程			
	三层式沥青混凝土路面			两层式沥青混凝土路面							
上面层	AC-13 AC-16 AC-20	AK-13 AK-16	SMA-13 SMA-16	AC-13 AC-16	AK-13 AK-16	SMA-13 SMA-16	AC-13 AC-16	SMA-13 SMA-16	AC-13 AC-16 AC-20	AK-13 AK-16	SMA-13 SMA-16
中面层	AC-20 AC-25			—			—		AC-20 AC-25		
下面层	AC-25 AC-30			AC-20 AC-25 AC-30			AC-20 AC-25 AC-30	AM-25 AM-30	AC-25 AC-30	AM-25 AM-30	

2. 确定矿质混合料的级配范围

根据已确定的沥青混合料类型,查阅规范推荐的矿质混合料级配范围表(表1-5-22、表1-5-23),即可确定所需的级配范围。

密级配沥青混合料矿料级配范围　　　　　　　　　　　表1-5-22

级配类型		通过下列筛孔(mm)的质量百分率(%)											
		31.5	26.5	19	16	13.2	9.5	4.75	2.36	1.18	0.6	0.3	0.15	0.075
粗粒式	AC-25	100	90~100	75~90	65~83	57~76	45~65	24~52	16~42	12~33	8~24	5~17	4~13	3~7
中粒式	AC-20		100	90~100	78~92	62~80	50~72	26~56	16~44	12~33	8~24	5~17	4~13	3~7
	AC-16			100	90~100	76~92	60~80	34~62	20~48	13~36	9~26	7~18	5~14	4~8
细粒式	AC-13				100	90~100	68~85	38~68	24~50	15~38	10~28	7~20	5~15	4~8
	AC-10					100	90~100	45~75	30~58	20~44	13~32	9~23	6~16	4~8
砂粒式	AC-5						100	90~100	55~75	35~55	20~40	12~28	7~18	5~10

密级配沥青碎石混合料矿料级配范围

表 1-5-23

级配类型		通过下列筛孔(mm)的质量百分率(%)												
		53	37.5	31.5	26.5	19	16	13.2	9.5	4.75	2.36	1.18	0.6	0.3	0.15	0.075
特粗式	ATB-40	100	90~100	75~92	65~85	49~71	43~63	37~57	30~50	20~40	15~32	10~25	8~18	5~14	3~10	2~6
	ATB-30		100	90~100	70~90	53~72	44~66	39~60	31~51	20~40	15~32	10~25	8~18	5~14	3~10	2~6
粗粒式	ATB-25			100	90~100	60~80	48~68	42~62	32~52	20~40	15~32	10~25	8~18	5~14	3~10	2~6

3. 矿质混合料配合比设计

（1）组成材料的原始数据测定

根据现场取样，对粗集料、细集料和矿粉进行筛分试验，按筛析结果分别绘出各组成材料的筛分曲线。同时测出各组成材料的相对密度，以供计算物理常数备用。

（2）计算组成材料的配合比

根据各组成材料的筛析试验资料，采用图解法或试算法确定符合级配范围的各组成材料用量比例。

（3）调整配合比

计算得到的合成级配应根据下列要求做必要的配合比调整：

①通常情况下，合成级配曲线宜尽量接近设计级配中限，尤其应使 0.075mm、2.36mm 和 4.75mm 筛孔的通过量尽量接近设计级配范围的中限。

②对高速公路、一级公路、城市快速路、主干路等交通量大、轴载重的道路，宜偏向级配范围的下（粗）限。对一般道路、中小交通量或人行道路等宜偏向级配范围的上（细）限。

③合成级配曲线应接近连续的或合理的间断级配，但不应有过多的犬牙交错。当经过调整仍有两个以上的筛孔超出级配范围时，必须对原材料进行调整或更换原材料重新试验。

4. 图解法

我国现行规范推荐采用的图解法又称为修正平衡面积法。由三种或三种以上的集料进行组配时，采用此方法进行设计十分方便。

修正平衡面积法的设计步骤如下：

（1）绘制级配曲线图

①根据要求的级配范围计算通过率的中值，作为设计依据。

②根据级配范围中值，确定相应的横坐标的位置。

先绘制一长方形图框，通常纵坐标通过百分量取 10cm，横坐标筛孔尺寸取 15cm。连接对角线 OO'（图1-5-9）作为合成级配的中值。纵坐标按算术坐标，标出通过百分率（0~100%）。根据合成级配中值要求的各筛孔通过百分率，从纵坐标引平行线与对角线相交，再从交点作垂线与横坐标相交，其交点即为级配范围中值所对应的各筛孔尺寸（mm）的位置。

图解法进行矿质混合料的计算

③在坐标图上绘制各种集料的级配曲线（图1-5-9）。

（2）确定各种集料的用量比例

从级配曲线图（图1-5-10）上最粗集料开始，依次分析两种相邻集料的级配曲线，直至最细集料。在分析过程中，两相邻集料的级配曲线可能出现的情况有图1-5-10所示的三种情况：

①两相邻级配曲线重叠

如集料 A 级配曲线下部与集料 B 级配曲线上部重叠,此时,应进行等分,即在两级配曲线相重叠的部分引一条使 $a = a'$ 的垂线 AA',再通过垂线 AA' 与对角线 OO' 的交点 M 作一水平线交纵坐标于 P 点。OP 即为集料 A 的用量比例。

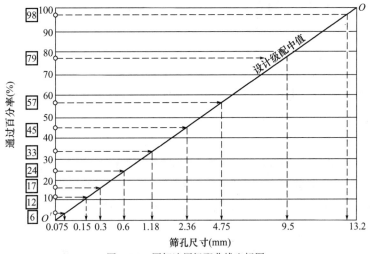

图 1-5-9　图解法用级配曲线坐标图

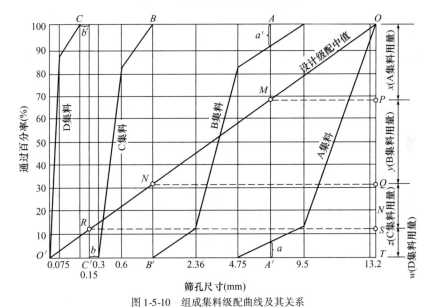

图 1-5-10　组成集料级配曲线及其关系

②两相邻级配曲线相接

如集料 B 的级配曲线末端与集料 C 的级配曲线首端正好在一垂直线上,此时应进行连接。将集料 B 级配曲线的末端与集料 C 级配曲线的首端相连,即为垂线 BB',再通过垂线 BB' 与对角线 OO' 的交点 N 作一水平线交纵坐标于 Q 点,PQ 即为集料 B 的用量比例。

③两相邻级配曲线相离

如集料 C 级配曲线的末端与集料 D 级配曲线的首端相离一段距离,此时应进行平分。即作

一垂线 CC' 平分相离的距离(即 $b = b'$),再通过垂线 CC' 与对角线 OO' 的交点 R 作一水平线交纵坐标于 S 点,QS 即为集料 C 的用量比例。

剩余部分 ST 即为集料 D 的用量比例。

(3)校核

按图解所得各种集料的用量比例,校核计算合成级配是否符合要求,如超出级配范围要求,应调整各集料的比例,直至符合要求为止。

(二)沥青最佳用量的确定

我国《公路沥青路面施工技术规范》(JTG F40—2004)规定的方法是采用马歇尔试验法确定最佳沥青用量。具体步骤如下:

1. 马歇尔试样制备

①按确定的矿质混合料配合比,计算各种矿质材料的用量。

②以预估的油石比为中值,按一定间隔(对密级配沥青混合料通常为 0.5%,对沥青混合料可适当缩小间隔为 0.3% ~ 0.4%),取 5 个或 5 个以上不同的油石比分别成型马歇尔试件。

2. 测定并计算物理指标

测定沥青混合料试件的密度,计算空隙率、矿料间隙率及沥青饱和度等参数。在测定混合料密度时,应根据沥青混合料类型及密实程度选择测试方法。在工程中,吸水率小于 0.5% 的密实型沥青混合料试件应采用水中重法测定;较密实的沥青混合料试件应采用表干法测定;吸水率大于 2% 的沥青混合料应采用蜡封法测定;空隙率较大的开级配沥青混合料试件可采用体积法测定。

3. 测定力学指标

为确定沥青混合料的最佳沥青用量,应用马歇尔稳定度仪测定沥青混合料的力学指标,如马歇尔稳定度、流值。

4. 确定最佳沥青用量

(1)绘制沥青用量与物理-力学指标关系图。

以油石比或沥青用量为横坐标,以马歇尔试验的各项指标为纵坐标,将试验结果绘制成油石比或沥青用量与各项指标的关系曲线。确定均符合规范规定的沥青混合料技术标准的沥青用量范围 OAC_{min} ~ OAC_{max}(选择的沥青用量范围必须涵盖设计空隙率的全部范围,并尽可能涵盖沥青饱和度的要求范围,使密度及稳定度曲线出现峰值)。

(2)确定沥青混合料的最佳沥青用量 OAC_1。

①在图 1-5-11 所示曲线上求取相应于密度最大值、稳定度最大值、目标空隙率(或中值)、沥青饱和度范围中值的沥青用量 a_1、a_2、a_3、a_4,取平均值作为 OAC_1。

$$OAC_1 = (a_1 + a_2 + a_3 + a_4) \div 4 \qquad (1\text{-}5\text{-}3)$$

②如果所选择的沥青用量范围未能涵盖沥青饱和度的要求范围,按式(1-5-4)求三者的平均值作为 OAC_1。

$$OAC_1 = (a_1 + a_2 + a_3) \div 3 \qquad (1\text{-}5\text{-}4)$$

③对所选择试验的沥青用量范围,密度或稳定度没有出现峰值(最大值经常在曲线的两

端)时,可直接以目标空隙率所对应的沥青用量 a_3 作为 OAC_1,但 OAC_1 必须介于 OAC_{min} ~ OAC_{max} 的范围内。否则应重新进行配合比设计。

(3)确定沥青混合料的最佳沥青用量 OAC_2。

以各项指标均符合技术标准(不含VMA)的沥青用量范围 OAC_{min} ~ OAC_{max} 的中值作为 OAC_2。

$$OAC_2 = (OAC_{min} + OAC_{max}) \div 2 \tag{1-5-5}$$

(4)通常情况下取 OAC_1 及 OAC_2 的中值作为计算的最佳沥青用量 OAC。

$$OAC = (OAC_1 + OAC_2) \div 2 \tag{1-5-6}$$

(5)按式(1-5-6)计算的最佳油石比 OAC,从图1-5-9中得出所对应的空隙率和VMA值,检验是否能满足表1-5-9关于最小VMA值的(OAC 宜位于VMA凹形曲线最小值的偏右一侧)。当空隙率不是整数时,最小VMA按内插法确定,并将其画入图1-5-11中。

(6)检查图1-5-11中相应于此 OAC 的各项指标是否均符合马歇尔试验技术标准。

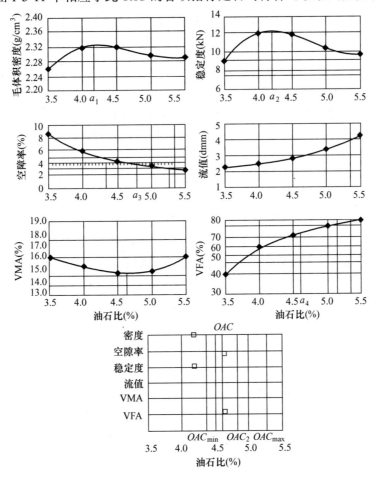

图1-5-11 沥青用量与马歇尔试验结果关系图

注:①图中 $a_1 = 4.2\%$, $a_2 = 4.25\%$, $a_3 = 4.8\%$, $a_4 = 4.7\%$, $OAC_1 = 4.49\%$(由4个平均值确定), $OAC_{min} = 4.3\%$, $OAC_{max} = 5.3\%$, $OAC_2 = 4.8\%$, $OAC = 4.64\%$;

②绘制曲线时含VMA指标,且应为下凹形曲线,但确定 OAC_{min} ~ OAC_{max} 时不包括VMA。

(7)根据实践经验和公路等级、气候条件、交通情况,调整确定最佳沥青用量 OAC。

①调查当地各项条件相接近的工程的沥青用量及使用效果,论证适宜的最佳沥青用量。

②对炎热地区公路以及高速公路、一级公路的重载交通路段,山区公路的长大坡度路段,预计有可能产生较大车辙时,宜在空隙率符合要求的范围内将计算的最佳沥青用量减小0.1%~0.5%作为设计沥青用量。如其他指标超出范围应在报告中予以说明。但碾压时用重型轮胎压路机和振动压路机碾压,使空隙率和渗水系数符合要求。否则宜调整所减小的沥青用量的幅度。

③对寒区公路、旅游公路、交通量很少的公路,最佳沥青用量可以在 OAC 的基础上增加0.1%~0.3%,以适当减小设计空隙率,但不得降低压实度要求。

(8)按相应公式计算沥青结合料被集料吸收的比例及有效沥青含量。

(9)检验最佳沥青用量时的粉胶比和有效沥青膜厚度(计算沥青混合料的粉胶比,宜符合0.6~1.6的要求。对常用的公称最大粒径为13.2~19mm 的密级配沥青混合料,粉胶比宜控制在0.8~1.2范围内)。

5.配合比设计检验

对用于高速公路和一级公路的密级配沥青混合料,需在配合比设计的基础上按规范要求进行各种使用性能的检验,不符合要求的沥青混合料,必须更换材料或重新进行配合比设计。

(1)高温稳定性检验。对公称最大粒径等于或小于19mm 的混合料,必须按最佳沥青用量 OAC 制作车辙试件进行车辙试验,动稳定度应符合表1-5-10的要求。

(2)水稳定性检验。按最佳沥青用量 OAC 制作试件,进行浸水马歇尔试验和冻融劈裂试验,残留稳定度及残留强度比均必须符合表1-5-11的规定。

(3)低温抗裂性能检验。对公称最大粒径等于或小于19mm 的混合料,按规定方法进行低温弯曲试验,应符号表1-5-12要求。

(4)渗水系数检验。利用轮碾机成型的车辙试件进行渗水试验,检验的渗水系数宜符合表1-5-13要求。

(三)沥青混合料配合比设计工程实例

[例1-5-1] 试设计某高速公路沥青混凝土三层式路面上面层(AC-13)用沥青混合料的配合比。

[原始资料]

1.气候条件。最高月平均气温为31℃,最低月平均气温为 -8℃。年降水量为1500mm。

2.材料性能。

(1)沥青材料:可供应重交通 AH-50、AH-70和 AH-90道路石油沥青,经检验各项技术性能均符合要求。

(2)矿质材料。碎石和石屑:石灰石轧制碎石,饱水抗压强度120MPa,洛杉矶磨耗率12%,黏附性(水煮法)5级,视密度2700kg/m³。砂:洁净河砂,细度模量属中砂,含泥量及泥块量均<1%,视密度2650kg/m³。矿粉:石灰石磨细矿粉,粒度范围符合技术要求,无团粒结块,视密度2580kg/m³。

[设计要求]

1.根据道路等级、路面类型和结构层位确定沥青混凝土的矿质混合料的级配范围。根据现有各种矿质材料的筛析结果,用图解法确定各种矿质材料的配合比并进行调整。

2.根据选定的矿质混合料类型相应的沥青用量范围,通过马歇尔试验,确定最佳沥青用量,并进行水稳定性检验和抗车辙能力检验。

解:

1.矿质混合料配合组成设计

(1)确定矿质混合料级配范围

AC-13沥青混凝土混合料的级配范围见表1-5-24。

矿质混合料要求级配范围(%)   表1-5-24

级配类型	筛孔尺寸(方孔筛)(mm)								
	16.0	13.2	9.5	4.75	2.36	1.18	0.6	0.3	0.15	0.075
AC-13级配范围	100	90~100	68~85	38~68	24~50	15~38	10~28	7~20	5~15	4~8
级配中值	100	95	76.5	53	37	26.5	19	13.5	10	6

(2)矿质混合料配合比计算

①组成材料筛析试验

根据现场取样,碎石、石屑、砂和矿粉等原材料筛分结果列于表1-5-25。

组成材料筛析试验结果   表1-5-25

材料名称	筛孔尺寸(方孔筛)(mm)								
	16.0	13.2	9.5	4.75	2.36	1.18	0.6	0.3	0.15	0.075
	通过百分率(%)								
碎石	100	94	26	0	0	0	0	0	0	0
石屑	100	100	100	80	40	17	0	0	0	0
砂	100	100	100	100	94	90	76	38	17	0
矿粉	100	100	100	100	100	100	100	100	100	86

②组成材料配合比计算

用图解法计算组成材料配合比,如图1-5-12所示。由图解法确定各种材料用量为碎石:石屑:砂:矿粉=37%:38%:17%:8%。各种材料组成配合比计算见表1-5-26。将表1-5-26计算的合成级配绘于矿质混合料级配范围图1-5-13中。

从图1-5-13可以看出,计算结果的合成级配曲线接近级配范围中值。

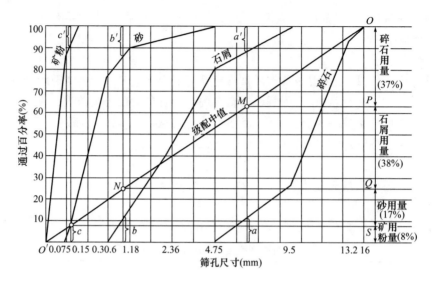

图 1-5-12 矿质混合料配合比计算图

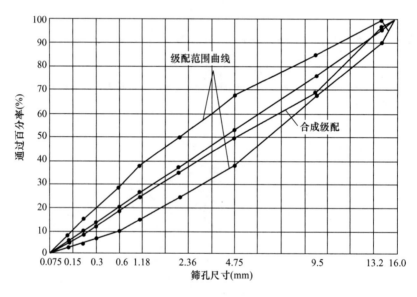

图 1-5-13 矿质混合料级配范围和合成级配图

矿质混合料组成配合计算表　　　　　　　　　表 1-5-26

材料组成		筛孔尺寸（方孔筛）(mm)								
		16.0	13.2	9.5	4.75	2.36	1.18	0.6	0.3	0.15	0.075
		通过百分率(%)								
原材料级配	碎石100%	100	94	26	0	0	0	0	0	0	0
	石屑100%	100	100	100	80	40	17	0	0	0	0
	砂100%	100	100	100	100	94	90	76	38	17	0
	矿粉100%	100	100	100	100	100	100	100	100	100	86

续上表

材料组成		筛孔尺寸(方孔筛)(mm)									
		16.0	13.2	9.5	4.75	2.36	1.18	0.6	0.3	0.15	0.075
		通过百分率(%)									
各矿质材料在混合料中级配	碎石37%(43%)	37 43	34.8 40.4	9.6 11.2	0	0	0	0	0	0	0
	石屑38%(35%)	38 35	38 35	38 35	30.4 28.0	15.2 14.0	6.5 5.9	0	0	0	0
	砂17%(15%)	17 15	17 15	17 15	17 15	15.9 14.1	15.3 13.5	12.9 11.4	6.5 5.7	2.9 2.6	0
	矿粉8%(7%)	8 7	8 7	8 7	8 7	8 7	8 7	8 7	8 7	8 7	6.9 6.0
合成级配		100 100	97.8 97.4	72.6 68.2	55.4 50.0	39.1 35.1	29.8 26.4	20.9 18.4	14.5 12.7	10.9 9.6	6.9 6.0
级配范围(AC-13I)		100	90~100	68~85	38~68	24~50	15~38	10~28	7~20	5~15	4~8
级配中值		100	95	76.5	53	37	26.5	19	13.5	10	6

注:括号内的数字为级配调整后的各项相应数值。

③调整配合比

由于高速公路交通量大,轴载重,为使沥青混合料具有较高的高温稳定性,合成级配曲线应偏向级配曲线范围的下限,为此应调整配合比。

经过调整,各种材料用量为碎石:石屑:砂:矿粉 = 43%:35%:15%:7%。按此计算结果列如表1-5-28中括号内数字。并将合成级配绘于图1-5-14中,由图中可看出,调整后的合成级配曲线为一光滑平顺接近级配曲线下限的曲线。

2.沥青最佳用量确定

(1)试件成型

根据当地气候条件属于1-4夏炎热冬温区,采用AH-70沥青。

以预估沥青用量为中值,采用0.5%变化,制备5组试件,两面各击实75次成型。

(2)马歇尔试验

①物理指标测定。按上述方法成型的试件,24h后测定并计算其毛体积密度、空隙率、矿料间隙率、沥青饱和度等物理指标。

②力学指标测定。在60℃条件下测定各组试件马歇尔稳定度和流值。

马歇尔试验结果列如表1-5-27所示。

马歇尔试验物理-力学指标测定结果汇总表 表1-5-27

试件组号	沥青用量(%)	技术性质					
		毛体积密度(g/cm^3)	空隙率VV(%)	矿料间隙率VMA(%)	沥青饱和度VFA(%)	稳定度MS(kN)	流值FL(0.1mm)
01	4.5	2.353	6.4	16.7	61.7	7.8	21
02	5.0	2.378	4.7	16.3	71.2	8.6	25

续上表

试件组号	沥青用量（%）	技术性质					
		毛体积密度（g/cm³）	空隙率 VV(%)	矿料间隙率 VMA(%)	沥青饱和度 VFA(%)	稳定度 MS(kN)	流值 FL (0.1mm)
03	5.5	2.392	3.4	16.2	79.0	8.7	32
04	6.0	2.401	2.3	16.4	85.8	8.1	37
05	6.5	2.396	1.8	17.0	89.4	7.0	44
技术标准（JTG F40—2004）	—		3~6	不少于15	65~75	8	15~40

(3) 马歇尔试验结果分析

① 绘制沥青用量与物理-力学指标关系图。根据表1-5-27，绘制沥青用量与毛体积密度、空隙率、饱和度、矿料间隙率、稳定性、流值的关系图，如图1-5-14所示。

② 确定沥青用量初始值 OAC_1。从图1-5-14得，相应于稳定度最大值的沥青用量 a_1 = 5.4%，相应密度最大值的沥青用量 a_2 = 6.0%，相应于规定空隙率范围的中值的沥青用量 a_3 = 5.1%，相应于沥青饱和度范围中值的沥青用量 a_4 = 4.9%。

$$OAC_1 = (a_1 + a_2 + a_3 + a_4) \div 4 = (5.4\% + 6.0\% + 5.1\% + 4.9\%) \div 4 = 5.35\%$$

③ 确定沥青用量初始值 OAC_2。由图1-5-14得，各指标符合沥青混合料技术指标的沥青用量范围：

$$OAC_{\min} = 4.6\% \qquad OAC_{\max} = 5.3\%$$
$$OAC_2 = (OAC_{\min} + OAC_{\max}) \div 2 = (4.6\% + 5.3\%) \div 2 = 4.95\%$$

④ 通常情况下取 OAC_1 及 OAC_2 的中值作为计算的最佳沥青用量 OAC。

$$OAC = (OAC_1 + OAC_2) \div 2 = (5.35\% + 4.95\%) \div 2 = 5.15\%$$

⑤ 从图1-5-14中找出最佳沥青用量 OAC 所对应的空隙率和矿料间隙率值，满足表1-5-11关于最小矿料间隙率的要求。

⑥ 调整确定最佳沥青用量 OAC。

当地气候属于炎热地区的高速公路重载交通段，宜在空隙率符合要求的范围内将计算的最佳沥青用量减小0.1%~0.5%作为设计沥青用量，则调整后的最佳沥青用量 OAC' = 5.0%。

(4) 抗车辙能力校核。

以沥青用量5.15%和5.0%分别制备试件，进行抗车辙试验，试验结果列表如表1-5-28所示。

沥青混合料抗车辙试验结果 表1-5-28

沥青用量 OAC(%)	试验温度 T(℃)	试验轮压 P(MPa)	试验条件	动稳定度 DS(次/mm)
5.15	60	0.7	不浸水	1130
5.0	60	0.7	不浸水	1380

从表1-2-28中试验结果可知，OAC = 5.15%和 OAC' = 5.0%两种沥青用量的动稳定度均大于1000次/mm，符合高速公路抗车辙的要求。

(5) 水稳定性检验

采用沥青用量5.15%和5.0%分别制备试件，在浸水48h后测定马歇尔稳定度，试验结

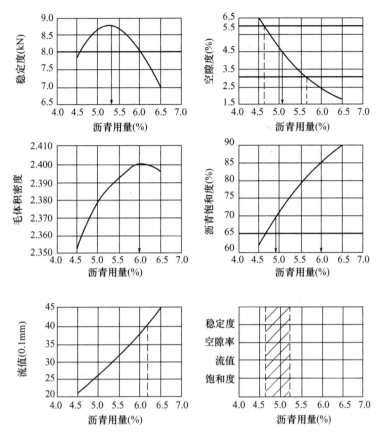

图 1-5-14　沥青用量与马歇尔物理-力学指标关系图

果列如表 1-5-29 所示。

沥青混合料水稳定性试验结果　　　　表 1-5-29

沥青用量 OAC(%)	浸水残留稳定度 MS_0(%)	冻融劈裂强度比 TSR(%)
5.15	89	82
5.0	82	75

　　从表中试验结果可知 $OAC=5.15\%$ 和 $OAC'=5.0\%$ 两种沥青用量的浸水残留稳定度均大于 80%，冻融劈裂强度比均大于 75%，符合水稳定性的要求。

　　从以上试验结果认为采用沥青用量为 5.0% 时，水稳定性符合要求，且动稳定度较高，抗车辙能力较强，所以选择最佳沥青用量为 5.0%。

　　沥青混合料是由沥青和矿质混合料组成的复合材料，经拌和、摊铺和碾压等施工工艺后形成沥青路面，广泛应用于各种道路的面层结构。沥青混合料应具备一定的高温稳定性、低温抗裂性、水稳定性及抗老化、抗滑等技术性质，以适应车辆荷载及环境因素的作用。我国现行热拌普通沥青混合料的配合比设计主要包括矿质混合料配合比设计和最佳沥青用量的确定(通过马歇尔试验)，所设计的沥青混合料还应满足水稳性和抗车辙能力等的要求。

学习任务单

项目五　沥青和沥青混合料	姓名：	
	班级：	
	自评	师评
思考与练习题	掌握：	合格：
	未掌握：	不合格：

一、问答题

1. 石油沥青有哪些主要技术性质？分别用什么指标表示？
2. 沥青为什么会发生老化？如何延缓其老化？
3. 煤沥青的技术指标包括哪些？
4. 如何鉴别煤沥青与石油沥青？
5. 乳化沥青分裂主要取决于哪些因素？
6. 乳化沥青的技术性质及评价指标有哪些？
7. 简述路面沥青混合料应具备的主要技术性质以及我国现行沥青混合料高温稳定性的评定方法。
8. 简述沥青混合料组成材料的技术要求。
9. 在热拌沥青混合料配合比设计时，沥青最佳用量(OAC)是怎样确定的？
10. 试述我国现行热拌沥青混合料配合组成的设计方法。矿质混合料的组成和沥青最佳用量是如何确定的？

二、技能实训

1. 现有4种石油沥青，技术指标见表1，试计算它们的针入度指数 PI（写明计算步骤），说明其胶体结构类型，比较它们的感温性，并指明哪种沥青符合高等级公路使用。

表1

技术指标	石油沥青种类			
	甲	乙	丙	丁
针入度温度感应系数 A	0.065	0.020	0.034	0.045
针入度指数 PI				
胶体结构类型				

2. 试设计一级公路沥青路面面层用沥青混凝土混合料配合比组成。

[原始资料]

(1)道路等级：一级公路。路面类型：沥青混凝土。
(2)结构层位：两层式沥青混凝土的上面层。
(3)气候条件：最高月平均气温为32℃，最低月平均气温为 –5℃，年降水量为1500mm。
(4)材料性能。

①沥青材料：可供应重交通 AH-50、AH-70 道路石油沥青，经检验各项技术性能均符合要求。
②碎石和石屑：石灰石轧制碎石，饱水抗压强度137MPa，洛杉矶磨耗率16%，黏附性（水煮法）5 级，视密度2.70g/cm³。
③砂：洁净河砂，细度模量属中砂，含泥量及泥块量均 <1%，视密度2.68g/cm³。

续上表

项目五 沥青和沥青混合料	姓名：	
	班级：	
	自评	师评
思考与练习题	掌握： 未掌握：	合格： 不合格：

④矿粉：石灰石磨细矿粉，粒度范围符合技术要求，无团粒结块，视密度2.58g/cm³。

[设计要求]

(1)根据道路等级、路面类型和结构层位确定沥青混凝土的矿质混合料的级配范围。根据现有各种矿质材料的筛析结果(表2)，用图解法确定各种矿质材料的配合比并进行调整。

(2)根据选定的矿质混合料类型相应的沥青用量范围，通过马歇尔试验(表3)，确定最佳沥青用量。

组成材料筛析试验结果 表2

材料名称	筛孔尺寸(方孔筛)(mm)									
	16.0	13.2	9.5	4.75	2.36	1.18	0.6	0.3	0.15	0.075
	通过百分率(%)									
碎石	100	95	18	2.0	0	0	0	0	0	0
石屑	100	100	100	82.5	36.1	15.2	3.0	0	0	0
砂	100	100	100	100	91.5	82.2	71.0	35	15	3.0
矿粉	100	100	100	100	100	100	100	100	100	87

马歇尔试验物理—力学指标测定结果汇总表 表3

试件组号	沥青用量 (%)	技术性质					
		毛体积密度 (g/cm³)	空隙率 VV(%)	矿料间隙率 VMA(%)	沥青饱和度 VFA(%)	稳定度 MS(kN)	流值 FL (0.1mm)
01	4.5	2.366	6.2	17.6	68.5	8.2	20
02	5.0	2.381	5.1	17.3	75.5	9.5	24
03	5.5	2.398	4.0	16.7	84.4	9.6	28
04	6.0	2.382	3.2	17.1	88.6	8.4	31
05	6.5	2.378	2.6	17.7	88.1	7.1	36

项目六

建筑钢材

建筑钢材单元知识点

教学方式	教学内容	教学目标
理论教学	1. 钢材的分类； 2. 钢材技术性能； 3. 常用钢材牌号、技术标准及应用； 4. 钢材用钢制品、钢材的锈蚀及其防治	1. 掌握钢材的分类、选用、技术性能； 2. 了解桥梁建筑主要用钢,掌握钢筋混凝土和预应力混凝土用钢要求； 3. 熟悉轨道钢材及其性能； 4. 掌握钢材锈蚀防治
实践教学	试验教学:钢材试验	能够测定钢筋的技术指标,并进行试验数据分析计算,评定钢筋的合格性

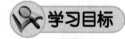

1. 知识目标
(1)掌握钢的主要性能、钢材的标准与应用等内容；
(2)熟悉钢的分类、化学成分对钢性能的影响、钢材制品等内容。
2. 技能目标
(1)能够分析化学成分对钢材技术性能的影响；
(2)学会合理选用钢材制品；
(3)正确评判建筑钢材。
3. 素质目标
(1)培养学生的实际应用能力；
(2)培养学生踏实、细致、认真的工作态度和作风。

(1)建筑钢材的主要技术性能；
(2)建筑钢材的标准与应用；
(3)钢的分类；
(4)化学成分对钢性能的影响；

(5)钢材制品。

学习难点

(1)建筑钢材的抗拉性能,化学成分的影响;
(2)钢材的锈蚀及防治。

任务一 概 述

【任务描述】
认识钢材按冶炼方法、化学成分、质量及用途的分类及内容;了解建筑钢材的类属。

一、钢材的分类

钢材的分类方法很多,较常用的有下列分类方法:

(一)按冶炼方法分类

(1)按生产的炉型分类
①转炉钢。以熔融的铁水为原料,在转炉中倒入铁水后,在炉的底部或侧面吹入空气或纯氧气进行冶炼。
②平炉钢。以固体或液体的生铁、铁矿石或废钢为原料,以煤气、煤油或重油为燃料。
③电炉钢。以废钢及生铁为原料,用电热进行高温冶炼。

(2)按脱氧程度分类
①沸腾钢。是脱氧不充分的钢,钢液中含氧量较高。在浇铸及钢液冷却时,有大量的一氧化碳气体逸出,钢液呈激烈沸腾状。这种钢的塑性较好,有利于冲压,但钢中杂质分布不均匀,偏析较严重,使钢的冲击韧性及可焊性较差。成本较低、产量较高,可以用于一般的建筑结构中。
②镇静钢。脱氧充分,钢水较纯净,浇铸钢锭时,钢水平静。镇静钢材质致密均匀,可焊性好,抗蚀性强,质量高于沸腾钢,但成本较高,可用于承受冲击荷载或其他重要的结构。
③特殊钢。是一种比镇静钢脱氧还要充分彻底的钢,所以其质量最好,适用于特别重要的结构工程。

(二)按化学成分分类

钢材按化学成分的不同可分为:
(1)碳素钢:亦称"碳钢",含碳量低于2.00%的铁碳合金。除铁、碳外,常包含有如锰、硅、硫、磷、氧、氮等杂质。碳素钢按含碳量可分为:
①低碳钢。含碳量小于0.25%。

②中碳钢。含碳量为 0.25% ~ 0.60%。
③高碳钢。含碳量大于 0.60%。

(2)合金钢:为改善钢的性能,在钢中特意加入某些合金元素(如锰、硅、钒、钛等),使钢材具有特殊的力学性质。合金钢按合金元素含量可分为:
①低合金钢。合金元素总含量小于 5%。
②中合金钢。合金元素总含量为 5% ~ 10%。
③高合金钢。合金元素总含量大于 10%。

(三)按质量分类

碳素钢按供应的钢材化学成分中有害杂质(硫和磷)的含量不同,又可划分为:
(1)普通钢。钢中磷含量不大于 0.045%,硫含量不大于 0.050%。
(2)优质钢。钢中磷含量不大于 0.035%,硫含量不大于 0.035%。
(3)高级优质钢。钢中磷含量不大于 0.025%,硫的含量不大于 0.025%。
(4)特级优质钢。钢中磷含量不大于 0.025%,硫的含量不大于 0.015%。

(四)按用途分类

钢材按用途的不同可分为:
(1)结构钢。用于建筑结构,机械制造等,一般为低、中碳钢。
(2)工具钢。用于各种工具、量具及模具,一般为高碳钢。
(3)特殊钢。具有各种特殊物理化学性能的钢材,如不锈钢、磁性钢等,一般为合金钢。

二、建筑钢材的类属

由于桥梁结构需要承受车辆等荷载的作用,同时需要经受各种大气因素的考验,对于桥梁用钢材要求具有较高的强度、良好的塑性、韧性和可焊性。因此,桥梁建筑用钢材,钢筋混凝土用钢筋,就其用途分类来说,均属于结构钢;就其质量分类来说,都属于普通钢;按其含碳量的分类来说,均属于低碳钢。所以桥梁结构用钢和混凝土用钢筋是属于碳素结构钢或低合金结构钢。

任务二　建筑钢材技术性能及化学成分影响

【任务描述】

认识钢材力学性能(抗拉性能、冲击韧性、耐疲劳和硬度等)和工艺性能(冷弯、焊接等)。认识碳、锰、硅、钒、钛等有益元素及磷、硫、氮、氧、氢等有害元素对碳素钢技术性能的影响。

在城市交通工程中,掌握钢材的性能是合理选用钢材的基础。钢材的性能主要包括力学性能(抗拉性能、冲击韧性、耐疲劳和硬度等)和工艺性能(冷弯、焊接等)两个方面。

一、力学性能

(一)拉伸性能

拉伸性能

拉伸是建筑钢材的主要受力形式,所以拉伸性能是表示钢材性能和选用钢材的重要指标之一。

将低碳钢(软钢)制成一定规格的试件,放在材料试验机上进行拉伸试验,可以绘出如图1-6-1所示的应力-应变关系曲线。从图中可以看出,低碳钢受拉至拉断,经历了四个阶段:弹性阶段($O{\rightarrow}A$)、屈服阶段($A{\rightarrow}B$)、强化阶段($B{\rightarrow}C$)和颈缩阶段($C{\rightarrow}D$)。

1. 弹性阶段($O{\rightarrow}A$)

曲线中 OA 段是一条直线,应力与应变成正比。如卸去外力,试件能恢复原来的形状,这种性质即为弹性,此阶段的变形为弹性变形。与 A 点对应的应力称为弹性极限,以 σ_p 表示。应力与应变的比值为常

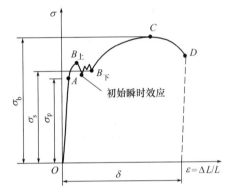

图1-6-1 低碳钢受拉的应力-应变图

数,即弹性模量 E,$E = \sigma/\varepsilon$。弹性模量反映钢材抵抗弹性变形的能力,是钢材在受力条件下计算结构变形的重要指标。

2. 屈服阶段($A{\rightarrow}B$)

应力超过 A 点后,应力、应变不再成正比关系,开始出现塑性变形。应力的增长滞后于应变的增长,当应力达 $B_上$ 点后(上屈服点),瞬时下降至 $B_下$ 点(下屈服点),变形迅速增加,而此时外力则大致在恒定的位置上波动,直到 B 点,这就是所谓的"屈服现象",似乎钢材不能承受外力而屈服,所以 AB 段称为屈服阶段。与 $B_下$ 点(此点较稳定、易测定)对应的应力称为屈服点(屈服强度),用 σ_s 表示。

钢材受力大于屈服点后,会出现较大的塑性变形,已不能满足使用要求,因此屈服强度是设计上钢材强度取值的依据,是工程结构计算中非常重要的一个参数。

3. 强化阶段($B{\rightarrow}C$)

当应力超过屈服强度后,由于钢材内部组织中的晶格发生了畸变,阻止了晶格进一步滑移,钢材得到强化,所以钢材抵抗塑性变形的能力又重新提高,BC 呈上升曲线,称为强化阶段。对应于最高点 C 的应力值(σ_b)称为极限抗拉强度,简称抗拉强度。

显然,σ_b 是钢材受拉时所能承受的最大应力值。屈服强度和抗拉强度之比(即屈强比 = σ_s/σ_b)能反映钢材的利用率和结构安全可靠程度。屈强比越小,其结构的安全可靠程度越高,但屈强比过小,又说明钢材强度的利用率偏低,造成钢材浪费。建筑结构钢合理的屈强比一般为 0.60~0.75。

4. 颈缩阶段($C{\rightarrow}D$)

试件受力达到最高点 C 点后,其抵抗变形的能力明显降低,变形迅速发展,应力逐渐下降,试件被拉长,在有杂质或缺陷处,断面急剧缩小,直到断裂。故 CD 段称为颈缩阶段。

中碳钢与高碳钢(硬钢)的拉伸曲线与低碳钢不同,屈服现象不明显,难以测定屈服点,则规定产生残余变形为原标距长度的0.2%时所对应的应力值,作为硬钢的屈服强度,也称条件屈服点,用 $\sigma_{0.2}$ 表示。如图 1-6-2 所示。

(二)塑性

建筑钢材应具有很好的塑性。钢材的塑性通常用伸长率和断面收缩率表示。将拉断后的试件拼合起来,测定出标距范围内的长度 $L_1(\text{mm})$,其与试件原标距 $L_0(\text{mm})$ 之差为塑性变形值,塑性变形值与之 L_0 称为伸长率(δ),如图 1-6-3 所示。伸长率(δ)计算如下。

$$\delta = \frac{L_1 - L_0}{L_0} \times 100\% \tag{1-6-1}$$

式中:δ——伸长率(当 $L_0 = 5d_0$ 时,为 δ_5;当 $L_0 = 10d_0$ 时,为 δ_{10});

L_0——试件原标距间长度($L_0 = 5d_0$ 或 $L_0 = 10d_0$),mm;

L_1——试件拉断后标距间长度,mm。

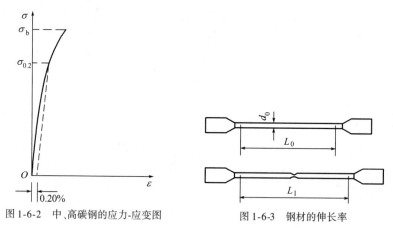

图 1-6-2　中、高碳钢的应力-应变图　　图 1-6-3　钢材的伸长率

伸长率是衡量钢材塑性的一个重要指标,δ 越大说明钢材的塑性越好。对于钢材而言,一定的塑性变形能力,可保证应力重新分布,避免应力集中,从而钢材用于结构的安全性越大。钢材的塑性除主要取决于其组织结构、化学成分和结构缺陷等外,还与标距的大小有关。变形在试件标距内的分布是不均匀的,颈缩处的变形最大,离颈缩部位越远其变形越小。所以原标距与直径之比越小,则颈缩处伸长值在整个伸长值中的比重越大,计算出来的 δ 值就大。通常以 δ_5 和 δ_{10} 分别表示 $L_0 = 5d_0$ 和 $L_0 = 10d_0$ 时的伸长率。对于同一种钢材,其 $\delta_5 > \delta_{10}$。

(三)冲击韧性

冲击韧性是指钢材抵抗冲击荷载而不被破坏的能力。钢材的冲击韧性是用有刻槽的标准试件,在冲击试验机的一次摆锤冲击下,以破坏后缺口处单位面积上所消耗的功(J/cm^2)来表示,其符号为 α_k。试验时将试件放置在固定支座上,然后以摆锤冲击试件刻槽的背面,使试件承受冲击弯曲而断裂。α_k 值越大,冲击韧性越好。对于经常受较大冲击荷载作用的结构,要选用 α_k 值大的钢材。

影响钢材冲击韧性的因素很多,如化学成分、冶炼质量、冷作及时效、环境温度等。

(四)疲劳性

钢材在交变荷载的反复作用下,往往在最大应力远小于其抗拉强度时就发生破坏,这种现象称为钢材的疲劳性。疲劳破坏的危险应力用疲劳强度(或称疲劳极限)来表示,它是指疲劳试验时试件在交变应力作用下,于规定的周期基数内不发生断裂所能承受的最大应力。一般把钢材承受交变荷载 $10^6 \sim 10^7$ 次时不发生破坏的最大应力作为疲劳强度。设计承受反复荷载且需进行疲劳验算的结构时,应了解所用钢材的疲劳极限。

研究证明,钢材的疲劳破坏是拉应力引起的,首先在局部开始形成微细裂纹,其后由于裂纹尖端处产生应力集中而使裂纹迅速扩展直至钢材断裂。因此,钢材的内部成分的偏析、夹杂物以及最大应力处的表面光洁程度、加工损伤等,都是影响钢材疲劳强度的因素。疲劳破坏经常是突然发生的,因而具有很大的危险性,往往造成严重事故。

(五)硬度

硬度是指金属材料在表面局部体积内,抵抗硬物压入表面的能力,亦即材料表面抵抗塑性变形的能力。测定钢材硬度采用压入法。即以一定的静荷载(压力),把一定的压头压在金属表面,然后测定压痕的面积或深度来确定硬度。按压头或压力不同,有布氏法、洛氏法等,相应的硬度试验指标称布氏硬度(HB)和洛氏硬度(HR)。较常用的方法是布氏法,其硬度指标是布氏硬度值。

各类钢材的 HB 值与抗拉强度之间有一定的相关关系。材料的强度越高,塑性变形抵抗力越强,硬度值也就越大。由试验得出,其抗拉强度与布氏硬度的经验关系式如下:

当 HB < 175 时,$\sigma_b \approx 0.36HB$;当 HB > 175 时,$\sigma_b \approx 0.35HB$。

根据这一关系,可以直接在钢结构上测出钢材的 HB 值,并估算该钢材的 σ_b。

二、工艺性能

良好的工艺性能,可以保证钢材顺利通过各种加工,而使钢材制品的质量不受影响。冷弯、冷拉、冷拔及焊接性能均是建筑钢材的重要工艺性能。

(一)冷弯性能

冷弯性能是指钢材在常温下承受弯曲变形的能力。钢材的冷弯性能指标是以试件弯曲的角度(a)和弯心直径(d)对试件厚度(a)(或直径)的比值(d/a)来表示。

钢材的冷弯试验是通过直径(或厚度)为 a 的试件,采用标准规定的弯心直径 $d(d = na)$,弯曲到规定的弯曲角(180°或90°)时,试件的弯曲处不发生裂缝、裂断或起层,即认为冷弯性能合格。钢材弯曲时的弯曲角度越大,弯心直径越小,则表示其冷弯性能越好。图1-6-4 为弯曲时不同弯心直径的钢材冷弯试验。

通过冷弯试验更有助于暴露钢材的某些内在缺陷。相对于伸长率而言,冷弯是对钢材塑性更严格的检验,它能揭示钢材是否存在内部组织不均匀、内应力和夹杂物等缺陷,冷弯试验对焊接质量也是一种严格的检验,能揭示焊件在受弯表面存在未熔合、微裂纹及夹杂物等缺陷。

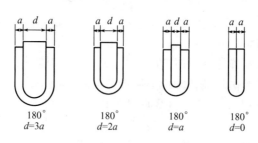

图 1-6-4　钢材的冷弯试验

(二)焊接性能

在建筑工程中,各种型钢、钢板、钢筋及预埋件等需用焊接加工。钢结构有 90% 以上是焊接结构。焊接的质量取决于焊接工艺、焊接材料及钢的焊接性能。

钢材的可焊性是指钢材是否适应通常的焊接方法与工艺的性能。可焊性好的钢材指用于一般焊接方法和工艺施焊,焊口处不易形成裂纹、气孔、夹渣等缺陷;焊接后钢材的力学性能,特别是强度不低于原有钢材,硬脆倾向小。钢材可焊性能的好坏,主要取决于钢的化学成分。含碳量高将增加焊接接头的硬脆性,含碳量小于 0.25% 的碳素钢具有良好的可焊性。

钢筋焊接应注意的问题是:冷拉钢筋的焊接应在冷拉之前进行;钢筋焊接之前,焊接部位应清除铁锈、熔渣、油污等;应尽量避免不同国家的进口钢筋之间或进口钢与国产钢筋之间的焊接。

(三)冷加工性能及时效处理

1. 冷加工强化处理

将钢材在常温下进行冷加工(如冷拉、冷拔或冷轧),使之产生塑性变形,从而提高屈服强度,但钢材的塑性、韧性及弹性模量则会降低,这个过程称为冷加工强化处理。建筑工地或预制构件厂常用的方法是冷拉和冷拔。

冷拉是将热轧钢筋用冷拉设备加力进行张拉,使之伸长。钢材经冷拉后屈服强度可提高 20%~30%,可节约钢材 10%~20%,钢材经冷拉后屈服阶段缩短,伸长率降低,材质变硬。

冷拔是将光面圆钢筋通过硬质合金拔丝模孔强行拉拔,每次拉拔断面缩小应在 10% 以下。钢筋在冷拔过程中,不仅受拉,还受到挤压作用,因而冷拔的作用比纯冷拉作用强烈。经过一次或多次冷拔后的钢筋,表面光洁度高,屈服强度提高 40%~60%,但塑性大大降低,具有硬钢的性质。

建筑工程中常采用对钢筋进行冷拉和对盘条进行冷拔的方法,以达节约钢材的目的。

2. 时效

钢材经冷加工后,在常温下存放 15~20d 或加热至 100~200℃,保温 2h 左右,其屈服强度、抗拉强度及硬度进一步提高,而塑性及韧性继续降低,这种现象称为时效。前者称为自然时效,后者称为人工时效。

钢材经冷加工及时效处理后,其性质变化的规律,可明显地在应力-应变图上得到反映,如图 1-6-5 所示。图中 OABCD 为未经冷拉和时效试件的应力应变曲线。当试件冷拉至超过屈

服强度的任意一点 K，卸去荷载，此时由于试件已产生塑性变形，则曲线沿 KO' 下降，KO' 大致与 AO 平行。如立即再拉伸，则应力应变曲线将成为 $O'KCD$（虚线），屈服强度由 B 点提高到 K 点。但如在 K 点卸荷后进行时效处理，然后再拉伸，则应力应变曲线将成为 $O'KK_1C_1D_1$，这表明冷拉时效以后，屈服强度和抗拉强度均得到提高，但塑性和韧性则相应降低。

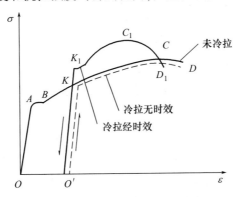

图 1-6-5　钢筋冷拉时效后应力-应变图的变化

钢材经过冷加工后，一般进行时效处理，通常强度较低的钢材宜采用自然时效，强度较高的钢材则采用人工时效。

三、化学成分对碳素钢技术性能的影响

钢中除含主体元素铁和碳外，还含有锰、硅、钒、钛等有益元素及磷、硫、氮、氧、氢等有害元素，这些元素对钢材的性能都有不同程度的影响。

1. 碳的影响

建筑碳钢里的含碳量不大于 0.8%，在此范围内，随着含碳量的增加，钢的硬度和抗拉强度随之升高，而塑性指标伸长率、断面收缩率和冲击韧性显著降低。碳还可显著降低钢材的焊接性，增加钢的冷脆性和时效敏感性，降低抗大气腐蚀性。

2. 硫的影响

硫是在炼钢时由矿石与燃料带到钢中的杂质。硫几乎不溶于铁，而与铁化合成硫化铁。在 950℃ 时硫化铁与铁形成共晶体，这些低熔点共晶体在结晶时，总是分布在晶界处，在钢材加热至 1000℃ 以上时，由于共晶体已经熔化，从而导致钢材加工时产生裂缝，这种现象称为热脆性。通常为消除硫的有害影响，可增加锰含量使形成硫化锰，硫化锰的熔点（1620℃）比钢材热加工温度高，因而可消除热脆性。硫化锰分布在晶界上，在高温时虽具有一定的塑性，但轧制时它易轧成条状的夹杂物分布在钢中，使钢材纵横向性能不同，降低横向冲击韧性。因此，硫在钢中是很有害的杂质。

3. 磷的影响

磷也是由矿石带到钢中来的，即使只有千分之几的磷存在，也会在组织中析出脆性很大的磷化铁化合物，而使室温下屈服点和屈强比显著提高，而塑性和冲击韧性显著降低，特别是在低温时，对塑性和韧性的影响更大。故磷在碳钢中亦为很有害物质。

4. 锰的影响

锰是炼钢时用锰脱氧、硫时而残留在钢中的元素。锰具有很强的脱氧、硫能力,因此能够消除钢中的氧、硫,大大改善钢的热加工性能。在普通碳钢中一般含有 0.25%~0.80% 的锰。锰不仅能消除或减轻碳钢中氧、硫所引起的热脆性,同时锰在铁中对钢有一定的强化作用。故锰对碳钢的性能有良好的影响,是一个有益的元素。

5. 硅的影响

硅也是作为脱氧剂而存在于钢中的。硅的脱氧能力比锰还要强,能与氧化铁形成 $FeO\text{-}SiO_2$,消除氧化铁杂质的影响。当硅含量很低时,能显著地提高钢材的强度,但不明显地降低塑性和韧性。

6. 氧的影响

氧是由于炼钢氧气化过程而存在于钢中的。氧在钢中少部分能溶于铁素体中,而大部分以 FeO_2、MnO、Mn_3O_4、SiO_2、Al_2O_3 等形成夹杂物而存在。随着含氧量的增加,钢材力学强度可以提高,但会使塑性和疲劳强度显著降低。钢中 FeO_2 与其他夹杂物形成低熔点的复合化合物而聚在晶界面上时,会造成钢材的热脆性。总之,钢中的氧为有害元素。

7. 氮的影响

氮对碳钢的影响,与碳、磷相似,可使钢材强度增高,塑性、冲击韧性显著降低。

任务三　建筑钢材的标准与应用

【任务描述】

认识碳素结构钢、低合金高强度结构钢的标准与应用。

目前我国建筑工程和铁道工程使用的钢材主要有碳素结构钢、优质碳素结构钢和低合金结构钢三大类,它们广泛用于钢结构、钢筋混凝土结构、轨道和桥梁等工程中。

一、碳素结构钢

1. 碳素结构钢的牌号及其表示方法

碳素结构钢的牌号由四个部分组成:屈服强度的字母(Q)、屈服强度数值(MPa)、质量等级符号(A、B、C、D)、脱氧方法符号(F、Z、TZ)。碳素结构钢的质量等级是按钢中硫、磷含量由多至少划分的,随 A、B、C、D 的顺序质量等级逐级提高。当为镇静钢或特殊镇静钢时,则牌号表示"Z"与"TZ"符号可予以省略。

按标准规定,我国碳素结构钢分四个牌号,即 Q195、Q215、Q235 和 Q275。例如 Q235AF,它表示:屈服强度为 235 MPa 的平炉或氧气转炉冶炼的 A 级沸腾碳素结构钢。

2. 碳素结构钢的技术标准与选用

按照《碳素结构钢》(GB/T 700—2006)规定,碳素结构钢的技术要求包括化学成分、力学性能、冶炼方法、交货状态、表面质量五个方面。各牌号碳素结构钢的化学成分及力学性能应分别符合表 1-6-1、表 1-6-2、表 1-6-3 的要求。

碳素结构钢的化学成分　　　　　　　　　　　　　表 1-6-1

牌号	统一数字代号[a]	等级	化学成分(%),不大于					脱氧方法
			C	Mn	Si	S	P	
Q195	U11952	—	0.12	0.50	0.30	0.040	0.035	F、Z
Q215	U12152	A	0.15	1.20	0.35	0.050	0.045	F、Z
	U12155	B				0.045		
Q235	U12352	A	0.22	1.40	0.35	0.050	0.045	F、Z
	U12355	B	0.20[b]			0.045		
	U12358	C	0.17			0.040	0.040	Z
	U12359	D				0.035	0.035	TZ
Q275	U12752	A	0.24	1.50	0.35	0.050	0.045	F、Z
	U12755	B	0.21			0.045	0.045	Z
			0.22					
	U12758	C	0.20			0.040	0.040	Z
	U12759	D				0.035	0.035	TZ

[a] 表中为镇静钢、特殊镇静钢牌号的统一数字,沸腾钢牌号的统一数字代号如下:
Q195F——U11950;
Q215AF——U12150,Q215BF——U12153;
Q235AF——U12350,Q235BF——U12353;
Q275AF——U12750。
[b] 经需方同意,Q235B 的碳含量可不大于 0.22%。

碳素结构钢的拉伸与冲击性能　　　　　　　　　表 1-6-2

牌号	等级	拉 伸 试 验												冲击试验(V型缺口)	
		屈服强度[a] R_{eH} (N/mm²)					抗拉强度[b] R_m (N/mm²)	伸长率 δ_5 (%)						温度(℃)	冲击吸收功(纵向)(J)
		钢筋厚度(或直径)(mm)						钢材厚度(直径)(mm)							
		≤16	>16~40	>40~60	>60~100	>100~150	>150		≤40	>40~60	>60~100	>100~150	>150~200		≥
		≥							≥						
Q195	—	195	185	—	—	—	—	315~430	33	—	—	—	—	—	—
Q215	A	215	205	195	185	175	165	335~450	31	30	29	27	26		
	B													+20	27
Q235	A	235	225	215	215	195	185	375~500	26	25	24	22	21		
	B													+20	
	C													0	27[c]
	D													−20	

续上表

牌号	等级	拉伸试验												冲击试验(V型缺口)	
		屈服强度$^a R_{eH}$（N/mm²）						伸长率δ_5（%）						冲击吸收功（纵向）（J）	
		钢筋厚度（或直径）(mm)						抗拉强度^b R_m（N/mm²）	钢材厚度（直径）(mm)					温度（℃）	
		≤16	>16~40	>40~60	>60~100	>100~150	>150		≤40	>40~60	>60~100	>100~150	>150~200		
		≥							≥						≥
Q275	A	275	265	255	245	225	215	410~540	22	21	20	18	17	—	—
	B													+20	27
	C													0	
	D													−20	

^{a} Q195的屈服强度值仅供参考，不作为交货条件。
^{b} 厚度大于100mm的钢材，抗拉强度下限允许降低20N/mm²。宽带钢（包括剪切钢板）抗拉强度上限不作为交货条件。
^{c} 厚度小于25mm的Q235B级钢材，如供方能保证冲击吸收功值合格，经需方同意，可不作检验

碳素结构钢的冷弯性能指标　　　表1-6-3

牌号	试样方向	冷弯试验180° $B=2a^a$	
		钢材厚度（或直径）^{b}（mm）	
		≤60	>60~100
		弯心直径 d	
Q195	纵	0	—
	横	0.5a	
Q215	纵	0.5a	1.5a
	横	a	2a
Q235	纵	a	2a
	横	1.5a	2.5a
Q275	纵	1.5a	2.5a
	横	2a	3a

^{a} B为试样宽度，a为试样厚度（或直径）。
^{b} 钢材厚度（或直径）大于100mm时，弯曲试验由双方协商确定

3. 碳素结构钢各类牌号的特性与用途

土木工程中常用的碳素结构钢牌号为Q235，由于该牌号钢既具有较高的强度，又具有较好的塑性和韧性，可焊性也好，故能较好地满足一般钢结构和钢筋混凝土结构的用钢要求。相反用Q195和Q215号钢，虽塑性很好，但强度太低；而Q275号钢，其强度很高，但塑性较差，可焊性亦差，所以均不适用。

Q235号钢冶炼方便,成本较低,故在建筑中应用广泛。由于塑性好,在结构中能保证在超载、冲击、焊接、温度应力等不利条件下的安全;并适于各种加工,大量被用作轧制各种型钢、钢板及钢筋。其力学性能稳定,对轧制、加热、急剧冷却时的敏感性较小。其中Q235-A级钢,一般仅适用于承受静荷载作用的结构,Q235-C和D级钢可用于重要焊接的结构。另外,由于Q235-D级钢含有足够的形成细晶粒结构的元素,同时对硫、磷有害元素控制严格,故其冲击韧性很好,具有较强的抗冲击、振动荷载的能力,尤其适宜在较低温度下使用。

Q195和Q215号钢常用作生产一般使用的钢钉、铆钉、螺栓及铁丝等;Q275号钢多用于生产机械零件和工具等。

二、低合金高强度结构钢

低合金高强度结构钢是在碳素钢结构钢的基础上,添加少量的一种或多种合金元素(总含量 < 5%)的一种结构钢。其目的是提高钢的屈服强度、抗拉强度、耐磨性、耐蚀性与耐低温性等。低合金高强度结构钢是综合性较为理想的建筑钢材,在大跨度、承重动荷载和冲击荷载的结构中更适用。此外,与使用碳素钢相比,可节约钢材20%~30%,成本低。

1.低合金高强度结构钢的牌号及其表示方法

按照国家标准《低合金高强度结构钢》(GB/T 1591—2018)的规定,低合金高强度结构钢共有8个牌号。所加元素主要有锰、硅、钒、钛、铌、铬、镍及稀土元素。其牌号的表示方法由代表屈服点字母(Q)、屈服强度数值(MPa)、质量等级(分B、C、D、E、F五级)三个部分按顺序排列,其中屈服强度数值共分355、390、420、460、500、550、620、690MPa八个牌号,质量等级按硫、磷等杂质含量由多至少划分,随B、C、D、E、F的顺序质量等级逐级提高。例如Q390B表示屈服强度为390MPa的B级钢。

2.低合金高强度结构钢的技术标准与选用

低合金高强度结构钢的力学性能应分别符合表1-6-4~表1-6-7中的技术要求。

低合金的拉伸性能　　　　表1-6-4

牌号		上屈服强度(R^a_{eht})(MPa),不小于								抗拉强度(R_m)(MPa)			
钢级	质量等级	公称厚度或直径(mm)											
		≤16	>16~40	>40~63	>63~80	>80~100	>100~150	>150~200	>200~250	>250~400	≤100	>100~150	>150~250	>250~400
Q355	B、C	355	345	335	325	315	295	285	275	—	470~630	450~600	450~600	—
	D									265[b]				450~600[b]
Q390	B、C、D	390	380	360	340	340	320	—	—	—	490~650	470~620	—	—
Q420[c]	B、C	420	410	390	370	370	350	—	—	—	520~680	500~650	—	—

续上表

钢级	质量等级	上屈服强度(R^a_{eH})(MPa),不小于									抗拉强度(R_m)(MPa)			
		公称厚度或直径(mm)												
		≤16	>16~40	>40~63	>63~80	>80~100	>100~150	>150~200	>200~250	>250~400	≤100	>100~150	>150~250	>250~400
Q460[c]	C	460	450	430	410	410	390	—	—	—	550~720	530~700	—	—

[a] 当屈服强度不明显时,可用规定塑性延伸强度 $R_{p0.2}$ 代替上屈服强度。
[b] 只适用于质量等级为 D 的钢板。
[c] 只适用于型钢和棒材。

低合金高强度结构钢夏比(V型)冲击试验的试验温度和冲击吸收能量　　表1-6-5

牌号 钢级	质量等级	以下试验温度冲击吸收能量最小值(KV_2)[a](J)									
		20℃		0℃		−20℃		−40℃		−60℃	
		纵向	横向	纵向	横向	纵向	横向	纵向	横向	纵向	横向
Q355、Q390、Q420	B	34	27	—	—	—	—	—	—	—	—
Q355、Q390、Q420、Q460	C	—	—	34	27	—	—	—	—	—	—
Q355、Q390	D	—	—	—	—	34[a]	27[b]	—	—	—	—
Q355N、Q390N、Q420N	B	34	27	—	—	—	—	—	—	—	—
Q355N、Q390N、Q420N、Q460N	C	—	—	34	27	—	—	—	—	—	—
	D	55	31	47	27	40[b]	20	—	—	—	—
	E	63	40	55	34	47	27	31[c]	20[c]	—	—
Q355N	F	63	40	55	34	47	27	31	20	27	16
Q355M、Q390M、Q420M、Q460M	B	34	27	—	—	—	—	—	—	—	—
Q355M、Q390M、Q420M、Q460M	C	—	—	34	27	—	—	—	—	—	—
	D	55	31	47	27	40b	20	—	—	—	—
	E	63	40	55	34	47	27	31[c]	20[c]	—	—
Q355M	F	63	40	55	34	47	27	31	20	27	16
Q500M、Q550M、Q620M、Q690M	C	—	—	55	34	—	—	—	—	—	—
	D	—	—	—	—	47[b]	27	—	—	—	—
	E	—	—	—	—	—	—	31[c]	20[c]	—	—

当需方未指定试验温度时,正火、正火轧制的热机械轧制的 C、D、E、F 级钢材分别做0℃、−20℃、−40℃、−60℃冲击。冲击试验取纵向试样,经供需双方协商,也可取横向试样

[a] 仅适用于厚度大于250mm 的 Q335D 钢板。
[b] 当需方指定时,D 级钢可做 −30℃冲击试验时,冲击吸收能量纵向不小于24J。
[c] 当需方指定时,E 级钢可做 −50℃冲击试验时,冲击吸收能量纵向不小于27J,横向不小于16J

低合金的伸长率　　　　　　　　　　　　　　　　　　　　　表1-6-6

牌号			断后伸长率A(%),不小于					
钢级	质量等级	试样方向	公称厚度或直径(mm)					
			≤40	>40~63	>63~100	>100~150	>150~250	>250~400
Q355	B、C、D	纵向	22	21	20	18	17	17[a]
		横向	20	19	18	18	17	17[a]
Q390	B、C、D	纵向	21	20	20	19	—	—
		横向	20	19	19	18	—	—
Q420[b]	B、C	纵向	20	19	19	19	—	—
Q460[b]	C	纵向	18	17	17	17	—	—

[a] 只适用于质量等级为 D 的钢板。
[b] 只适用于型钢和棒材

低合金高强度结构钢弯曲试验　　　　　　　　　　　　　　　　表1-6-7

试样方向	180°弯曲试验 [d=弯心直径, a=试样厚度(直径)]	
	钢材厚度(直径、边长)	
	≤16mm	>16~100mm
对于公称宽度不小于600mm 的钢板及钢带,拉伸试验取向横向试样。其他钢材的拉伸试验取纵向试样	$2a$	$3a$

在钢结构中常采用低合金高强度结构钢轧制各种型钢(角钢、槽钢、工字钢)、钢板、钢管及钢筋,广泛用于钢结构和钢筋混凝土结构中,特别适用于各种重型结构、大跨度结构、高层结构及桥梁工程等,尤其对用于大跨度和大柱网的结构,其技术经济效果更为显著。

任务四　常用钢材制品

【任务描述】

认识钢筋混凝土和预应力混凝土用钢筋及钢丝、桥梁用结构钢、钢轨钢的标准与特性。

目前钢材制品已广泛使用于建筑、铁道和桥梁等工程中,这些钢材制品主要分为钢结构用钢和混凝土用钢两类。前者主要有型钢、钢板和钢管等,后者主要有钢筋、钢丝和钢绞线等。

一、钢筋混凝土和预应力混凝土用钢筋及钢丝

钢筋和钢丝在土木工程中使用广泛,钢筋的主要品种有热轧钢筋、冷拉钢筋、冷轧带肋钢筋、热处理钢筋等。钢丝的主要品种有冷拔低碳钢丝、预应力混凝土用钢丝、钢绞线等。

1. 热轧钢筋

钢筋混凝土用热轧钢筋,根据其表面状态特征、工艺与供应方式可分为热轧光圆钢筋、热轧带肋钢筋等,热轧钢筋牌号构成及其含义见表1-6-8。

热轧钢筋牌号构成及分类　　　　　　　　　　　　　　表1-6-8

类 别		牌 号	牌号构成	英文字母含义
热轧光圆钢筋		HPB300	由 HPB + 屈服强度特征值构成	HPB——热轧光圆钢筋的英文（Hot rolled Plain Bars）缩写
热轧带肋钢筋	普通热轧钢筋	HRB400	由 HRB + 屈服强度特征值 + E 构成	HRB——热轧带肋钢筋的英文（Hot rolled Ribbed Bars）缩写。E——"地震"的英文（Earthquake）
		HRB500		
		HRB600		
		HRB400E		
		HRB500E		
	细晶粒热轧钢筋	HRBF400	由 HRBF + 屈服强度特征值构成	HRBF——在热轧带肋钢筋的英文缩写后加"细"的英文（Fine）首位字母。E——"地震"的英文（Earthquake）
		HRBF500		
		HRBF400E	由 HRBF + 屈服强度特征值 + E 构成	
		HRBF500E		

其中,热轧带肋钢筋通常又为圆形横截面,且表面通常带有两条纵肋和沿长度方向均匀分布的横肋。按肋纹的形状分为月牙肋和等高肋,如图1-6-6所示。

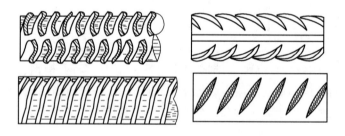

图1-6-6　带肋钢筋外形

月牙肋钢筋有生产简便、强度高、应力集中敏感性小、性能好等优点,但其与混凝土的黏结锚固性能稍逊于等高肋钢筋。根据《钢筋混凝土用钢　第1部分:热轧光圆钢筋》（GB/T 1499.1—2017）《钢筋混凝土用钢　第2部分:热轧带肋钢筋》（GB/T 1499.2—2018）,热轧钢筋的化学成分、力学性能及工艺性能应分别符合表1-6-9～表1-6-12的规定。

光圆钢筋的化学成分　　　　　　　　　　　　　　表1-6-9

牌 号	化学成分(质量分数)(%)				
	C	Si	Mn	P	S
HPB300	0.25	0.55	1.50	0.045	0.045

热轧光圆钢筋的力学性能　　　　　　　　　　　　　　表1-6-10

牌　号	屈服强度 R_{el}（MPa）	抗拉强度 R_m（MPa）	断后伸长率 A（%）	最大总伸长率 A_{gt}（%）	冷弯试验180° d—弯芯直径 a—钢筋公称直径
	不小于				
HPB300	300	400	23	10.0	$d = a$

注：d-弯芯直径；a-钢筋公称直径。

热轧带肋钢筋的化学成分和弯曲性能　　　　　　　　表1-6-11

牌号	公称直径（mm）	弯曲压头直径（mm）	化学成分(%)，不大于					
			C	Si	Mn	P	S	Ceq
HRB400 HRBF400 HRB400E HRBF400E	6~25	4d	0.25	0.80	1.60	0.045	0.045	0.54
	28~40	5d						
	>40~50	6d						
HRB500 HRBF500 HRB500E HRBF500E	6~25	6d						0.55
	28~40	6d						
	>40~50	7d						
HRB600	6~25	6d	0.28					0.58
	28~40	7d						
	>40~50	78d						

热轧带肋钢筋的力学性能　　　　　　　　　　　　　　表1-6-12

牌　号	屈服点 R_{eL}(MPa)	抗拉强度 R_m(MPa)	断后伸长率 A(%)	最大力总伸长率 A_{gt}(%)	R_m^0/R_{eL}^0	R_{eL}^0/R_{eL}
	不小于					不大于
HRB400 HRBF400	400	540	16	7.5	—	—
HRB400E HRBF400E			—	9.0	1.25	1.3
HRB500 HRBF500	500	630	15	7.5	—	—
HRB500E HRBF500E			—	9.0	1.25	1.3
HRB600	600	730	14	7.5	—	—

注：R_m^0为钢筋实测抗拉强度；R_{eL}^0为钢筋实测下屈服强度。

　　热轧钢筋均为可焊接钢筋，HRB400级钢筋的强度较高，塑性和焊接性能也较好，广泛用作大、中型钢筋混凝土结构的受力钢筋，冷拉后也可用作预应力钢筋。细晶粒钢筋的特点是在强度相当的情况下延性有较大提高，伸长率 A 和最大力下的总伸长率 A_{gt} 通常优于一般的热轧钢筋。

2. 冷轧带肋钢筋

热轧圆盘条经冷轧后,在其表面带有沿长度方向均匀分布的三面或两面横肋,即成为冷轧带肋钢筋。根据国家标准《冷轧带肋钢筋》(GB/T 13788—2017)的规定,冷轧带肋钢筋的牌号由CRB和钢筋的抗拉强度最小值构成。C、R、B分别为冷轧、带肋、钢筋三个词的英文首位字母。冷轧带肋钢筋分为CRB550、CRB650、CRB800、CRB600H、CRB680H、CRB800H六个牌号。CRB550、CRB600H为普通钢筋混凝土用钢筋,CRB650、CRB800、RB800H为预应力混凝土用钢筋,CRB680H既可作为普通混凝土用钢筋,也可作为预应力混凝土用钢筋使用。其性能见表1-6-13。

冷轧带肋钢筋性能　　　　　　　　表1-6-13

分类	牌号	规定塑性延伸强度$R_{p0.2}$(MPa),不小于	抗拉强度R_m(MPa),不小于	$R_m/R_{p0.2}$,不小于	断后伸长率(%)		最大力总延伸率(%),不小于	弯曲试验180°	反复弯曲次数	压力松弛初始应力应相当于公称抗拉强度的70% 1000h松弛率(%),不大于
					$A_{11.3}$	A_{100}				
普通混凝土用	CRB550	500	550	1.05	11.0	—	2.5	$D=3d$	—	—
	CRB600H	540	600	1.05	14.0	—	5.0	$D=3d$	—	—
	CRB680H[a]	600	680	1.05	14.0	—	5.0	$D=3d$	4	5
预应力混凝土用	CRB650	585	650	1.05	—	4.0	2.5	—	3	8
	CRB800	720	800	1.05	—	4.0	2.5	—	3	8
	CRB800H	720	800	1.05	—	7.0	4.0	—	4	5

注:表中D为弯心直径,d为钢筋公称直径。
[a] 当该牌号钢筋作为普通钢筋混凝土用钢筋使用时,对反复弯曲和应力松弛不做要求;当该牌号钢筋作为预应力混凝土用钢筋使用时,应进行反复弯曲试验代替180°弯曲试验,并检测松弛率。

CRB550、CRB600H、CRB680H钢筋的公称直径范围为4～12mm,CRB650、CRB800、CRB800H公称直径为4mm、5mm、6mm。钢筋通常按盘卷交货,盘卷钢筋的重量不小于100kg。每盘应由一根钢筋组成,CRB650、CRB680H、CRB800、CRB800H作为预应力混凝土用钢筋使用时,不得有焊接接头。

3. 冷拔低碳钢丝

冷拔低碳钢丝是由直径为6～8mm的Q195、Q215或Q235热轧圆条经冷拔而成,低碳钢经冷拔后,屈服强度可提高40%～60%,同时塑性大幅度降低。所以,冷拔低碳钢丝变得硬脆,属硬钢类钢丝。目前,已逐渐限制使用该类钢丝,故它的性能要求和应用在本书中不再细述。

4. 预应力混凝土用热处理钢筋

预应力混凝土用热处理钢筋是用热轧带肋钢筋经淬火和回火调质处理后的钢筋,其代号为RB150。规格有直径为6、8.2、10(mm)三种规格。热处理钢筋成盘供应,每盘长约100～120m,开盘后钢筋自然伸直,按要求的长度切断。

热处理钢筋经调质热处理后,其强度高、韧性高,可代替高强钢丝使用;配筋根数少,节约钢材;锚固性好,不易打滑,预应力值稳定;施工简便,开盘后钢筋自然伸直,不需调直,不能焊接。主要用作预应力钢筋混凝土轨枕,也用于预应力梁、板结构及吊车梁等。

5. 预应力混凝土用优质钢丝及钢绞线

1) 预应力混凝土用钢丝

预应力混凝土用钢丝是优质碳素结构钢盘条经淬火、酸洗、冷拉加工而制成的高强度钢丝。预应力混凝土用钢丝通常按加工状态可分为:冷拉钢丝、消除应力钢丝;消除应力钢丝按照松弛性能又分为低松弛级钢丝(WRL)及普通松弛级钢丝(WNR),按外形可分为光圆钢丝(P)、刻痕钢丝(H)、螺旋肋钢丝(I)三种。

预应力钢丝具有强度高、柔性好、松弛率低、耐蚀等特点,适用于各种特殊要求的预应力结构,主要用于大跨度屋架及薄腹梁、大跨度吊车梁、桥梁、电杆、轨枕等的预应力钢筋。

根据《预应力混凝土用钢丝》(GB/T 5223—2014)规定,压力管道用冷拉钢丝的技术性能应符合表1-6-14规定,消除应力光圆及螺旋肋钢丝的技术性能应符合表1-6-15的规定。

压力管道用冷拉钢丝的力学性能　　　　表1-6-14

公称直径 d_0 (mm)	公称抗拉强度 R_m (MPa)	最大力的特征值 F_m (kN)	最大力的最大值 $F_{m,max}$ (kN)	0.2%屈服力 $F_{p0.2}$ (kN),≥	每210mm扭矩的扭转次数 N,≥	断面收缩率 Z(%),≥	氢脆敏感性能负载70%最大力时,断裂时间 t (h),≥	应力松弛性能初始力为最大力70%时,1000h后应力松弛率,≤
4.00	1470	18.48	20.99	13.86	10	35	75	7.5
5.00		28.86	32.79	21.65	10	35		
6.00		41.56	47.21	31.17	8	30		
7.00		56.57	64.27	42.42	8	30		
8.00		73.88	83.93	55.41	7	30		
4.00	1570	19.73	22.24	14.80	10	35		
5.00		30.82	34.75	23.11	10	35		
6.00		44.38	50.03	33.29	8	30		
7.00		60.41	68.11	45.31	8	30		
8.00		78.91	88.96	59.18	7	30		
4.00	1670	20.99	23.50	15.74	10	35		
5.00		32.78	36.71	24.59	10	35		
6.00		47.21	52.86	35.41	8	30		
7.00		64.26	71.96	48.20	8	30		
8.00		83.93	93.99	62.95	8	30		
4.00	1770	22.25	24.76	16.69	10	35		
5.00		34.75	38.68	26.06	10	35		
6.00		50.04	55.65	37.53	8	30		
7.00		68.11	75.81	51.08	8	30		

消除应力光圆及螺旋肋钢丝的力学性能　　　　表 1-6-15

公称直径 d_0 (mm)	公称抗拉强度 R_m (MPa)	最大力的特征值 F_m (kN)	最大力的最大值 $F_{m,max}$ (kN)	0.2%屈服力 $F_{p0.2}$ (kN),≥	最大力总伸长率（L_0=200mm）A_{gt}(%),≥	反复弯曲次数 弯曲次数（次/180°),≥	反复弯曲次数 弯曲半径 R(mm)	应力松弛性能 初始应力相当于实际最大力的百分数(%)	应力松弛性能 1000h后应力松弛率 r (%),≤
4.00	1470	18.48	20.99	16.22	3.5	4	10	70	2.5
4.80		26.61	30.23	23.35		4	15		
5.00		28.86	32.78	25.32		4	15		
6.00		41.56	47.21	36.47		4	15		
6.25		45.10	51.24	39.58		4	20		
7.00		56.57	64.26	49.64		4	20		
7.50		64.94	73.78	56.99		4	20		
8.00		73.88	83.93	64.84		4	20		
9.00		93.52	106.25	82.07		4	25		
9.50		104.19	118.37	91.44		4	25	80	4.5
10.00		115.45	131.16	101.32		4	25		
11.00		139.69	158.70	122.59		—	—		
12.00		166.26	188.88	145.90		—	—		
4.00	1570	19.73	22.24	17.37	3.5	3	10	70	2.5
4.80		28.41	32.03	25.00		4	15		
5.00		30.82	34.75	27.12		4	15		
6.00		44.38	40.03	39.06		4	15		
6.25		48.17	54.31	42.39		4	20		
7.00		60.41	68.11	53.16		4	20		
7.50		69.36	78.20	61.04		4	20		
8.00		78.91	88.96	69.44		4	20		
9.00		99.88	112.60	87.89		4	25	80	4.5
9.50		111.28	125.46	97.93		4	25		
10.00		123.31	139.02	108.51		4	25		
11.00		149.20	168.21	131.30		—	—		
12.00		177.57	200.19	155.26		—	—		
4.00	1670	20.99	23.50	18.47	3.5	3	10	70	2.5
5.00		32.78	36.71	28.85		4	15		
6.00		47.21	52.86	41.54		4	15		
6.25		51.24	57.38	45.09		4	20		
7.00		64.26	71.96	56.55		4	20		

续上表

公称直径 d_0(mm)	公称抗拉强度 R_m(MPa)	最大力的特征值 F_m(kN)	最大力的最大值 $F_{m,max}$(kN)	0.2%屈服力 $F_{p0.2}$(kN),≥	最大力总伸长率(L_0=200mm) A_{gt}(%),≥	反复弯曲次数 弯曲次数(次/180°),≥	反复弯曲次数 弯曲半径 R(mm)	应力松弛性能 初始应力相当于实际最大力的百分数(%)	应力松弛性能 1000h后应力松弛率 r(%),≤
7.50	1670	73.78	82.62	64.93		4	20		
8.00		83.93	93.98	73.86		4	20		
9.00		106.25	118.97	93.50		4	25		
4.00	1770	22.25	24.76	19.58	3.5	3	10		
5.00		34.75	38.68	30.58		4	15		
6.00		50.04	55.69	44.03		4	15		
7.00		68.11	75.81	59.94		4	20		
7.50		78.20	87.04	68.81		4	20		
4.00	1860	23.38	25.89	20.57		3	10		
5.00		36.51	40.44	32.13		4	15		
6.00		52.58	58.23	46.27		4	15		
7.00		71.57	79.27	62.98		4	20		

2)预应力混凝土用钢绞线

预应力混凝土用钢绞线,是以数根优质碳素结构钢钢丝经绞捻和消除内应力的热处理后制成。按《预应力混凝土用钢绞线》(GB/T 5224—2014)的规定,预应力钢绞线按结构分为8类,代号分别为:

用两根钢丝捻制的钢绞线　　　　　　　　　　　　　　1×2

用三根钢丝捻制的钢绞线　　　　　　　　　　　　　　1×3

用三根刻痕钢丝捻制的钢绞线　　　　　　　　　　　　1×3I

用七根钢丝捻制的标准型钢绞线　　　　　　　　　　　1×7

用六根刻痕钢丝和一根光圆中心钢丝捻制的钢绞线　　　1×7I

用七根钢丝捻制又经模拔的钢绞线　　　　　　　　　　(1×7)C

用十九根钢丝捻制的1+9+9西鲁式钢绞线　　　　　　1×19S

用十九根钢丝捻制的1+6+6/6瓦林吞式钢绞线　　　　1×19W

预应力混凝土用钢绞线的力学性能要符合表1-6-16~表1-6-19的规定。

1×2 结构钢绞线力学性能　　　　　表 1-6-16

钢绞线结构	公称直径 d_0（mm）	公称抗拉强度 R_m（MPa）	整根钢绞线最大力 F_m（kN），≥	整根钢绞线最大力的最大值 $F_{m,max}$（kN），≤	0.2%屈服力 $F_{p0.2}$（kN），≥	最大力总伸长率（$L_0 \geq 400mm$）A_{gt}(%)，≥	应力松弛性能 初始负荷相当于实际最大力的百分数（%）	应力松弛性能 1000h后应力松弛率 r(%)，≤
							对所有规格	
1×2	8.00	1470	36.9	41.9	32.5	3.5	70	2.5
	10.00		57.8	65.6	50.9			
	12.00		83.1	94.4	73.1			
	5.00	1570	15.4	17.4	13.6			
	5.80		20.7	23.4	18.2			
	8.00		39.4	44.4	34.7			
	10.00		61.7	69.6	54.3			
	12.00		88.7	100	78.1			
	5.00	1720	16.9	18.9	14.9			
	5.80		22.7	25.3	20.0			
	8.00		43.2	48.2	38.0			
	10.00		67.6	75.5	59.5			
	12.00		97.2	108	85.5		80	4.5
	5.00	1860	18.3	20.2	16.1			
	5.80		24.6	27.2	21.6			
	8.00		46.7	51.7	41.1			
	10.00		73.1	81.0	64.3			
	12.00		105	116	92.5			
	5.00	1960	19.2	21.2	16.9			
	5.80		25.9	28.5	22.8			
	8.00		49.2	54.2	43.3			
	10.00		77.0	84.9	67.8			

1×3 结构钢绞线力学性能 表 1-6-17

钢绞线结构	公称直径 d_0 (mm)	公称抗拉强度 R_m (MPa)	整根钢绞线最大力 F_m (kN), ≥	整根钢绞线最大力的最大值 $F_{m,max}$ (kN), ≤	0.2%屈服力 $F_{p0.2}$ (kN), ≥	最大力总伸长率 ($L_0 \geq 400mm$) A_{gt}(%), ≥	应力松弛性能 初始负荷相当于实际最大力的百分数(%)	应力松弛性能 1000h 后应力松弛率 r(%), ≤
							对所有规格	
1×3	8.60	1470	55.4	63.0	48.8	3.5	70	2.5
	10.80		85.5	98.4	76.2			
	12.90		125	142	110			
	6.20	1570	31.1	35.0	27.4			
	6.50		33.3	37.5	29.3			
	8.60		59.2	66.7	52.1			
	8.74		60.6	68.3	53.3			
	10.80		92.5	104	81.4			
	12.90		133	150	117			
	8.74	1670	64.5	72.2	56.8			
	6.20	1720	34.1	38.0	30.0			
	6.50		36.5	40.7	32.1			
	8.60		64.8	72.4	57.0			
	10.80		101	113	88.9			
	12.90		146	163	128		80	4.5
	6.20	1860	36.8	40.8	32.4			
	6.50		39.4	43.7	34.7			
	8.60		70.1	77.7	61.7			
	8.74		71.8	79.5	63.2			
	10.80		110	121	96.8			
	12.90		158	175	139			
	6.20	1960	38.8	42.8	34.1			
	6.50		41.6	45.8	36.6			
	8.60		73.9	81.4	65.0			
	10.80		115	127	101			
	12.90		166	183	146			
1×3I	8.7	1570	60.4	68.1	53.2			
		1720	66.2	73.9	58.3			
		1860	71.6	79.3	63.0			

1×7 结构钢绞线力学性能

表 1-6-18

钢绞线结构	公称直径 d_0 (mm)	公称抗拉强度 R_m (MPa)	整根钢绞线最大力 F_m (kN),≥	整根钢绞线最大力的最大值 $F_{m,max}$ (kN),≤	0.2%屈服力 $F_{p0.2}$ (kN),≥	最大力总伸长率($L_0 \geq$ 400mm) A_{gt} (%),≥	应力松弛性能 初始负荷相当于实际最大力的百分数(%)	应力松弛性能 1000h后应力松弛率 r (%),≤
						对所有规格		
1×7	15.20 (15.24)	1470	206	234	181	3.5	70	2.5
		1570	220	248	194			
		1670	234	262	206			
	9.5 (9.53)	1720	94.3	105	83.0			
	11.10 (11.11)		128	142	113			
	12.70		170	190	150			
	15.20 (15.24)		241	269	212			
	17.80 (17.78)		327	365	288			
	18.90	1820	400	444	352			
	15.70	1770	266	296	234			
	21.60		504	561	444		80	4.5
	9.50 (9.55)	1860	102	113	89.8			
	11.10 (11.11)		138	153	121			
	12.70		184	203	162			
	15.20 (15.24)		260	288	229			
	15.70		279	309	246			
	17.80 (17.78)		355	391	311			
	18.90		409	453	360			
	21.60		530	587	466			
	9.5 (9.53)	1960	107	118	94.2			
	11.10 (11.11)		145	160	128			
	12.70		193	213	170			
	15.20 (15.24)		274	302	241			
1×7I	12.70	1860	184	203	162			
	15.20 (15.24)		260	288	229			
(1×7)C	12.70	1860	208	231	183			
	15.20 (15.24)	1820	300	333	264			
	18.00	1720	384	428	338			

1×19 结构钢绞线力学性能 表1-6-19

钢绞线结构	公称直径 d_0 (mm)	公称抗拉强度 R_m (MPa)	整根钢绞线最大力 F_m (kN), ≥	整根钢绞线最大力的最大值 $F_{m,max}$ (kN), ≤	0.2%屈服力 $F_{p0.2}$ (kN), ≥	最大力总伸长率 ($L_0≥400mm$) A_{gt}(%), ≥	应力松弛性能 初始负荷相当于实际最大力的百分数(%)	1000h后应力松弛率 r(%), ≤
							对所有规格	
1×19S (1+9+9)	28.6	1720	915	1021	805	3.5	70	2.5
	17.8	1770	368	410	334			
	19.3		431	481	379			
	20.3		480	534	422			
	21.8		554	617	488			
	28.5		942	1048	829			
	20.3	1810	491	545	432			
	21.8		567	629	499		80	4.5
	17.8	1860	387	428	341			
	19.3		454	503	400			
	20.3		504	558	444			
	27.8		583	645	513			
1×19W (1+6+6/6)	28.6	1720	915	1021	805			
		1770	942	1048	829			
		1860	990	1096	854			

钢绞线具有强度高、黏结性好、断面面积大,使用根数少,在结构中排列布置方便,易于锚固等优点。主要用于大跨度、大负荷、曲线配筋的后张法预应力屋架、桥梁和薄腹梁等结构的预应力筋,还可用于岩土锚固。

二、桥梁用结构钢

根据使用要求,对桥梁建筑用钢的三个标准合并修订为《桥梁用结构钢》(GB/T 714—2015),该标准规定了桥梁结构钢的牌号表示方法、订货内容、尺寸、外形、重量及允许偏差、技术要求、试验方法、检测规则、包装、标志和质量证明书等。桥梁用钢的牌号由代表屈服强度的汉语拼音字、屈服强度数值、桥字的汉语拼音字母、质量等级符号等4个部分组成,如Q345qC,其中Q表示屈服点;345代表屈服点数值,单位MPa;q为桥梁的钢的桥字汉语拼音首位字母;C为质量等级为C级。

钢的牌号与力学性能与工艺性能应符合表1-6-20、表1-6-21的规定。

桥梁结构钢的力学性能 表 1-6-20

牌号	质量等级	拉伸试验[a],[b]					冲击试验[c]	
		下屈服强度 R_{eL} (MPa)			抗拉强度 R_m (MPa)	断后伸长率 A (%)	温度 (℃)	冲击吸收能量 KV_2 (J)
		厚度≤50mm	50mm<厚度≤100mm	100mm<厚度≤150mm				
		不小于						不小于
Q345q	C	345	335	305	490	20	0	120
	D						−20	
	E						−40	
Q370q	C	370	360	—	510	20	0	120
	D						−20	
	E						−40	
Q420q	D	420	410	—	540	19	−20	120
	E						−40	
	F						−60	47
Q460q	D	460	450	—	570	18	−20	120
	E						−40	
	F						−60	47
Q500q	D	500	480	—	630	18	−20	120
	E						−40	
	F						−60	47
Q550q	D	550	530	—	660	16	−20	120
	E						−40	
	F						−60	47
Q620q	D	620	580	—	720	15	−20	120
	E						−40	
	F						−60	47
Q690q	D	690	650	—	770	14	−20	120
	E						−40	
	F						−60	47

[a] 当屈服不明显时,可测量 $R_{p0.2}$ 代替下屈服强度;
[b] 拉伸试验取横向试样;
[c] 冲击试验取纵向试样

桥梁结构钢的工艺性能　　　　　　　　　　　　表 1-6-21

180°弯曲试验		弯曲结果
厚度≤16mm	厚度>16mm	
$D=2a$	$D=3a$	要试样外表面不应有肉眼可见的裂纹

D—弯曲压头直径；a—试样厚度

三、钢轨钢

在铁道工程、矿山工程、工业生产中，都涉及轨道，如工业厂房中的吊车轨道，铁道工程中的铁路轨道等。钢轨是轨道的主要组成部件。它的功用在于引导机车车辆的车轮前进，承受车轮的巨大压力，并传递到轨枕上。钢轨必须为车轮提供连续、平顺和阻力最小的滚动表面。

随着重载铁路和高速铁路的发展，对钢轨的要求可以归纳为高的安全性、高的平直度以及高的几何尺寸精度等方面。高的安全性不仅反映在要求钢质洁净、表面无缺陷、低的轨底残余拉应力、优良的韧塑性及焊接性能等方面，还反映在便于生产、质量稳定和高可靠等方面。

1. 钢轨的类型

钢轨的类型，以每米钢轨大致质量千克数表示，钢轨每米长质量越大，则抗冲击、弯曲、振动的能力越强，承载力也越大。

《铁路用热轧钢轨》(GB/T 2585—2021)中规定了除 38kg/m、43kg/m、50kg/m 三种以外，新增加了 60kg/m 和 75kg/m 两种型号的钢轨。标准轨定尺长度为 12.5m、25m、50m 和 100m 四种。对于 38kg/m 钢轨目前生产量很少，而随着重载高速铁路的迅速发展，钢轨趋于重型化，我国目前大量使用的是 60kg/m 钢轨。对于重载铁路和特别繁忙区段铁路，逐步铺设 75kg/m 钢轨。

此外，为了适应道岔、特大桥和无缝线路等结构的需要，我国铁路还采用了特种断面（与中轴线不对称工字形）钢轨。现采用较多的为矮型特种断面钢轨，简称 AT 轨。

2. 钢轨组成及技术性能

1) 钢轨的组成

钢轨主要由轨头、轨腰及轨底三部分组成其标准断面形状，如图 1-6-7 所示。钢轨断面采用工字形，这个看似简单的工字，受力好、省材料，具有最佳抗弯性能。

2) 钢轨的技术性能

根据《铁路用热轧钢轨》(GB/T 2585—2021)的规定，轨道钢的牌号及钢材的化学成分和力学性能，应符号表 1-6-22、表 1-6-23 和表 1-6-24 的要求。

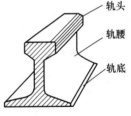

图 1-6-7　钢轨的组成

钢轨的牌号及化学成分　　　　　　　　　　　　表 1-6-22

牌号	化学成分（质量分数）（%）								
	C	Si	Mn	P[a]	S	Cr	Al[b]	V	RE（加入量）
U77MnCr U77MnCrH	0.71~0.82	0.10~0.50	0.80~1.10	≤0.025	≤0.025	0.25~0.40	≤0.010	—	—

续上表

牌 号	化学成分(质量分数)(%)								
	C	Si	Mn	P[a]	S	Cr	Al_t[b]	V	RE（加入量）
U78CrV U78CrVH	0.72~0.82	0.50~0.80	0.70~1.05	≤0.025	≤0.025	0.30~0.50	≤0.010	0.04~0.12	—
U76CrRE U76CrREH	0.71~0.81	0.50~0.80	0.80~1.10	≤0.025	≤0.025	0.25~0.35	≤0.010	0.04~0.08	>0.020
U71Mn U71MnH	0.60~0.80	0.15~0.58	0.70~1.20	≤0.025	≤0.025	—	≤0.004	≤0.030	—
U75V U75VH	0.71~0.80	0.50~0.80	0.70~1.05	≤0.025	≤0.025	—	≤0.004	0.04~0.12	—

[a] U75V 牌号生产的 75kg/m 热轧及在线热处理钢轨，P 含量应不大于 0.025%；
[b] 对于运营速度 200km/h 以下的 Al_t 含量可不大于 0.010%

热轧钢轨的力学性能　　　　表 1-6-23

牌 号	力 学 性 能		
	抗拉强度 R_m（N/mm²）	断后伸长率 A（%）	轨头顶面中心线硬度（HBW10/3000）HBW
U71Mn	≥880	≥10	260~300
U75V	≥980	≥10	280~320
U77MnCr	≥980	≥9	290~330
U78CrV	≥1080	≥9	310~360
U76CrRE	≥1080	≥9	310~360

[a] 若在热锯样轨上取样检验力学性能时，断后伸长率 A 的试验结果可比规定值降低 1%（绝对值）

热处理钢轨的力学性能　　　　表 1-6-24

牌 号	力 学 性 能		
	抗拉强度 R_m（N/mm²）	断后伸长率 A（%）	轨头顶面中心线硬度（HBW10/3000）HBW
U71MnH	≥1080	≥10	320~380
U75VH	≥1180	≥10	340~400
U78CrVH	≥1280	≥10	370~420
U76CrREH	≥1280	≥10	370~420
U77MnCrH	≥1180	≥10	350~410

若在热锯样轨上取样检验力学性能时,断后伸长率 A 的试验结果允许比规定值降低 1%(绝对值)。钢轨应进行落锤试验,试样经落锤打击一次后不得有断裂现象。应在质量证明书中记录挠度值供参考。钢轨接头处轮轨的冲击力很大,为提高接头处的耐磨性,应对钢轨两端进行轨顶淬火处理,淬火层形状应呈帽形,无淬火裂纹。轧制后的钢轨应尽量避免弯曲,钢轨表面不得有裂纹、线纹、折叠、横向划痕及缩孔残余、分层等缺陷。

任务五 钢材的锈蚀及防止

【任务描述】
认识钢材的锈蚀、防止钢材锈蚀的措施。

一、钢材的锈蚀

钢材的锈蚀是指其表面与周围介质发生化学反应而遭到破坏的过程。根据锈蚀作用的机理,钢材的锈蚀可分为化学锈蚀和电化学锈蚀两种。

1. 化学锈蚀

化学锈蚀是指钢材直接与周围介质发生化学反应而产生的锈蚀。这种锈蚀多数是氧化作用,使钢材表面形成疏松的氧化物。在常温下,钢材表面能形成一薄层起保护作用的氧化膜 FeO,可以防止钢材进一步锈蚀。因而在干燥环境下,钢材锈蚀进展缓慢,但在温度和湿度较高的环境中,这种锈蚀进展加快。

2. 电化学锈蚀

电化学锈蚀是建筑钢材在存放和使用中发生锈蚀的主要形式。它是指钢材与电解质溶液接触而产生电流,形成微电池而引起的锈蚀。钢材含有铁、碳等多种成分,由于这些成分的电极电位不同,形成许多微电池。在潮湿环境中的钢材表面会被一层电解质水膜所覆盖,在阳极区,铁被氧化成 Fe^{2+} 离子进入水膜,因为水中溶有来自空气中的氧,故在阴极区氧将被还原为 OH^- 离子,两者结合成为不溶于水的 $Fe(OH)_2$,并进一步氧化成为疏松易剥落的红棕色铁锈 $Fe(OH)_3$。电化学锈蚀是钢材最主要的锈蚀形式。

影响钢材锈蚀的主要因素是水、氧及介质中所含的酸、碱、盐等。同时钢材本身的组织成分对锈蚀影响也很大。埋于混凝土中的钢筋,由于普通混凝土的 pH 值为 12 左右,处于碱性环境,使之表面形成一层碱性保护膜,它有较强的阻止锈蚀继续发展的能力,故混凝土中的钢筋一般不易锈蚀。

二、防止钢材锈蚀的措施

1. 提高产品本身防锈蚀的能力

钢材的组织及化学成分是引起锈蚀的内因。通过调整钢材的基本组织或加入某些合金元素,可有效地提高钢材的抗腐蚀能力。例如,在钢材中加入一定量的合金元素铬、镍、钛等,制成不锈钢,可以提高耐锈蚀能力。

2. 在使用过程中增加保护层

通常的方法是采用在表面施加保护层，使钢材与周围介质隔离。保护层可分为非金属保护层和金属保护层两类。

非金属保护层常用的是在钢材表面刷漆，常用底漆有红丹、环氧富锌漆、铁红环氧底漆等，面漆有调和漆、醇酸磁漆、酚醛磁漆等，该方法简单易行，但不耐久。此外，还可以采用塑料保护层、沥青保护层、搪瓷保护层等。

金属保护层是用耐蚀性较好的金属，以电镀或喷镀的方法覆盖在钢材表面，如镀锌、镀锡、镀铬等。薄壁钢材可采用热浸镀锌或镀锌后加涂塑料涂层等措施。

混凝土配筋的防锈措施，根据结构的性质和所处环境条件等考虑混凝土的质量要求，主要是保证混凝土的密实度（控制最大水比和最小水泥用量、加强振捣）、保证足够的保护层厚度、限制氯盐外加剂的掺量和保证混凝土一定的碱度等；还可掺用阻锈剂（如亚硝酸钠等）。国外有采用钢筋镀锌、镀镍等方法。对于预应力钢筋，一般含碳量较高，又多是经过变形加工或冷加工，因而对锈蚀破坏较敏感，特别是高强度热处理钢筋，容易产生应力锈蚀现象。故重要的预应力承重结构，除禁止掺用氯盐外，还应对原材料进行严格检验。

3. 仓储中加强防锈蚀措施

在平时的仓储过程中也应加强防锈蚀的工作，主要从以下几点着手：①有保护金属材料的防护与包装，不得损坏；②选择适宜的保管场所，妥善的苫垫、码垛和密封；③在金属表面涂刷防锈油（剂）；④加强检查，经常维护保养。

学习任务单

项目六　建筑钢材	姓名：	
	班级：	
	自评	师评
思考与练习题	掌握：	合格：
	未掌握：	不合格：

一、问答题

1. 简述钢材与建筑钢材的分类。
2. 评价钢材技术性质的主要指标有哪些？
3. 钢材拉伸性能的表征指标有哪些？各指标的含义是什么？
4. 什么是钢材的冷弯性能？应如何进行评价？
5. 何谓钢材的冷加工和时效？钢材经冷加工和时效处理后性能有什么改变？
6. 试述碳素结构钢和低合金钢在工程中的应用。
7. 钢筋混凝土用热轧钢筋有几个牌号？其表示的含义是什么？
8. 预应力混凝土用热轧钢筋、钢丝和钢绞线应检验哪些力学指标？
9. 建筑钢材的锈蚀原因有哪些？如何防锈？

二、计算题

桥梁混凝土欲使用 $\phi 20$ Ⅱ 级热轧带肋钢筋，试验室取样进行该钢筋的拉伸性能试验，试验结果记录如表 1 所示。$\phi 20$ Ⅱ 级热轧带肋钢筋拉伸性能指标要求为：屈服点不小于 335MPa，抗拉强度不小于 510MPa，伸长率不小于 16%。试计算分析该钢筋能否用于桥梁混凝土结构？

续上表

项目六　建筑钢材		姓名：	
		班级：	
		自评	师评
思考与练习题		掌握： 未掌握：	合格： 不合格：

钢筋拉伸试验记录表　　　　　　　　　　　　　　　表1

试验次数	公称直径 （mm）	试件原始标距 L_0（mm）	试样断后标距 L_1（mm）	屈服力 F_s （N）	最大拉力 F_b （N）
1	20	100	130	108	163
2	20	100	131	107	162

第二篇
实训篇

实训篇包括八个项目（三十五个实训任务）。教材在具体使用中，可以根据不同专业特点对相关实训内容加以增减。

项目一

石料的检测

石料的抗压强度值既取决于其组成结构也取决于试验条件,试件尺寸、加载速度等都会影响试验结果。洛杉矶磨耗损失是粗集料使用性能的重要指标,尤其是沥青混合料和基层集料,它与沥青路面的抗车辙能力、耐磨性、耐久性密切相关,洛杉矶磨耗试验是工程中优选石料的重要手段。

依据现行试验规程,测定石料的抗压强度和磨耗率,并完成检测报告,为工程中合理选用石料提供依据。

【任务实施】

第一步,石料的抗压强度测定。第二步,磨耗率测定。第三步,分析处理试验数据,完成检测报告。

实训一 岩石单轴抗压强度试验

一、目的与适用范围

单轴抗压强度试验是测定规则形状岩石试件单轴抗压强度的方法,主要用于岩石的强度分级和岩性描述。

本法采用饱和状态下的岩石立方体(或圆柱体)试件的抗压强度来评定岩石强度(包括碎石或卵石的原始岩石强度)。

在某些情况下,试件含水状态还可根据需要选择天然状态、烘干状态或冻融循环后状态。试件的含水状态要在试验报告中注明。

二、仪器设备

(1)压力试验机或万能试验机。
(2)钻石机、切石机、磨石机等岩石试件加工设备。
(3)烘箱、干燥箱、游标卡尺、角尺及水池等。

三、试验准备

石料采用圆柱体或立方体试件,其直径或边长和高均为50mm±0.5mm。每组试件共6个。有显著层理的岩石,分别沿平行和垂直层理方向各取试件6个。试件上、下端面应平行和磨平,试件端面的平面度公差应小于 0.05mm,端面对于试件轴线垂直度偏差不应超过 0.25°。对于非标准圆柱体试件,试验后抗压强度试验值可按公式进行换算。

四、试验步骤

(1)用游标卡尺量取试件尺寸(精确至 0.1mm),对立方体试件在顶面和底面上各量取其边长,以各个面上相互平行的两个边长的算术平均值计算其承压面积;对于圆柱体试件,在顶面和底面分别测量两个相互正交的直径,并以其各自的算术平均值分别计算底面和顶面的面积,取其顶面和底面面积的算术平均值作为计算抗压强度所用的截面面积。

(2)试件的含水状态可根据需要选择烘干状态、天然状态、饱和状态、冻融循环后状态。试件烘干和饱和状态、试件冻融循环后状态应符合相关条款的规定。

(3)按岩石强度性质,选定合适的压力机。将试件置于压力机的承压板中央,对正上、下承压板,不得偏心。

(4)以 0.5~1.0MPa/s 的速率进行加荷直至破坏,记录破坏荷载及加载过程中出现的现象。抗压试件试验的最大荷载记录以牛(N)为单位,精度 1%。

五、计算

(1)岩石的抗压强度和软化系数分别按式(2-1-1)、式(2-1-2)计算。

$$R = \frac{P}{A} \tag{2-1-1}$$

式中:R——岩石的抗压强度,MPa;
　　P——试件破坏时的荷载,N;
　　A——试件的截面面积,mm^2。

$$K_P = \frac{R_w}{R_d} \tag{2-1-2}$$

式中:K_P——软化系数;
　　R_w——岩石饱和状态下的单轴抗压强度,MPa;
　　R_d——岩石烘干状态下的单轴抗压强度,MPa。

(2)单轴抗压强度试验结果应同时列出每个试件的试验值及同组岩石单轴抗压强度的平均值;有显著层理的岩石,分别报告垂直与平行层理方向的试件强度的平均值。计算值精确至 0.1MPa。

软化系数计算值精确至 0.01,3 个试件平行测定,取其算术平均值;3 个值中最大值与最小值之差不应超过平均值的 20%,否则,应另取第 4 个试件,并在 4 个试件中取最接近的 3 个值的平均值作为试验结果,同时在报告中将 4 个值全部列出。

(3)试验记录。单轴抗压强度试验记录应包括岩石名称、试验编号、试件编号、试件描述、试件尺寸、破坏荷载、破坏状态。

实训二　石料磨耗试验(洛杉矶法)

一、目的和适用范围

测定标准条件下石料抵抗摩擦、撞击的能力,以磨耗损失(%)表示。

二、仪具与材料

(1)洛杉矶磨耗试验机:圆筒内径710mm±5mm,内侧长510mm±5mm,两端封闭,投料口的钢盖通过紧固螺栓和橡胶垫与钢筒紧闭密封。钢筒的回转速率为30~33r/min。

(2)钢球:直径约46.8mm,质量为390~445g,大小稍有不同,以便按要求组合成符合要求的总质量。

(3)台秤:感量5g;标准筛;烘箱;容器:搪瓷盘等。

三、试验步骤

(1)将不同规格的石料用水冲洗干净,置烘箱中烘干至恒重。

(2)对所使用的石料,根据实际情况按表2-1-1选择最接近的粒级类别,确定相应的试验条件,按规定的粒级组成备料、筛分。其中水泥混凝土用集料宜采用A级粒度;当用于沥青路面及各种基层、底基层的粗集料时,表中的16mm筛孔也可用13.2mm筛孔代替。对非规格材料,应根据材料的实际粒度,从表2-1-1中选择最接近的粒级类别及试验条件。

洛杉矶磨耗试验条件　　　　表2-1-1

粒度类别	粒级组成(mm)	试样质量(g)	试样总质量(g)	钢球数量(个)	钢球总质量(g)	转动次数(转)	适用的粗集料	
							规格	公称粒径(mm)
A	26.5~37.5 19.0~26.5 16.0~19.0 9.5~16.0	1250±25 1250±25 1250±10 1250±10	5000±10	12	5000±25	500		
B	19.0~26.5 16.0~19.0	2500±10 2500±10	5000±10	11	4850±25	500	S6 S7 S8	15~30 10~30 10~25
C	9.5~16.0 4.75~9.5	2500±10 2500±10	5000±10	8	3330±20	500	S9 S10 S11 S12	10~20 10~15 5~15 5~10
D	2.36~4.75	5000±10	5000±10	6	2500±15	500	S13 S14	3~10 3~5
E	63~75 53~63 37.5~53	2500±50 2500±50 5000±50	10000±100	12	5000±25	1000	S1 S2	40~75 40~60

续上表

粒度类别	粒级组成（mm）	试样质量（g）	试样总质量（g）	钢球数量（个）	钢球总质量（g）	转动次数（转）	适用的粗集料 规格	适用的粗集料 公称粒径(mm)
F	37.5~53 26.5~37.5	5000±50 5000±25	10000±75	12	5000±25	1000	S3 S4	30~60 25~50
G	26.5~37.5 19~26.5	5000±25 5000±25	10000±50	12	5000±25	1000	S5	20~40

(3)分级称量(精确至5g)，称取总质量(m_1)，装入磨耗机圆筒中。

(4)选择钢球，使钢球的数量及总质量符合表2-1-1中规定。将钢球加入钢筒中，盖好筒盖，紧固密封。

(5)将计数器调整到零位，设定要求的回转次数，对水泥混凝土集料，回转次数为500r，对沥青混合料集料，回转次数应符合表2-1-1的要求。开动磨耗机，以30~33r/min转速转动至要求的回转次数为止。

(6)取出钢球，将经过磨耗后的试样从投料口倒入接收容器(搪瓷盘)中。

(7)将试样用1.7mm的方孔筛过筛，筛去试样中被撞击磨碎的细屑。

(8)用水冲干净留在筛上的碎石，置105℃±5℃烘箱中烘干至恒重(通常不少于4h)，准确称量(m_2)。

四、结果整理

(1)按式(2-1-3)计算洛杉矶磨耗损失，精确至0.1%。

$$Q = \frac{m_1 - m_2}{m_1} \times 100 \tag{2-1-3}$$

式中：Q——洛杉矶磨耗损失，%；

m_1——装入圆筒中试样质量，g；

m_2——试验后在1.7mm筛上洗净烘干的试样质量，g。

(2)石料的磨耗损失取两次平行试验结果的算术平均值为测定值，两次试验的差值应不大于2%，否则须重做试验。

项目二

粗集料的质量检测

集料密度是计算沥青混合料和水泥混凝土的组成结构的非常有用的参数,集料的各项质量检测指标也是我们优选原材料的重要依据。在学习中,应把它们与沥青混合料和水泥混凝土对集料的技术要求紧密结合,才能真正知道检测各项技术指标的意义。

【任务实施】

第一步,完成粗集料密度及吸水率试验、装填密度和空隙率试验。第二步,完成粗集料筛分试验,计算级配参数,绘制级配曲线。第三步,完成粗集料针片状颗粒含量试验,评价集料的形状及其在工程中的适用性。第四步,完成粗集料压碎值测定,评价粗集料的抗破碎能力及其在工程中的适用性。第五步,分析计算试验数据,提交检测报告。

实训一 粗集料及集料混合料的筛分试验

一、目的与适用范围

(1)测定粗集料(碎石、砾石、矿渣等)的颗粒组成,对水泥混凝土用粗集料可采用干筛法筛分,对沥青混合料及基层用粗集料必须采用水洗法试验。

(2)本方法也适用于同时含有粗集料、细集料、矿粉的集料混合料筛分试验,如未筛碎石、级配碎石、天然砂砾、级配砂砾、无机结合料稳定基层材料、沥青拌合楼的冷料混合料、热料仓材料、沥青混合料经溶剂抽提后的矿料等。

二、仪器设备

(1)试验筛:根据需要选用规定的标准筛。
(2)摇筛机。
(3)天平或台秤:感量不大于试样质量的0.1%。
(4)其他:盘子、铲子、毛刷等。

三、试验准备

按规定将来料用分料器或四分法缩分至表2-2-1要求的试样所需量,风干后备用。根据需要可按要求的集料最大粒径的筛孔尺寸过筛,除去超粒径部分颗粒后,再进行筛分。

四分法取样

筛分用的试样质量　　　　　　　　　　　　　　　　表 2-2-1

公称最大粒径(mm)	75	63	37.5	31.5	26.5	19	16	9.5	4.75
试样质量不少于(kg)	10	8	5	4	2.5	2	1	1	0.5

四、水泥混凝土用粗集料干筛法试验步骤

(1) 取试样一份置于 105℃±5℃ 烘箱中烘干至恒重,称取干燥集料试样的总质量(m_0),准确至 0.1%。

(2) 用搪瓷盘作筛分容器,按筛孔大小排列顺序逐个将集料过筛。人工筛分时,需使集料在筛面上同时有水平方向及上下方向的不停顿的运动,使小于筛孔的集料通过筛孔,直至 1min 内通过筛孔的质量小于筛上残余量的 0.1% 为止;当采用摇筛机筛分时,应在摇筛机筛分后再逐个由人工补筛。将筛出通过的颗粒并入下一号筛,和下一号筛中的试样一起过筛,顺序进行,直至各号筛全部筛完为止。应确认 1min 内通过筛孔的质量确实小于筛上残余量的 0.1%。

注:由于 0.075mm 筛干筛几乎不能把沾在粗集料表面的小于 0.075mm 部分的石粉筛过去,而且对水泥混凝土用粗集料而言,0.075mm 通过率的意义不大,所以也可以不筛,且把通过 0.15mm 筛的筛下部分全部作为 0.075mm 的分计筛余,将粗集料的 0.075mm 通过率假设为 0。

(3) 如果某个筛上的集料过多,影响筛分作业时,可以分两次筛分,当筛余颗粒的粒径大于 19mm 时,筛分过程中允许用手指轻轻拨动颗粒,但不得逐颗筛过筛孔。

(4) 称取每个筛上的筛余量,准确至总质量的 0.1%。各筛分计筛余量及筛底存量的总和与筛分前试样的干燥总质量 m_0 相比,相差不得超过 m_0 的 0.5%。

五、沥青混合料及基层用粗集料水洗法试验步骤

(1) 取一份试样,将试样置于 105℃±5℃ 烘箱中烘干至恒重,称取干燥集料试样的总质量(m_3),准确至 0.1%。

注:恒重系指相邻两次称取间隔时间大于 3h(通常不少于 6h)的情况下,前后两次称量之差小于该项试验所要求的称量精密度(下同)。

(2) 将试样置一洁净容器中,加入足够数量的洁净水,将集料全部淹没,但不得使用任何洗涤剂、分散剂或表面活性剂。

(3) 用搅棒充分搅动集料,使集料表面洗涤干净,使细粉悬浮在水中,但不得破碎集料或有集料从水中溅出。

(4) 根据集料粒径大小选择组成一组套筛,其底部为 0.075mm 标准筛,上部为 2.36mm 或 4.75mm 筛。仔细将容器中混有细粉的悬浮液倒出,经过套筛流入另一容器中,尽量不将粗集料倒出,以免损坏标准筛筛面。

注:无须将容器中的全部集料都倒出,只倒出悬浮液。且不可直接倒至 0.075mm 筛上,以免集料掉出损坏筛面。

(5)重复步骤(2)~(4),直至倒出的水洁净为止,必要时可采用水流缓慢冲洗。

(6)将套筛每个筛子上的集料及容器中的集料全部回收在一个搪瓷盘中,容器上不得有粘附的集料颗粒。

注:粘在 0.075mm 筛面上的细粉很难回收扣入搪瓷盘中,此时需将筛子倒扣在搪瓷盘上,用少量的水并助以毛刷将细粉刷落入搪瓷盘中,并注意不要散失。

(7)在确保细粉不散失的前提下,小心泌去搪瓷盘中的积水,将搪瓷盘连同集料一起置于 105 ± 5℃烘箱中烘干至恒重,称取干燥集料试样的总质量(m_4),准确至 0.1%。以 m_3 与 m_4 之差作为 0.075mm 的筛下部分。

(8)将回收的干燥集料按干筛方法筛分出 0.075mm 筛以上各筛的筛余量,此时 0.075mm 筛下部分应为0,如果尚能筛出,则应将其并入水洗得到的 0.075mm 的筛下部分,且表示水洗得不干净。

六、计算

1. 干筛法筛分结果的计算

(1)计算各筛分计筛余量及筛底存量的总和与筛分前试样的干燥总质量 m_0 之差,作为筛分时的损耗,并计算损耗率,若损耗率大于 0.3%,应重新进行试验。

$$m_5 = m_0 - \left(\sum m_i + m_\text{底}\right) \tag{2-2-1}$$

式中:m_5——由于筛分造成的损耗,g;

m_0——用于干筛的干燥集料总质量,g;

m_i——各号筛上的分计筛余,g;

i——依次为 0.075mm、0.15mm…至集料最大粒径的排序;

$m_\text{底}$——筛底(0.075mm 以下部分)集料总质量,g。

(2)干筛分计筛余百分率。

干筛后各号筛上的分计筛余百分率按式(2-2-2)计算,精确至 0.1%。

$$p'_i = \frac{m_i}{m_0 - m_5} \times 100 \tag{2-2-2}$$

式中:p'_i——各号筛上的分计筛余百分率,%;

m_5——由于筛分造成的损耗,g;

m_0——用于干筛的干燥集料总质量,g;

m_i——各号筛上的分计筛余,g;

i——依次为 0.075mm、0.15mm…至集料最大粒径的排序。

(3)干筛累计筛余百分率。各号筛的累计筛余百分率为该号筛以上各号筛的分计筛余百分率之和,精确至 0.1%。

(4)通过百分率。各号筛的质量通过百分率 P_i 等于 100 减去该号筛累计筛余百分率,精确至 0.1%。

(5)用筛底存量除以扣除损耗后的干燥集料总质量计算 0.075mm 筛的通过率。

(6)试验结果用两次试验的平均值表示,准确至 0.1%。当两次试验结果 $P_{0.075}$ 的差值超过1%时,试验应重新进行。

2. 水筛法筛分结果的计算

(1)按式(2-2-3)、式(2-2-4)计算粗集料中0.075mm筛筛下部分质量$m_{0.075}$和含量$P_{0.075}$,精确至0.1%。当两次试验结果$P_{0.075}$的差值超过1%时,试验应重新进行。

$$m_{0.075} = m_3 - m_4 \qquad (2\text{-}2\text{-}3)$$

$$P_{0.075} = \frac{m_{0.075}}{m_3} = \frac{m_3 - m_4}{m_3} \times 100 \qquad (2\text{-}2\text{-}4)$$

式中:$P_{0.075}$——粗集料中小于0.075mm的含量(通过率),%;
$m_{0.075}$——粗集料中水洗得到的小于0.075mm部分的质量,g;
m_3——用于水洗的干燥粗集料总质量,g;
m_4——水洗后的干燥粗集料总质量,g

(2)计算各筛分计筛余量及筛底存量的总和与筛分前试样的干燥总质量m_4之差,作为筛分时的损耗,按式(2-2-5)计算,若大于0.3%,应重新进行试验。

$$m_5 = m_3 - \left(\sum m_i + m_{0.075}\right) \qquad (2\text{-}2\text{-}5)$$

式中:m_5——由于筛分造成的损耗,g;
m_3——用于水洗的干燥粗集料总质量,g;
m_i——各号筛上的分计筛余,g;
i——依次为0.075mm、0.15mm…至集料最大粒径的排序;
$m_{0.075}$——水洗后得到的0.075nnn筛以下部分质量,g,即$m_3 - m_4$。

(3)计算其他各筛的分计筛余百分率、累计筛余百分率、通过百分率,计算方法与干筛法相同,当干筛筛分有损耗时,应按干筛法从总质量中扣除损耗部分。

(4)试验结果以两次试验的平均值表示。

七、报告

(1)筛分结果以各筛孔的质量通过百分率表示。

(2)对于沥青混合料、基层材料配合比设计用的集料筛分曲线,其横坐标为筛孔尺寸的0.45次方(表2-2-2),纵坐标为普通坐标(图2-2-1)。

(3)同一种集料至少取两个试样平行试验两次,取平均值作为每号筛上筛余量的试验结果,报告集料级配组成的通过百分率及级配曲线。

级配曲线的横坐标(按$x = d_i^{0.45}$计算) 表2-2-2

筛孔d_i(mm)	0.075	0.15	0.3	0.6	1.18	2.36	4.75
横坐标x	0.312	0.426	0.582	0.795	1.077	1.472	2.016
筛孔d_i(mm)	9.5	13.2	16	19	26.5	31.5	37.5
横坐标x	2.745	3.193	3.482	3.762	4.370	4.723	5.100

八、注意事项

(1)为保证试样有代表性,用分料器或四分法缩分至要求的试样所需量,缩分后取料应取干净。

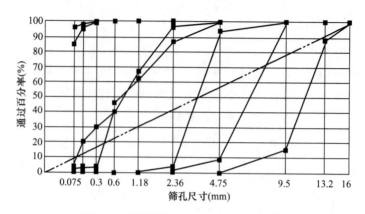

图 2-2-1　集料筛分曲线与矿料级配设计曲线

(2)干筛时每一标准筛都应确认1min内通过筛孔的质量,小于筛上残余量的0.1%才能停止。

(3)沥青混合料及基层用粗细集料必须用水筛法确定小于0.075mm的含量,因为其直接影响添加矿粉的数量。

实训二　粗集料密度及吸水率试验(网篮法)

一、目的与适用范围

本方法适用于测定各种粗集料的表观相对密度、表干相对密度、毛体积相对密度、表观密度、表干密度、毛体积密度,以及粗集料的吸水率。

粗集料表观密度
试验(网篮法)

二、仪器设备

(1)天平或浸水天平:可悬挂吊篮测定集料的水中质量,称量应满足试样数量称量要求,感量不大于最大称量的0.05%。

(2)吊篮:耐锈蚀材料制成,直径和高度为150mm左右,四周及底部用1~2mm筛网编制或具有密集的孔眼。

(3)溢流水槽:在称量水中质量时能保持水面高度一定。

(4)烘箱:能控温在105℃±5℃。

(5)温度计。

(6)盛水容器(如搪瓷盘)。

(7)其他:刷子、毛巾等。

三、试验准备

(1)将试样用标准筛过筛除去其中的细集料,对较粗集料可用4.75mm(方孔筛)过筛,对

2.36~4.75mm 集料,或者混在 4.75mm 以下石屑中的粗集料,则用 2.36mm 标准筛过筛,用四分法或分料器缩分至要求的质量,分两份备用。对沥青路面用粗集料,应对不同规格的集料分别测定,不得混杂,所取的每一份集料试样应基本上保持原有的级配。在测定 2.36~4.75mm 的粗集料时,试验过程中应特别小心,不得丢失集料。

(2)经缩分后供测定密度和吸水率的粗集料质量应符合试表 2-2-3 的规定。

测定密度所需要的试样最小质量　　　　表 2-2-3

公称最大粒径(mm)	4.75	9.5	16	19	26.5	31.5	37.5	63	75
每一份试样的最小质量(kg)	0.8	1	1	1	1.5	1.5	2	3	3

(3)将每一份集料试样浸泡在水中,并适当搅动,仔细洗去附在集料表面的尘土和石粉,经多次漂洗干净至水清澈为止。清洗过程中不得散失集料颗粒。

四、试验步骤

(1)取试样一份装入干净的搪瓷盘中,注入洁净的水,水面至少高出试样 20mm,轻轻搅动石料,使附着石料上的气泡完全逸出。在室温下保持浸水 24h。

(2)将吊篮挂在天平的吊钩上,浸入溢流水槽中,向溢流水槽中注水,水面高度至水槽的溢流孔为止,将天平调零。吊篮的筛网应保证集料不会通过筛孔流失,对 2.36~4.75mm 粗集料应更换小孔筛网,或在网篮中加入一个浅盘。

(3)调节水温在 15~25℃范围内,将试样移入吊篮中。溢流水槽中的水面高度由水槽的溢流孔控制,维持不变。称取集料的水中质量(m_w)。

(4)提起吊篮,稍稍滴水后,较粗的粗集料可以直接倒在拧干的湿毛巾上。较细的粗集料(2.36~4.75mm)连同浅盘一起取走,稍稍倾斜搪瓷盘,仔细倒出余水,将粗集料倒在拧干的湿毛巾上,用毛巾吸走从集料中漏出的自由水。此步骤需特别注意不得有颗粒丢失,或有小颗粒附在吊篮上。再用拧干的湿毛巾轻轻擦干集料颗粒的表面水,至表面看不到发亮的水迹,即为饱和面干状态。当粗集料尺寸较大时,宜逐粒擦干。注意对较粗的粗集料,拧湿毛巾时不要太用劲,防止拧得太干。对较细的含水较多的粗集料,毛巾可拧得稍干些。擦颗粒的表面水时,既要将表面水擦掉,又千万不能将颗粒内部的水吸出。整个过程中不得有集料丢失,且已擦干的集料不得继续在空气中放置,以防止集料干燥。

(5)立即在保持表干状态下,称取集料的表干质量(m_f)。

(6)将集料置于浅盘中,放入 105℃±5℃的烘箱中烘干至恒重。取出浅盘,放在带盖的容器中冷却至室温,称取集料的烘干质量(m_a)。

注:恒重是指相邻称量间隔时间大于 3h 的情况下,其前后两次称量之差小于该项试验所要求的精密度,即 0.1%。一般在烘箱烘烤的时间不得少于 4~6h。

(7)对同一规格的集料应平行试验两次,取平均值作为试验结果。

五、计算

(1)表观相对密度 γ_a、表干相对密度 γ_s、毛体积相对密度 γ_b 按式(2-2-6)~式(2-2-8)计算至小数点后 3 位。

$$\gamma_a = \frac{m_a}{m_a - m_w} \tag{2-2-6}$$

$$\gamma_s = \frac{m_f}{m_f - m_w} \tag{2-2-7}$$

$$\gamma_b = \frac{m_a}{m_f - m_w} \tag{2-2-8}$$

式中：γ_a——集料的表观相对密度；

γ_s——集料的表干相对密度；

γ_b——集料的毛体积相对密度；

m_a——集料的烘干质量，g；

m_f——集料的表干质量，g；

m_w——集料的水中质量，g。

（2）集料的吸水率以烘干试样为基准，按式（2-2-9）计算，精确至0.01%。

$$w_x = \frac{m_f - m_a}{m_a} \times 100 \tag{2-2-9}$$

式中：w_x——粗集料的吸水率，%。

（3）粗集料的表观密度（视密度）ρ_d、表干密度 ρ_s、毛体积密度 ρ_b，按式（2-2-10）、式（2-2-11）、式（2-2-12）计算，准确至小数点后3位。不同水温条件下测量的粗集料表观密度需进行水温修正，不同试验条件下水的密度 ρ_T、水的温度修正系数 α_T 如表2-2-4所列，此表适用于在15～25℃测定的情况。

$$\rho_a = \gamma_a \times \rho_T \text{ 或 } \rho_a = (\gamma_a - \alpha_T) \times \rho_w \tag{2-2-10}$$

$$\rho_s = \gamma_s \times \rho_T \text{ 或 } \rho_s = (\gamma_s - \alpha_T) \times \rho_w \tag{2-2-11}$$

$$\rho_b = \gamma_b \times \rho_T \text{ 或 } \rho_b = (\gamma_b - \alpha_T) \times \rho_w \tag{2-2-12}$$

式中：ρ_a——粗集料的表观密度，g/cm³；

ρ_s——粗集料的表干密度，g/cm³；

ρ_b——粗集料的毛体积密度，g/cm³；

ρ_T——试验温度 T 时水的温度，按表2-2-4取用，g/cm³；

α_T——试验温度 T 时水温修正系数；

ρ_w——水在4℃时的密度，1.000g/cm³。

不同水温时水的密度 ρ_T 及水温修正系数 α_T　　　　表2-2-4

水温（℃）	15	16	17	18	19	20
水的密度 ρ_T（g/cm³）	0.99913	0.99897	0.99880	0.99862	0.99843	0.99822
水温修正系数 α_T	0.002	0.003	0.003	0.004	0.004	0.005
水温（℃）	21	22	23	24	25	
水的密度 ρ_T（g/cm³）	0.99802	0.99779	0.99756	0.99733	0.99702	
水温修正系数 α_T	0.005	0.006	0.006	0.007	0.007	

六、精密度或允许差

重复试验的精密度,对表观相对密度、表干相对密度、毛体积相对密度,两次结果相差不得超过0.02,对吸水率不得超过0.2%。

七、注意事项

(1)为保证试样有代表性,用分料器或四分法缩分至要求的试样所需量,缩分后取料应取干净。
(2)在试验过程中注意控制溢流水槽中的水面高度。
(3)试验过程中不得遗失集料。
(4)粗集料的表干状态不容易掌握,拧干的湿毛巾擦去表面水渍,但不得将内部的毛细水吸出,擦好的集料应马上称量。

实训三　粗集料堆积密度及空隙率试验

一、目的与适用范围

测定粗集料的堆积密度,包括自然堆积状态、振实状态、捣实状态下的堆积密度,以及堆积状态下的间隙率。

二、仪具与材料

(1)天平或台秤:感量不大于称量的0.1%。
(2)容量筒:适用于粗集料堆积密度测定的容量筒应符合试表2-2-5的要求。

沥青混合料集料容量筒的规格要求　　　　表2-2-5

粗集料公称最大粒径(mm)	容量筒容积(L)	容量筒规格(mm)			筒壁厚度(mm)
		内径	净高	底厚	
≤4.75	3	155±2	160±2	5.0	2.5
9.5~26.5	10	205±2	305±2	5.0	2.5
31.5~37.5	15	255±5	295±5	5.0	3.0
≥53	20	355±5	305±5	5.0	3.0

(3)平头铁锹。
(4)烘箱:能控温在105℃±5℃。
(5)振动台:频率为3000次/min±200次/min,负荷下的振幅为0.35mm,空载时的振幅为0.5mm。
(6)捣棒:直径16mm,长600mm,一端为圆头的钢棒。

三、试验准备

按T 0301粗集料取样法取样、缩分,质量应满足试验要求,在105℃±5℃的烘箱中烘干,也可以摊在清洁的地面上风干,拌匀后分成两份备用。

四、试验步骤

1. 自然堆积密度

取试样 1 份,置于平整干净的水泥地(或铁板)上,用平头铁锹铲起试样,使石子自由落入容量筒内。此时,从铁锹的齐口至容量筒上口的距离应保持为 50mm 左右,装满容量筒并除去凸出筒口表面的颗粒,并以合适的颗粒填入凹陷空隙,使表面稍凸起部分和凹陷部分的体积大致相等,称取试样和容量筒总质量(m_2)。

2. 振实密度

按堆积密度试验步骤,将装满试样的容量筒放在振动台上,振动 3min,或者将试样分三层装入容量筒:装完一层后,在筒底垫放一根直径为 25mm 的圆钢筋,将筒按住,左右交替颠击地面各 25 下;然后装入第二层,用同样的方法颠实(但筒底所垫钢筋的方向应与第一层放置方向垂直);然后再装入第三层,用同样的方法颠实;待三层试样装填完毕后,加料填到试样超出容量筒筒口,用钢筋沿筒口边缘滚转,刮下高出筒口的颗粒,用合适的颗粒填平凹处,使表面稍凸起部分和凹陷部分的体积大致相等,称取试样和容量筒总质量(m_2)。

3. 捣实密度

根据沥青混合料的类型和公称最大粒径,确定起骨架作用的关键性筛孔(通常为 4.75mm 或 2.36mm 等)。将矿料混合料中此筛孔以上颗粒筛出,作为试样装入符合要求规格的容器中达 1/3 的高度,由边至中用捣棒均匀捣实 25 次。再向容器中装入 1/3 高度的试样,用捣棒均匀捣实 25 次,捣实深度约至下层的表面。然后重复上一步骤,加最后一层,捣实 25 次,使集料与容器口齐平。用合适的集料填充表面的大空隙,用直尺大体刮平,目测估计表面凸起的部分与凹陷的部分的容积大致相等,称取容量筒与试样总质量(m_2)。

4. 容量筒容积的标定

用水装满容量筒,测量水温,擦干筒外壁的水分,称取容量筒与水的总质量(m_w),并按水的密度对容量筒的容积作校正。

五、计算

(1)容量筒的容积按式(2-2-13)计算。

$$V = \frac{m_w - m_1}{\rho_T} \quad (2\text{-}2\text{-}13)$$

式中:V —— 容量筒的容积,L;

m_1 ——容量筒的质量,kg;

m_w ——容量筒与水的总质量,kg;

ρ_T ——试验温度 T 时水的密度,按试表 2-2-4 选用,g/cm³。

(2)堆积密度(包括自然堆积状态、振实状态、捣实状态下的堆积密度)按式(2-2-14)计算至小数点后 2 位。

$$\rho = \frac{m_2 - m_1}{V} \qquad (2\text{-}2\text{-}14)$$

式中:ρ——松方密度,t/m³;
  V——容量筒的容积,L;
  m_1——容量筒的质量,kg;
  m_2——容量筒与试样的总质量,kg。

(3)水泥混凝土用粗集料振实状态下的空隙率按式(2-2-15)计算。

$$n = \left(1 - \frac{\rho}{\rho_a}\right) \times 100 \qquad (2\text{-}2\text{-}15)$$

式中:n——水泥混凝土用粗集料的空隙率,%;
  ρ_a——粗集料的表观密度,t/m³;
  ρ——按振实法测定的粗集料的松方密度,t/m³。

(4)沥青混合料用粗集料骨架捣实状态下的间隙率按式(2-2-16)计算。

$$VCA_{DRC} = \left(1 - \frac{\rho}{\rho_b}\right) \times 100 \qquad (2\text{-}2\text{-}16)$$

式中:VCA_{DRC}——捣实状态下粗集料骨架间隙率,%;
  ρ_b——按粗集料密度及吸水率试验测定的毛体积密度,t/m³;
  ρ——按捣实法测定的粗集料的松方密度,t/m³。

六、精密度或允许差

以两次平行试验结果的平均值作为测定值。

七、注意事项

(1)为保证试样有代表性,用分料器或四分法缩分至要求的试样所需量,缩分后取料应取干净。

(2)自然堆积密度测定,保持铁锹的齐口至容量筒上口的距离为50mm。

(3)振实密度测定采用将试样分三层装入容量筒时每层应将容量筒左右颠击地面各25次,且第二层筒底所垫钢筋的方向应与第一层放置方向垂直。

(4)捣实密度测定将试样分三层装入容量筒,每层各捣25次。

实训四　水泥混凝土用粗集料针片状颗粒含量试验（规准仪法）

一、概述

针片状颗粒指粗集料中细长的针状颗粒与扁平的片状颗粒。当颗粒形状的各方向中的最小厚度(或直径)与最大长度(或宽度)的尺寸之比小于规定比例时,属于针片状颗粒。当其含量超过一定界限时,使集料空隙增加,不仅使混凝土拌合物的和易性变差,同时降低混凝土的强度。

二、目的及适用范围

(1)本方法适用于测定水泥混凝土使用的 4.75mm 以上的粗集料的针状及片状颗粒含量,以百分率计。

(2)本方法测定的针片状颗粒,是指使用专用规准仪测定的粗集料颗粒的最小厚度(或直径)方向与最大长度(或宽度)方向的尺寸之比小于一定比例的颗粒。

(3)本方法测定的粗集料中针片状颗粒的含量,可用于评价集料的形状及其在工程中的适用性。

三、仪具与材料

(1)水泥混凝土集料针状规准仪和片状规准仪见图 2-2-2 和图 2-2-3,片状规准仪的钢板基板厚度 3mm,尺寸应符合试表 2-2-6 的要求。

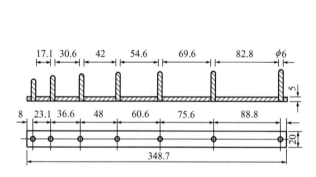

图 2-2-2　针状规准仪(尺寸单位:mm)

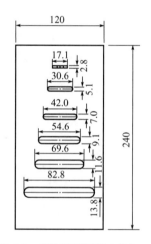

图 2-2-3　片状规准仪(尺寸单位:mm)

水泥混凝土集料针片状颗粒试验的粒级划分及其相应的规准仪孔宽或间距　表 2-2-6

粒级(方孔筛)(mm)	4.75~9.5	9.5~16	16~19	19~26.5	26.5~31.5	31.5~37.5
针状规准仪上相对应的立柱之间的间距宽(mm)	17.1 (B_1)	30.6 (B_2)	42.0 (B_3)	54.6 (B_4)	69.6 (B_5)	82.8 (B_6)
片状规准仪上相时应的孔宽(mm)	2.8 (A_1)	5.1 (A_2)	7.0 (A_3)	9.1 (A_4)	11.6 (A_5)	13.8 (A_6)

(2)天平或台秤:感量不大于称量值的 0.1%。

(3)标准筛:孔径分别为 4.75mm、9.5mm、16mm、19mm、26.5mm、31.5mm、37.5mm,试验时根据需要选用。

四、试验准备

将来样在室内风干至表面干燥,并用四分法或分料器法缩分至满足表 2-2-7 规定的质量,称量(m_0),然后筛分成所规定的粒级备用。

针片状颗粒试验所需的试样最小质量　　　　　表 2-2-7

公称最大粒径(mm)	9.5	16	19	26.5	31.5	37.5	37.5	37.5
每一份试样的最小质量(kg)	0.3	1	2	3	5	10	10	10

五、试验步骤

(1)目测挑出接近立方体形状的规则颗粒,将目测有可能属于针片状颗粒的集料按表2-2-6所规定的粒级用规准仪逐粒对试样进行针状颗粒鉴定,挑出颗粒长度大于针状规准仪上相应间距而不能通过者,为针状颗粒。

(2)将通过针状规准仪上相应间距的非针状颗粒逐粒对试样进行片状颗粒鉴定,挑出厚度小于片状规准仪上相应孔宽能通过者,为片状颗粒。

(3)称量由各粒级挑出的针状颗粒和片状颗粒的质量,其总质量为 m_1。

六、计算

碎石或砾石中针片状颗粒含量按式(2-2-17)计算,精确至 0.1%。

$$Q_e = \frac{m_1}{m_0} \times 100 \tag{2-2-17}$$

式中:Q_e——针片状颗粒含量,%;

m_0——试验用的集料总质量,g;

m_1——试样中所含针状颗粒与片状颗粒的总质量,g。

注:如果需要可以分别计算针状颗粒与片状颗粒的含量百分数。

七、注意事项

为保证样品具有代表性,来料用分料器或四分法缩分至要求的试样所需量。

实训五　粗集料针片状颗粒含量试验(游标卡尺法)

一、概述

针片状颗粒指粗集料中细长的针状颗粒与扁平的片状颗粒。当颗粒形状的诸方向中的最小厚度(或直径)与最大长度(或宽度)的尺寸之比小于规定比例时,属于针片状颗粒。粗集料的针片状颗粒含量测定适用于 4.75mm 以上的颗粒,对 4.75mm 以下的 3~5mm 石屑一般不作测定。针片状颗粒对沥青混合料在施工及使用的全过程都有重要影响。

二、目的及适用范围

(1)本方法适用于测定粗集料的针状及片状颗粒含量,以百分率计。

(2)本方法测定的针片状颗粒,是指用游标卡尺测定的粗集料颗粒的最大长度(或宽度)方向与最小厚度(或直径)方向的尺寸之比大于3倍的颗粒。有特殊要求采用其他比例时,应在试验报告中注明。

(3)本方法测定的粗集料中针片状颗粒的含量,可用于评价集料的形状和抗压碎的能力,以评定石料生产厂的生产水平及该材料在工程中的适用性。

三、仪具与材料

(1)标准筛:方孔筛4.75mm。
(2)游标卡尺:精密度为0.1mm。
(3)天平:感量不大于1g。

四、试验步骤

(1)按T 0301的方法,采集粗集料试样。

(2)按分料器法或四分法原理选取1kg左右的试样。对每一种规格的粗集料,应按照不同的公称粒径,分别取样检验。

(3)用4.75mm标准筛将试样过筛,取筛上部分供试验用,称取试样的总质量m_0,准确至1g,试样数量应不少于800g,并不少于100颗。

(4)将试样平摊于桌面上,首先用目测挑出接近立方体的符合要求的颗粒,剩下可能属于针状(细长)和片状(扁平)的颗粒。

(5)将欲测量的颗粒放在桌面上呈一稳定的状态,图中颗粒平面方向的最大长度L,侧面厚度的最大尺寸为t,颗粒最大宽度为$\omega(t<\omega<L)$,用卡尺逐颗测定石料的L及t,将$L/t \geqslant 3$的颗粒(即最大长度方向与最大厚度方向的尺寸之比大于3的颗粒)分别挑出作为针片状颗粒。称取针片状颗粒的质量m_1,准确至1g。

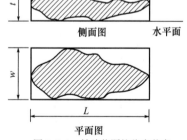

图 2-2-4　针片状颗粒稳定状态

注:稳定状态是指平放的状态,不是直立状态,侧面厚度的最大尺寸t为图2-2-4中状态的颗粒顶部至平台的厚度,是在最薄的一个面上测量的,但并非颗粒中最薄部位的厚度。

五、计算

按式(2-2-18)计算针片状颗粒含量。

$$Q_e = \frac{m_1}{m_0} \times 100 \qquad (2\text{-}2\text{-}18)$$

式中：Q_e——针片状颗粒含量，%；
m_0——试验用的集料总质量，g；
m_1——针片状颗粒的质量，g。

六、报告

(1) 试验要平行测定两次，计算两次结果的平均值。如两次结果之差小于平均值的20%，取平均值为试验值；如大于或等于20%，应追加测定一次，取三次结果的平均值为测定值。

(2) 试验报告应报告集料的种类、产地、岩石名称、用途。

七、注意事项

为保证样品具有代表性，来料用分料器或四分法缩分至要求的试样所需量。

实训六　粗集料压碎值试验

粗集料
压碎值试验

一、概述

石料压碎值是指按规定方法测得的石料抵抗压碎的能力，以压碎试验后小于规定粒径的石料质量百分率表示。粗集料的抗破碎能力是石料力学性质的一项指标，压碎值越大，抗破碎能力越差。

二、目的及适用范围

集料压碎值用于衡量石料在逐渐增加的荷载下抵抗压碎的能力，是衡量石料力学性质的指标，评定其在工程中的适用性。

三、仪具与材料

(1) 石料压碎值试验仪：由内径150mm、两端开口的钢制圆形试筒、压柱和底板组成，其形状和尺寸见图2-2-5和表2-2-8。试筒内壁、压柱的底面及底板的上表面等与石料接触的表面都应进行热处理，使表面硬化，达到维氏硬度65并保持光滑状态。

(2) 金属棒：直径10mm，长450~600mm，一端加工成半球形。

(3) 天平：称量2~3kg，感量不大于1g。

(4) 标准筛：筛孔尺寸13.2mm、9.5mm、2.36mm方孔筛各1个。

(5) 压力机：500kN，应能在10min内达到400kN。

(6) 金属筒：圆柱形，内径112.0mm，高179.4mm，容积1767cm³。

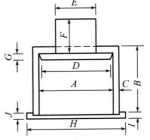

图2-2-5　压碎指标值测定仪
(尺寸单位：mm)

试筒、压柱和底板尺寸　　　　　表2-2-8

部　位	符　号	名　称	尺寸(mm)
试筒	A B C	内径 高度 壁厚	150±0.3 125~128 ≥12
压柱	D E F G	压头直径 压杆直径 压柱总长 压头厚度	149±0.2 100~149 100~110 ≥25
底板	H I J	直径 厚度(中间部分) 边缘厚度	200~220 6.4±0.2 10±0.2

四、试样制备

(1)采用风干石料用13.2mm和9.5mm标准筛过筛,取9.5~13.2mm的试样3组,各3000g,供试验用。如过于潮湿需加热烘干时,烘箱温度不应超过100℃;烘干时间不超过4h。试验前,石料应冷却至室温。

(2)每次试验的石料数量,应满足按下述方法夯击后石料在试筒内的深度为10cm。在金属筒中确定石料数量的方法如下:

将试样分3次(每次数量大体相同)均匀装入试模中,每次均将试样表面整平,用金属棒的半球面端从石料表面上均匀捣实25次,最后用金属棒作为直刮刀将表面仔细整平。称取量筒中试样质量(m_0)。以相同质量的试样进行压碎值的平行试验。

五、试验步骤

(1)将试筒安放在底板上。

(2)将上面所得试样分3次(每次数量相同)倒入试筒中,每次均将试样表面整平,用金属棒的半球面端从石料表面上均匀捣实25次,最后用金属棒作为直刮刀将表面仔细整平。

(3)将装有试样的试模放到压力机上,同时加压头放入试筒内石料面上,注意使压头摆平,勿楔挤试模侧壁。

(4)开动压力机,均匀地施加荷载,在10min时达到总荷载400kN,稳压5s,然后卸载。

(5)将试模从压力机上取下,取出试样。

(6)用2.36mm标准筛筛分经压碎的全部试样,可分几次筛分,均需筛到在1min内无明显的筛出物为止。

(7)称取通过2.36mm筛孔的全部细料质量(m_1),准确至1g。

六、计算

石料压碎值按式(2-2-19)计算,精确至0.1%。

$$Q_a' = \frac{m_1}{m_0} \times 100 \qquad (2\text{-}2\text{-}19)$$

式中：Q_a'——石料压碎值，%；
　　　m_0——试验前试样质量，g；
　　　m_1——试验后通过2.36mm筛孔的细料质量，g。

七、报告

以3次平行试验结果的算术平均值作为压碎值的测定值。

八、注意事项

(1)试验过程中要均匀控制压力机的速率，切不可忽快忽慢，影响最终试验数据。
(2)平行试验的质量应相同。

实训七　粗集料磨耗试验(洛杉矶法)

一、概述

石料磨耗值是指按规定方法测得的石料抵抗磨耗作用的能力，其测定方法分别有洛杉矶法、道瑞法和狄法尔法。粗集料的洛杉矶磨耗损失是集料使用性能的重要指标，尤其是沥青混合料和基层集料，它与沥青路面的抗车辙能力、耐磨性、耐久性密切相关，一般磨耗损失小的集料，集料坚硬、耐磨、耐久性好。

粗集料磨耗试验(洛杉矶法)

二、目的及适用范围

(1)测定标准条件下粗集料抵抗摩擦、撞击的能力，以磨耗损失(%)表示。
(2)本方法适用于各种等级规格集料的磨耗试验。

三、仪具与材料

(1)洛杉矶磨耗试验机：圆筒内径710mm±5mm，内侧长510mm±5mm，两端封闭，投料口的钢盖通过紧固螺栓和橡胶垫与钢筒紧闭密封。钢筒的回转速率为30~33r/min。
(2)钢球：直径约46.8mm，质量为390~445g，大小稍有不同，以便按要求组合成符合要求的总质量。
(3)台秤：称量10kg，感量5g。
(4)标准筛：符合要求的标准筛系列，以及筛孔为1.7mm的方孔筛一个。
(5)烘箱：能使温度控制在105℃±5℃范围内。
(6)容器：搪瓷盘等。

四、试验步骤

(1)将不同规格的集料用水冲洗干净，置烘箱中烘干至恒重。
(2)对所使用的集料，根据实际情况按表2-2-9选择最接近的粒级类别，确定相应的试验条件,按规定的粒级组成备料、筛分。其中水泥混凝土用集料宜采用 A 级粒度;沥青路面及各种基层、底基层的粗集料,表 2-2-9 中的 16mm 筛孔也可用 13.2mm 筛孔代替。对非规格材料,应根据材料的实际粒度,从表 2-2-9 中选择最接近的粒级类别及试验条件。

粗集料洛杉矶试验条件 表 2-2-9

粒度类别	粒级组成（mm）	试样质量（g）	试样总质量（g）	钢球数量（个）	钢球总质量（g）	转动次数（转）	适用的粗集料 规格	公称粒径(mm)
A	26.5~37.5 19.0~26.5 16.0~19.0 9.5~16.0	1250±25 1250±25 1250±10 1250±10	5000±10	12	5000±25	500		
B	19.0~26.5 16.0~19.0	2500±10 2500±10	5000±10	11	4850±25	500	S6 S7 S8	15~30 10~30 15~25
C	4.75~9.5 9.5~16.0	2500±10 2500±10	5000±10	8	3330±20	500	S9 S10 S11 S12	10~20 10~15 5~15 5~10
D	2.36~4.75	5000±10	5000±10	6	2500±15	500	S13 S14	3~10 3~5
E	63~75 53~63 37.5~53	2500±50 2500±50 5000±50	10000±100	12	5000±25	1000	S1 S2	40~75 40~60
F	37.5~53 26.5~37.5	5000±50 5000±25	10000±75	12	5000±25	1000	S3 S4	30~60 25~50
G	26.5~37.5 19~26.5	5000±25 5000±25	10000±50	12	5000±25	1000	S5	20~40

注:1. 表中 16mm 也可用 13.2mm 代替。
2. A 级适用于未筛碎石混合料及水泥混凝土用集料。
3. C 级中 S12 可全部采用 4.75~9.5mm 颗粒 5000g;S9 及 S10 可全部采用 9.5~16mm 颗粒 5000g。
4. E 级中 S2 中缺 63~75mm 颗粒可用 53~63mm 颗粒代替。

(3)分级称量(准确至 5g),称取总质量(m_1),装入磨耗机之圆筒中。

(4)选择钢球,使钢球的数量及总质量符合表 2-2-9 规定。将钢球加入钢筒中,盖好筒盖,紧固密封。

(5)将计数器调整到零位,设定要求的回转次数,对水泥混凝土集料,回转次数为 500r,对沥青混合料集料,回转次数应符合表 2-2-9 的要求。开动磨耗机,以 30~33r/min 的转速转动至要求的回转次数为止。

(6)取出钢球,将经过磨耗后的试样从投料口倒入接受容器(搪瓷盘)中。

(7)将试样用 1.7mm 的方孔筛过筛,筛去试样中被撞击磨碎的细屑。

(8)用水冲干净留在筛上的碎石,置 105℃±5℃ 烘箱中烘干至恒重(通常不少于 4h),准确称量(m_2)。

五、计算

按式(2-2-20)计算粗集料洛杉矶磨耗损失,精确至0.1%：

$$Q = \frac{m_1 - m_2}{m_1} \times 100 \qquad (2\text{-}2\text{-}20)$$

式中：Q——洛杉矶磨耗损失,%；
m_1——装入圆筒中的试样质量,g；
m_2——试验后在1.7mm筛上洗净烘干的试样质量,g。

六、报告

(1)试验报告应记录所使用的粒级类别和试验条件。

(2)粗集料的磨耗率取两次平行试验结果的算术平均值作为测定值。两次试验误差应不大于2%,否则须重做试验。

项目三

细集料的质量检测

集料最主要的物理常数是密度和级配,集料密度是计算沥青混合料和水泥混凝土的组成结构非常重要的参数,级配是用来表示集料的颗粒组成,直接影响集料的密实度和内摩阻力。材料取样的代表性对沥青混合料的矿料级配影响很大,所以我们为了减小施工质量检验指标的变异性,需要认真取样,按试验规程试验。

【任务实施】

第一步,完成细集料表观密度、装填密度及空隙率试验。第二步,完成细集料筛分试验,计算级配参数,绘制级配曲线。第三步,完成细集料棱角性试验,有间隙率法和流动时间法两种试验方法。第四步,完成试验数据的分析计算,提交检测报告。

实训一 细集料筛分试验

一、目的和适用范围

测定细集料(天然砂、人工砂、石屑)的颗粒级配及粗细程度。对水泥混凝土用细集料可采用干筛法,也可采用水洗法筛分;对沥青混合料及基层用细集料必须采用水洗法筛分。

细集料筛分试验

二、仪具与材料

(1)标准筛。

(2)天平:称量1000g,感量不大于0.5g。

(3)摇筛机。

(4)烘箱:能控温在105℃±5℃。

(5)其他:浅盘和硬、软毛刷等。

三、试样制备

根据样品中最大粒径的大小,选用适宜的标准筛,通常为9.5mm筛(水泥混凝土用天然砂)或4.75mm筛(沥青路面及基层用天然砂、石屑、机制砂等)筛除其中的超粒径材料。然后将样品在潮湿状态下充分拌匀,用分料器或四分法缩分至每份小于550g的试样两份,在105℃±5℃的烘箱中烘干至恒重,冷却至室温后备用。

注:恒重系指相邻两次称量间隔时间大于3h(通常不少于6h)的情况下,前后两次称量之差小于该项试验所要求的称量精度(下同)。

四、试验步骤

1. 干筛法试验步骤

(1)准确称取烘干试样约500g(m_1),准确至0.5g。置于套筛的最上一只筛,即4.75mm筛上,将套筛装入摇筛机,摇筛约10min,然后取出套筛,再按筛孔大小顺序,从最大的筛号开始,在清洁的浅盘上逐个进行手筛,直到每分钟的筛出量不超过筛上剩余量的0.1%时为止。将筛出通过的颗粒并入下一号筛,和下一号筛中的试样一起过筛,这样顺序进行,直到各号筛全部筛完为止。

注:①试样如为特细砂时,试样质量可减少到100g;②如试样含泥量超过5%,不宜采用干筛法;③无摇筛机时,可直接用手筛。

(2)称量各筛筛余试样的质量,精确至0.5g。所有各筛的分计筛余量和底盘中剩余量的总量与筛分前的试样总量相比,其相差不得超过1%。

2. 水洗法试验步骤

(1)准确称取烘干试样约500g(m_1),准确至0.5g。

(2)将试样置一洁净容器中,加入足够数量的洁净水,将集料全部淹没。

(3)用搅棒充分搅动集料,使集料表面洗涤干净,使细粉悬浮在水中,但不得有集料从水中溅出。

(4)用1.18mm筛及0.075mm筛组成套筛。仔细将容器中混有细粉的悬浮液徐徐倒出,经过套筛流入另一容器中,但不得将集料倒出。

注:不可直接倒至0.075mm筛上,以免集料掉出损坏筛面。

(5)重复(2)~(4)步骤,直至倒出的水洁净为止。

(6)将容器中的集料倒入搪瓷盘中,用少量水冲洗,使容器上黏附的集料颗粒全部进入搪瓷盘中。将筛子反扣过来,用少量的水将筛上的集料冲洗入搪瓷盘中。操作过程中不得有集料散失。

(7)将搪瓷盘连同集料一起置于105℃±5℃烘箱中烘干至恒重,称取干燥集料试样的总质量(m_2),精确至0.1%。m_1与m_2之差即为通过0.075mm部分。

(8)将全部要求筛孔组成套筛(但不需0.075mm筛),将已经洗去小于0.075mm部分的干燥集料置于套筛上(一般为4.75mm筛),将套筛装入摇筛机,摇筛约10min,然后取出套筛,再按筛孔大小顺序,从最大的筛号开始,在清洁的浅盘上逐个进行手筛,直至每分钟的筛出不超过筛上剩余量的0.1%时为止,将筛出通过的颗粒并入下一号筛,和下一号筛中的试样一起过筛,这样顺序进行,直到各号筛全部筛完为止。

(9)称量各筛筛余试样的质量,精确至0.5g。所有各筛的分计筛余量和底盘中剩余量的总质量与筛分前试样总量m_2相比,其相差不得超过1%。

五、计算

(1)分计筛余百分率。

各号筛的分计筛余百分率为各号筛上的筛余量除以试样总量(m_1)的百分率,精确至 0.1%。对沥青路面细集料而言,0.15mm 筛下部分即为 0.075mm 的分计筛余,由上述试验步骤(7)测得的 m_1 与 m_2 之差即为小于 0.075mm 的筛底部分。

(2)累计筛余百分率。

各号筛的累计筛余百分率为该号筛及大于该号筛的各号筛的分计筛余百分率之和,精确至 0.1%。

(3)质量通过百分率。

各号筛的质量通过百分率等于 100 减去该号筛的累计筛余百分率,精确至 0.1%。

(4)根据各筛的累计筛余百分率或通过百分率,绘制级配曲线。

(5)天然砂的细度模数按式(2-3-1)计算,精确到 0.01。

$$M_x = \frac{(A_{0.15} + A_{0.3} + A_{0.6} + A_{1.18} + A_{2.36}) - 5A_{4.75}}{100 - A_{4.75}} \tag{2-3-1}$$

式中: M_x ——砂的细度模数;

$A_{0.15}$、$A_{0.3}$、…、$A_{4.75}$——分别为 0.15mm、0.3mm、…、4.75mm 各筛上的累计筛余百分率,%。

(6)应进行两次平行试验,以试验结果的算术平均值作为测定值。如两次试验所得的细度模数之差大于 0.2,应重新进行试验。

六、注意事项

(1)为保证样品具有代表性,来料用分料器或四分法缩分至要求的试样所需量。

(2)摇筛机筛分后需逐个由人工补筛。

(3)沥青混合料及基层用细集料必须用水洗法确定小于 0.075mm 的含量,因为其直接影响添加矿粉的数量。

实训二 细集料表观密度试验(容量瓶法)

一、概述

表观密度(视密度)是指单位体积(含材料的实体矿物成分及闭口孔隙体积)物质颗粒的干质量;表观相对密度是指表观密度与同温度水的密度之比值。水泥混凝土用细集料要求表观密度要大于或等于规定值。沥青混合料用细集料要求表观相对密度要不小于规定值。

细集料表观密度
试验(容量瓶法)

二、目的和适用范围

用容量瓶法测定细集料(天然砂、石屑、机制砂)在 23℃时对水的表观相对密度和表观密度。本方法适用于含有少量大于 2.36mm 部分的细集料。

三、仪具与材料

(1)天平:称量 1kg,感量不大于 1g。
(2)容量瓶:500mL。
(3)烘箱:能控温 105℃±5℃。
(4)烧杯:500mL。
(5)洁净水。
(6)其他:干燥器、浅盘、铝制料勺、温度计等。

四、试验准备

将缩分至 650g 左右的试样在温度为 105℃±5℃ 的烘箱中烘干至恒重,并在干燥器内冷却至室温,分成两份备用。

五、试验步骤

(1)称取烘干的试样约 300g(m_0),装入盛有半瓶洁净水的容量瓶中。
(2)摇转容量瓶,使试样在已保温至 23℃±1.7℃ 的水中充分搅动以排除气泡,塞紧瓶塞,在恒温条件下静置 24h 左右,然后用滴管添水,使水面与瓶颈刻度线平齐,再塞紧瓶塞,擦干瓶外水分,称其总质量(m_2)。
(3)倒出瓶中的水和试样,将瓶的内外表面洗净,再向瓶内注入同样温度的洁净水(温差不超过 2℃)至瓶颈刻度线,塞紧瓶塞,擦干瓶外水分,称其总质量(m_1)。

注:在砂的表观密度试验过程中应测量并控制水的温度,试验期间的温差不得超过 1℃。

六、计算

(1)细集料的表观相对密度按式(2-3-2)计算,精确至小数点后 3 位。

$$\gamma_a = \frac{m_0}{m_0 + m_1 - m_2} \quad (2\text{-}3\text{-}2)$$

式中:γ_a——砂的表观相对密度;
m_0——试样的烘干质量,g;
m_1——水及容量瓶总质量,g;
m_2——试样、水及容量瓶总质量,g。

(2)表观密度 ρ_a 按式(2-3-3)计算,精确至小数点后 3 位。

$$\rho_a = \gamma_a \times \rho_T \text{ 或 } \rho_a = (\gamma_a - \alpha_T) \times \rho_w \quad (2\text{-}3\text{-}3)$$

式中:ρ_a——砂的表观密度,g/cm³;
ρ_w——水在 4℃时的密度,g/cm³;
α_T——试验时的水温对水的密度影响的修正系数,按表 2-3-1 取用;
ρ_T——试验温度 T 时水的密度,g/cm³,按表 2-3-1 取用。

不同水温时水的密度 ρ_T 及水温修正系数 α_T 表 2-3-1

水温(℃)	15	16	17	18	19	20
水的密度 ρ_T（g/cm³）	0.99913	0.99897	0.99880	0.99862	0.99843	0.99822
水温修正系数 α_T	0.002	0.003	0.003	0.004	0.004	0.005
水温(℃)	21	22	23	24	25	
水的密度 ρ_T（g/cm³）	0.99802	0.99779	0.99756	0.99733	0.99702	
水温修正系数 α_T	0.005	0.006	0.006	0.007	0.007	

七、报告

以两次平行试验结果的算术平均值作为测定值，如两次结果之差值大于 $0.01\mathrm{g/cm^3}$ 时，应重新取样进行试验。

八、注意事项

（1）为保证样品具有代表性，来料应缩分至要求的试样所需量。
（2）水温保持23℃±1.7℃；试验过程中摇转容量瓶，充分搅动以排出气泡。

实训三　细集料堆积密度及紧装密度试验

一、概述

堆积密度是指单位体积(含物质颗粒固体及其闭口、开口孔隙体积及颗粒间空隙体积)物质颗粒的质量。

细集料堆积密度及紧装密度试验

为使水泥混凝土和沥青混合料等具备优良的路用性能，除集料的技术性质要符合要求外，集料混合料还必须满足最小空隙率和最大摩擦力的基本要求。

水泥混凝土用细集料的松散堆积密度要大于等于规定的值。

二、目的和适用范围

测定砂自然状态下堆积密度、紧装密度及空隙率。

三、仪器设备

（1）台秤：称量5kg，感量5g。
（2）容量筒：金属制，圆筒形，内径108mm，净高109mm，筒壁厚2mm，筒底厚5mm，容积1L。
（3）标准漏斗（图2-3-1）。

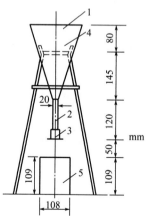

图 2-3-1　标准漏斗(尺寸单位：mm)
1-漏斗；2-ϕ20mm 管子；3-活动门；4-筛；5-金属量筒

(4)烘箱:能使温度控制在 105±5℃。

(5)其他:小勺、直尺、浅盘等。

四、试样制备

(1)用浅盘装来样约 5kg,在温度为 105±5℃ 的烘箱中烘干至恒重,取出并冷却至室温,分成大致相等的两份备用。

(2)容量筒容积的校正方法:以温度 20℃±5℃ 的洁净水装满容量筒,用玻璃板沿筒口滑移,使其紧贴水面,玻璃板与水面之间不得有空隙。擦干筒外壁水分,然后称量,用式(2-3-4)计算筒的容积 V。

$$V = m'_2 - m'_1 \tag{2-3-4}$$

式中:V——筒的容积,mL;

m'_1——容量筒和玻璃板总质量,g;

m'_2——容量筒、玻璃板和水总质量,g。

注:试样烘干后如有结块,应在试验前先予捏碎。

五、试验步骤

(1)堆积密度:将试样装入漏斗中,打开底部的活动门,将砂流入容量筒中,也可直接用小勺向容量筒中装试样,但漏斗出料口或料勺距容量筒筒口均应为 50mm 左右,试样装满并超出容量筒筒口后,用直尺将多余的试样沿筒口中心线向两个相反方向刮平,称取质量(m_1)。

(2)紧装密度:取试样 1 份,分两层装入容量筒,装完一层后,在筒底垫放一根直径为 10mm 的钢筋,将筒按住,左右交替颠击地面各 25 次,然后再装入第二层。第二层装满后用同样方法颠实(但筒底所垫钢筋的方向应与第一层放置方向垂直)。两层装完并颠实后,加料直至试样超出容量筒筒口,然后用直尺将多余的试样沿筒口中心线向两个相反方向刮平,称其质量(m_2)。

六、计算

(1)堆积密度及紧装密度分别按式(2-3-5)、式(2-3-6)计算至小数点后 3 位。

$$\rho = \frac{m_1 - m_0}{V} \tag{2-3-5}$$

$$\rho' = \frac{m_2 - m_0}{V} \tag{2-3-6}$$

式中:ρ——砂的堆积密度,g/cm³;

ρ'——砂的紧装密度,g/cm³;

m_0——容量筒的质量,g;

m_1——容量筒和堆积密度砂总质量,g;

m_2——容量筒和紧装密度砂总质量,g;

V——容量筒容积,mL。

(2)砂的空隙率按式(2-3-7)计算至 0.1%。

$$n = \left(1 - \frac{\rho}{\rho_a}\right) \times 100 \tag{2-3-7}$$

式中：n——砂的空隙率，%；

ρ——砂的堆积或紧装密度，g/cm^3；

ρ_a——砂的表观密度，g/cm^3。

七、报告

以两次试验结果的算术平均值作为测定值。

八、注意事项

（1）自然堆积密度测定，保持漏斗出料口或料勺距容量筒筒口均应为50mm。

（2）紧装密度测定采用将试样分三层装入容量筒时每层应将容量筒左右颠击地面各25次，且第二层筒底所垫钢筋的方向应与第一层放置方向垂直。

（3）容量筒容积的校正方法时玻璃板与水面之间不得有空隙。

实训四　细集料砂当量试验

一、概述

细集料中的泥土杂物对细集料的使用性能有很大的影响，尤其是对沥青混合料，当水分进入混合料内部时遇水即会软化。细集料中小于0.075mm的部分不一定是土，大部分可能是石粉或超细砂粒。为了将小于0.075mm的矿粉、细砂与含泥量加以区分采用砂当量试验。

细集料砂当量试验

二、目的和适用范围

（1）本方法适用于测定天然砂、人工砂、石屑等各种细集料中所含的黏性土或杂质的含量，以评定集料的洁净程度，砂当量用 SE 表示。

（2）本方法适用于公称最大粒径不超过4.75mm 的集料。

三、仪具与材料

1. 仪具

（1）透明圆柱形试筒（图2-3-2）：透明塑料制，外径40mm±0.5mm，内径32mm±0.25mm，高度420mm±0.25mm。在距试筒底部100mm、380mm 处刻画刻度线，试筒口配有橡胶瓶口塞。

（2）冲洗管（图2-3-3），由一根弯曲的硬管组成，不锈钢或冷锻钢制，其外径为6mm±0.5mm，内径为4mm±0.2mm。管的上部有一个开关，下部有一个不锈钢两侧带孔尖头，孔径为1mm±0.1mm。

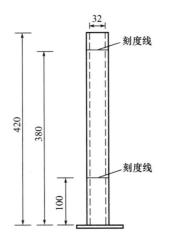
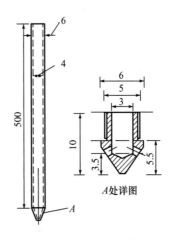

图 2-3-2 透明圆柱试筒(尺寸单位:mm)　　图 2-3-3 冲洗管(尺寸单位:mm)

(3)透明玻璃或塑料桶,容积5L。

(4)橡胶管或塑料管,约1.5m,内径约5mm,同冲洗管连在一起,配有金属夹,以控制冲洗液流量。

(5)配重活塞(图2-3-4):由长440mm±0.25mm的杆、直径25mm±0.1mm的底座(下面平坦、光滑、垂直杆轴)、套筒和配重组成。且在活塞上有三个横向螺丝可保持活塞在试筒中间,并使活塞与试筒之间有一条小缝隙。

套筒为黄铜或不锈钢制,厚10mm±0.1mm,大小适合试筒并且引导活塞杆能标记筒中活塞下沉的位置。套筒上有一个螺钉用于固定活塞杆。配重为1kg±5g。

(6)机械振荡器:可以使试筒产生横向的直线运动振荡,振幅203mm±1.0mm,频率180次/min±2次/min。

(7)天平:称量1kg,感量不大于0.1g。

(8)烘箱:能使温度控制在105℃±5℃。

(9)秒表。

(10)标准筛:筛孔为4.75mm。

(11)温度计。

(12)广口漏斗:玻璃或塑料制,口的直径为100mm左右。

(13)钢板尺:长50mm,刻度1mm。

(14)其他:量筒(500mL)、烧杯(1L)、塑料筒(5L)、烧杯、刷子、盘子、刮刀、勺子等。

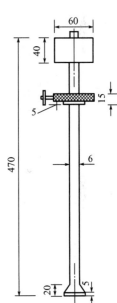

图 2-3-4 配重活塞
(尺寸单位:mm)

2.试剂

(1)无水氯化钙($CaCl_2$):分析纯,含量96%,分子量110.99,纯品为无色立方体结晶,在水中溶解度大,溶解时放出大量热,它的水溶液呈微酸性,具有一定的腐蚀性。

(2)丙三醇($C_3H_8O_3$):又称甘油,分析纯,含量98%以上,分子量92.09。

(3)甲醛(HCHO):分析纯,含量36%以上,分子量30.03。

(4)洁净水或纯净水。

四、试验准备

1. 试样制备

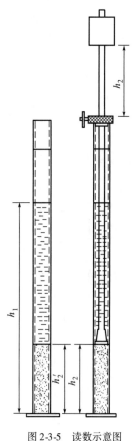

图 2-3-5 读数示意图

(1)将样品通过孔径 4.75mm 筛,去掉筛上的粗颗粒部分,试样数量不少于 1000g。如样品过分干燥,可在筛分之前加少量水分润湿(含水率约为 3% 左右)。用包橡胶的小锤打碎土块,然后过筛,以防止将土块作为粗颗粒筛除。当粗颗粒部分被筛分时不能分离的杂质裹覆时,应将筛上部分的粗集料进行清洗,并回收其中的细粒放入试样中。

注:在配制稀浆封层及微表处混合料时,4.75mm 部分经常是由两种以上的集料混合而成,如由 3~5mm 和 3mm 以下石屑混合,或由石屑与天然砂混合组成时,可分别对每种集料按本方法测定其砂当量,然后按组成比例计算合成的砂当量。为减少工作量,通常做法是将样品按配比混合组成后用 4.75mm 过筛,测定集料混合料的砂当量,以鉴定材料是否合格(图 2-3-5)。

(2)测定试样含水率。试验用的样品,在测定含水率和取样试验期间不要丢失水分。由于试样是加水湿润过的,对试样含水率应按现行含水率测定方法进行,含水率以两次测定的平均值计,精确至 0.1%。经过含水率测定的试样不得用于试验。

(3)称取试样的湿重。

根据测定的含水率按式(2-3-8)计算相当于 120g 干燥试样的样品湿重,精确至 0.1g。

$$m_1 = \frac{120 \times (100 + w)}{100} \tag{2-3-8}$$

式中:w——集料试样的含水率,%;

m_1——相当于干燥试样 120g 时的潮湿试样的质量,g。

2. 配制冲洗液

(1)根据需要确定冲洗液的数量,通常一次配制 5L,约可进行 10 次试验。如试验次数较少,可以按比例减少,但不宜少于 2L,以减少试验误差。冲洗液的浓度以每升冲洗液中的氯化钙、甘油、甲醛含量分别为 2.79g、12.12g、0.34g 控制。称取配制 5L 冲洗液的各种试剂的用量:氯化钙 14.0g,甘油 60.6g,甲醛 1.7g。

(2)称取无水氯化钙 14.0g 放入烧杯中,加洁净水 30mL,充分溶解,此时溶液温度会升高,待溶液冷却至室温,观察是否有不溶的杂质,若有杂质必须用滤纸将溶液过滤,以除去不溶的杂质。

(3)然后倒入适量洁净水稀释,加入甘油 60.6g,用玻璃棒搅拌均匀后再加入甲醛 1.7g,用玻璃棒搅拌均匀后全部倒入 1L 量筒中,并用少量洁净水分别对盛过 3 种试剂的器皿洗涤 3

次,每次洗涤的水均放入量筒中,最后加入洁净水至 1L 刻度线。

(4)将配制的 1L 溶液倒入塑料桶或其他容器中,再加入 4L 洁净水或纯净水稀释至 5L ± 0.005L。该冲洗液的使用期限不得超过 2 周,超过 2 周后必须废弃,其工作温度为 22℃ ±3℃。

五、试验步骤

(1)用冲洗管将冲洗液吸入试筒直到最下面的 100mm 刻度处(约需 80mL 试验用冲洗液)。

(2)把相当于 120g±1g 干料重的湿样用漏斗仔细地倒入竖立的试筒中。

(3)用手掌反复敲打试筒下部,以除去气泡,并使试样尽快润湿,然后放置 10min。

(4)在试样静止 10min±1min 结束后,在试筒上塞上橡胶堵住试筒,用手将试筒横向水平放置,或将试筒水平固定在振荡机上。

(5)开动机械振荡器,在 30s±1s 的时间内振荡 90 次。用手振荡时,仅需手腕振荡,不必晃动手臂,以维持振幅 230mm±25mm,振荡时间和次数与机械振荡器相同。然后将试筒取下竖直放回试验台上,拧下橡胶塞。

(6)将冲洗管插入试筒中,用冲洗液冲洗附在试筒壁上的集料,然后逐渐将冲洗管插到试筒底部,不断转动冲洗管,使附着在集料表面的土粒杂质浮游上来。

(7)缓慢匀速向上拔出冲洗管,当冲洗管抽出液面,且保持液面位于 380mm 刻度线时,切断冲洗管的液流,使液面保持在 380mm 刻度线处,然后开动秒表在没有扰动的情况下静置 20min±15s。

(8)如图 2-3-5 所示,在静置 20min 后,用尺量测从试筒底部到絮状凝结物上液面的高度 (h_1)。

(9)将配重活塞徐徐插入试筒里,直至碰到沉淀物时,立即拧紧套筒上的固定螺丝。将活塞取出,用直尺插入套筒开口中,量取套筒顶面至活塞底面的高度 h_2,准确至 1mm。同时记录试筒内的温度,准确至 1℃。

(10)按上述步骤进行 2 个试样的平行试验。

注:①为了不影响沉淀的过程,试验必须在无振动的水平台上进行。随时检查试验的冲洗管口,防止堵塞;②由于塑料在太阳光下容易变成不透明,应尽量避免将塑料试筒等直接暴露在太阳光下。盛试验容器的塑料桶用毕要清洗干净。

六、计算

(1)试样的砂当量值按式(2-3-9)计算:

$$SE = \frac{h_2}{h_1} \times 100 \qquad (2\text{-}3\text{-}9)$$

式中:SE——试样的砂当量,%;
h_2——试筒中用活塞测定的集料沉淀物的高度,mm;
h_1——试筒中絮凝物和沉淀物的总高度,mm。

(2)一种集料应平行测定两次,取两个试样的平均值,并以活塞测得砂当量为准,并以整数表示。

实训五 铁路碎石道砟颗粒级配试验方法

一、概述

碎石道砟粒径级配:是指各种粒径的道砟颗粒质量的百分比。标准碎石道砟粒径级配规定各种粒径的道砟颗粒质量占总量有一定的百分比。

二、目的与适用范围

本方法适用于铁路碎石道砟粒径级配的试验。

三、仪具与材料

(1) 方孔筛:孔径分别为 16mm、25mm、35.5mm、45mm、56mm 和 63mm。
(2) 磅秤:称量 100kg,感量 50g。
(3) 容器、铁叉、塑料布。

四、试验准备

在成品出料口或成品运输带上有间隔地取四个子样,每个子样质量约 100kg,堆放在塑料布上或干净的平地上,拌和均匀,用四分法取其中两份约 200kg 备用。

五、试验步骤

用六个方孔筛由大到小筛分试样,并分别称量留在各筛上碎石的质量 d_{63}、d_{56}、d_{45}、$d_{35.5}$、d_{25}、d_{16},$d_{底}$ 为 16mm 以下的碎石质量。

六、计算

(1) 按下式计算各筛累计过筛质量。

$$q_{16} = d_{底}$$
$$q_{25} = q_{16} + d_{16}$$
$$q_{35.5} = q_{25} + d_{25}$$
$$q_{45} = q_{35.5} + d_{35.5}$$
$$q_{56} = q_{45} + d_{45}$$
$$q_{63} = q_{56} + d_{56}$$

(2) 按下式计算碎石总量 q 和各筛累计质量百分率 P_{16}、P_{25}、$\cdots$、P_{63}。

$$q = q_{63} + d_{63}$$
$$P_{16} = q_{16}/q$$
$$P_{25} = q_{25}/q$$

$$P_{35.5} = q_{35.5}/q$$
$$P_{45} = q_{45}/q$$
$$P_{56} = q_{56}/q$$
$$P_{63} = q_{63}/q$$

(3)在标准粒径级配曲线上,按方孔筛孔边长及对应的累计过筛质量百分率,绘出道砟级配曲线。

(4)若绘出的曲线落入标准级配曲线内,则生产的砟级配符合标准。

实训六　铁路碎石道砟黏土团及其他杂质含量试验方法

一、概述

道砟黏土团及其他杂质含量:指道砟中混入的黏土团及其杂质占道砟总质量的百分比。

二、目的与适用范围

本方法适用于铁路碎石道砟黏土团及其他杂质含量的试验。

三、仪具与材料

(1)磅秤:称量150kg,感量50g。
(2)容器、铁锹或铁叉、竹筐或尼龙袋、塑料布。

四、试验准备

(1)若在砟场,则在成品出料口或传送带上有间隔地取四个子样,每个子样约100kg,若在车上,如装砟车少于三辆,从每一个车辆中取一个子样;如多于三辆,则从任意三辆中各取一个子样。每个子样约130kg,并从车辆的四角及中央五处提取。若在铁路现场,则由用砟单位任选125m长度的卸砟地段,每隔25m由砟肩到坡底均匀选一个子样(合计5个)每个子样约70kg,晾干。

(2)将子样拌和均匀,用四分法取其中两份备用。

五、试验步骤

(1)称量试样总量。
(2)若很容易判断是黏土团及其他杂质,则用手拣出或用筛子筛出,称量出黏土团及其他杂质的质量。若判断困难时,将可疑的子样拣出,在容器内用水浸泡一昼夜,能用手捏碎的颗粒,则定为黏土或杂质,称量清除黏土团及其他杂质后的道砟质量 G_2。

六、计算

按式(2-3-10)计算黏土团及其他杂质含量。

$$N = \frac{G_1 - G_2}{G_1} \times 100 \qquad (2\text{-}3\text{-}10)$$

式中:N——黏土团及其他杂质含量,%;

G_1——子样总质量,kg;

G_2——清除黏土团及其他杂质含量后的道砟质量,kg。

若试样太大,试验不方便时,可分几次进行试验,然后累加各次试验中黏土团及其他杂质的质量,计算其与子样总质量的百分率。N 值取小数点后一位。

项目四

胶凝材料试验

实训一　水泥取样方法

一、概述

混凝土结构工程施工质量验收规范规定:按同一生产厂家、同一等级、同一品种、同一批号且连续进场的水泥,袋装不超过200t为一批,散装不超过500t为一批,每批抽样不少于一次。如不是连续进场的袋装不足200t或散装不足500t也应作一批进行抽取试验样。不同厂家、不同品种、不同等级、不同批号应分别作为一个取样单位,更不能混合作为一个取样单位。建筑工程取样单位以袋装200t和散装500t为限。也就是说进场不超200t的水泥应至少一份水泥检验报告。

二、目的与适用范围

本方法规定了水泥取样的工具、部位、数量及步骤等。

本方法适用于硅酸盐水泥、普通硅酸盐水泥、矿渣硅酸盐水泥、粉煤灰硅酸盐水泥、火山灰硅酸盐水泥、复合硅酸盐水泥、道路硅酸盐水泥及指定采用本方法的其他品种水泥。

三、仪器设备

(1)袋装水泥取样管(图2-4-1)。
(2)散装水泥取样管(图2-4-2)。

四、取样步骤

(1)取样数量应符合各相应水泥标准的规定。
(2)分割样。
①袋装水泥:每1/10编号从一袋中取至少6kg。
②散装水泥:每1/10编号在5min内取至少6kg。
(3)袋装水泥取样器:采用图2-4-1的取样管取样。随机选择20个以上不同的部位,将取样管插入水泥适当深度,用大拇指按住气孔,小心抽出取样管。将所取样品放入洁净、干燥、不易受污染的容器中。
(4)散装水泥取样器:采用图2-4-2的槽形管式取样器取样,通过转动取样器内管控制开关,在适当位置插入水泥一定深度,关闭后小心抽出。将所取样品放入洁净、干燥、不易受污染的容器中。

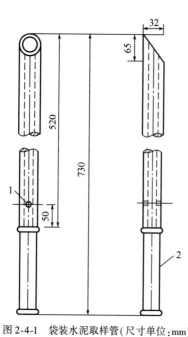

图2-4-1 袋装水泥取样管(尺寸单位:mm)
1-气孔;2-手柄

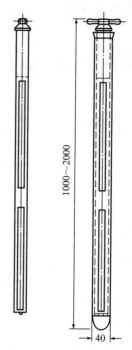

图2-4-2 散装水泥取样管
(尺寸单位:mm)

五、样品制备

1. 样品缩分

样品缩分可采用二分器,一次或多次将样品缩分到标准要求的规定量。

2. 试验样及封存样

将每一编号所取水泥混合样通过0.9mm方孔筛,均分为试验样和封存样。

3. 分割样

每一编号所取10个分割样应分别通过0.9mm方孔筛,不得混杂。

六、样品的包装与储存

(1)样品取得后应存放在密封的金属容器中,加封条。容器应洁净、干燥、防潮、密闭、不易破损、不与水泥发生反应。

(2)封存样应密封保管3个月。试验样与分割样亦应妥善保管。

(3)在交货与验收时,水泥厂和用户共同取实物试样,封存样由买卖双方共同签封。以抽取实物试样的检验结果为验收依据时,水泥厂封存样保存期为40d;以同编号水泥的检验报告为验收依据时,水泥厂封存样保存期为3个月。

(4)存放样品的容器应至少在一处加盖清晰、不易擦掉的标有编号、取样时间、地点、人员的密封印,如只在一处标志应在器壁上。

(5)封存样应储存于干燥、通风的环境中。

七、取样单

样品取得后,均应由负责取样操作人员填写如试表2-4-1所示的取样单。

×××水泥厂取样单   表2-4-1

水泥编号	水泥品种及标号	取样人签字	取样日期	备注

八、注意事项

(1)取样应有代表性和科学性,袋装水泥取样位置应不在同一位置,从水泥堆垛取时要搬去表层水泥袋取中间水泥袋。

(2)取样过程应在短时间内完成,不要把不同时间段取出的份样混在一起,比如不在同一天取出的份样。

(3)取出的份样应充分拌匀,拌匀不要在潮湿的环境中进行,拌匀后应立即密封,盛器最好是金属桶类不与水泥发生反应,无异味、不易破损,容器还应洁净、干燥。样品容器要放置在干燥、通风的环境中。样品取出后应及时送检或按有关程序进行签封保存。

实训二　水泥细度检验方法

一、概述

《通用硅酸盐水泥》(GB 175—2007)规定,细度是硅酸盐水泥的技术性质标准里的选择性指标。

水泥细度检验方法

水泥细度指水泥颗粒粗细程度。细度越细,水泥与水反应的面积越大,水化越充分,水化速度越快。同矿物组成的水泥,提高细度,可使水泥混凝土强度提高,工作性改善,但也会造成水泥石硬化收缩变大,发生裂缝法可能性增加,故水泥的细度应是合理控制。

水泥细度的检测方法有筛析法和比表面积法。筛析法以80um方孔筛对水泥试样进行筛析试样,用筛网上所得筛余物的质量占试样原始质量的百分数来表示水泥样品的细度。

二、目的与适用范围

本方法规定用80μm筛检验水泥细度的测试方法。

本方法适用于硅酸盐水泥、普通硅酸盐水泥、矿渣硅酸盐水泥、粉煤灰硅酸盐水泥、火山灰硅酸盐水泥、复合硅酸盐水泥、道路硅酸盐水泥及指定采用本方法的其他品种水泥。

三、仪器设备

1. 试验筛

（1）试验筛由圆形筛框和筛网组成，分负压筛和水筛两种，其结构尺寸见图 2-4-3 和图 2-4-4。负压筛应附有透明筛盖，筛盖与筛上口应有良好的密封性。

（2）筛网应紧绷在筛框上，筛网和筛框接触处，应用防水胶密封，防止水泥嵌入。

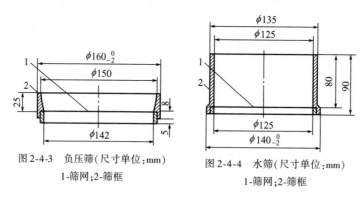

图 2-4-3 负压筛(尺寸单位:mm)　　图 2-4-4 水筛(尺寸单位:mm)
1-筛网；2-筛框　　　　　　　　　1-筛网；2-筛框

2. 负压筛析仪

（1）负压筛析仪由筛座、负压筛、负压源及收尘器组成，其中筛座由转速为 30r/min ± 2r/min 的喷气嘴、负压表、控制板、微电机及壳体等部分构成，见图 2-4-5。

（2）筛析仪负压可调范围为 4000~6000Pa。

（3）喷气嘴上口平面与筛网之间距离为 2~8mm。

（4）喷气嘴的上开口尺寸见图 2-4-6。

（5）负压源和收尘器，由功率 >600W 的工业吸尘器和小型旋风收尘筒等组成或用其他具有相当功能的设备。

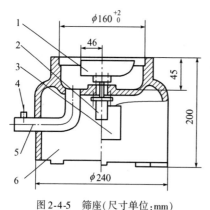

图 2-4-5　筛座(尺寸单位:mm)
1-喷气嘴；2-微电机；3-控制板开口；4-负压表接口；
5- 负压源及收尘器接口；6-壳体

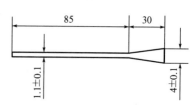

图 2-4-6　喷气嘴上开口(尺寸单位:mm)

3.水筛架和喷头

水筛架和喷头的结构尺寸应符合《水泥标准筛和筛析仪》(JC/T 728—2005)的规定,但其中水筛架上筛座内径为140mm±3mm。

4.天平

量程应大于100g,感量不大于0.05g。

四、样品处理

水泥样品应充分拌匀,通过0.9mm方孔筛,记录筛余物情况,要防止过筛时混进其他水泥。

五、试验步骤

1.负压筛法

(1)筛析试验前,应把负压筛放在筛座上,盖上筛盖,接通电源,检查控制系统,调节负压至4000~6000Pa范围内。

(2)称取试样25g,置于洁净的负压筛中,放在筛座上,盖上筛盖,开动筛析仪连续筛析2min,在此期间如有试样附着在筛盖上,可轻轻地敲击筛盖使试样落下。筛毕,用天平称量筛余物。

(3)当工作负压小于4000Pa时,应清理吸尘器内水泥,使负压恢复正常。

2.水筛法

(1)筛析试验前,应检查水中无泥、砂,调整好水压及水筛架的位置,使其能正常运转。喷头底面和筛网之间距离为35~75mm。

(2)称取试样25g,置于洁净的水筛中,立即用淡水冲洗至大部分细粉通过后,放在水筛架上,用水压为0.05MPa±0.02MPa的喷头连续冲洗3min。筛毕,用少量水把筛余物冲至蒸发皿中,等水泥颗粒全部沉淀后,小心倒出清水,烘干并用天平称量筛余物。

(3)试验筛的清洗。

试验筛必须保持洁净,筛孔通畅,使用10次后要进行清洗。金属筛框、铜丝网筛洗时应用专门的清洗剂,不可用弱酸浸泡。

六、结果处理

(1)水泥试样筛余百分数按式(2-4-1)计算:

$$F = \frac{R_s}{m} \times 100 \tag{2-4-1}$$

式中:F——水泥试样的筛余百分数,%,计算结果精确到0.1%;

R_s——水泥筛余物的质量,g;

m——水泥试样的质量,g。

(2)精密度及允许差。

每个样品应称取两个试样分别筛析,取筛余平均值为筛析结果。若两次筛余结果绝对误差大于0.5%时(筛余值大于5.0%时可放至1.0%),应再做一次试验,取两次相近结果的算术平均值作为最终结果。

(3)负压筛法与水筛法测定的结果发生争议时,以负压筛法为准。

七、注意事项

(1)为使试验结果可比,应采用试验筛修正系数方法计算的结果。修正系数的测定,按规范规定进行。

(2)在实际操作中水筛法的水压稳定至关重要,当水压较高时,样品会溅在筛框上,导致筛余结果偏低;反之,水压偏低,则会引起筛余偏高。可通过一定稳压措施得到稳定水流。

(3)对于负压法而言,应保持负压筛水平,避免外界振动和冲击。当筛网有堵塞现象时,可将筛网反置,反吹空筛一段时间,再用刷子清刷;也可用吸尘器抽吸。

实训三　水泥标准稠度用水量、凝结时间、安定性检验方法

一、概论

《通用硅酸盐水泥》(GB 175—2007)规定,初凝时间、终凝时间和体积安定性是硅酸盐水泥的技术性质标准里的必检指标。

初凝时间:水泥全加入水中至初凝状态(指试针自由沉入标准稠度的水泥净浆,试针沉至距底板 4mm±1mm 时的稠度状态)所经历的时间,以 min 计。终凝时间:水泥全加入水中至终凝状态(指试针沉入试体 0.5mm,即环形附件开始不能在试体上留下痕迹时的稠度状态)所经历的时间,以 min 计。

水泥凝结时间对水泥混凝土施工的重要意义:初凝时间太短,将影响混凝土拌合料的运输和浇灌;终凝时间太长,则影响混凝土工程的施工进度。

水泥安定性是反映水泥浆在凝结、硬化过程中,体积膨胀变形的均匀程度。水泥在凝结硬化过程中,如果产生不均匀变形或变形太大,使构件产生膨胀裂缝,即水泥体积安定性不良,会影响工程质量。

初凝时间、终凝时间和体积安定性检测均用水泥浆,而水泥浆的稠度会影响到最后的结果,故规范提出需用标准稠度水泥净浆。

二、目的和适用范围

本方法规定了水泥标准稠度用水量、凝结时间和体积安定性的测试方法。

本方法适用于硅酸盐水泥、普通硅酸盐水泥、矿渣硅酸盐水泥、粉煤灰硅酸盐水泥、火山灰硅酸盐水泥、复合硅酸盐水泥、道路硅酸盐水泥及指定采用本方法的其他品种水泥。

三、仪器设备

(1)水泥净浆搅拌机。

(2)维卡仪:如图 2-4-7 所示,标准稠度测定用试杆[图 2-4-7c)]有效长度为 50mm±1mm,

由直径为10mm±0.05mm的圆柱形耐腐蚀金属制成。测定凝结时间时取下试杆,用试针[图2-4-7d)、图2-4-7e)]代替试杆。试杆由钢制成,其有效长度初凝针(图2-4-8)为50mm±1mm、终凝针(图2-4-8)为30mm±1mm、直径为1.13mm±0.05mm的圆柱体。滑动部分的总质量为300g±1g。与试杆、试针联结的滑动杆表面应光滑,能靠重力自由下落,不得有紧涩和旷动现象。盛装水泥净浆的试模[图2-4-7a)、图2-4-9]应由耐腐蚀的、有足够硬度的金属制成。试模为深40mm±0.2mm,顶内径65mm±0.5mm,底内径75mm±0.5mm的截顶圆锥体,每只试模应配备一个大于试模、厚度大于等于2.5mm的平板玻璃底板。

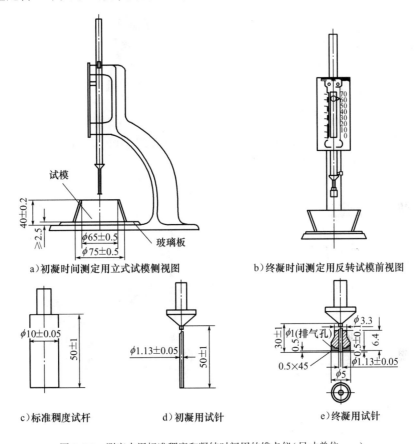

图2-4-7 测定水泥标准稠度和凝结时间用的维卡仪(尺寸单位:mm)

(3)沸煮箱:有效容积约为410mm×240mm×310mm,箅板结构应不影响试验结果,箅板与加热器之间的距离大于50mm。箱的内层由不易锈蚀的金属材料制成,能在30min±5min内将箱内的试验用水由室温升至沸腾并可保持沸腾状态3h以上,整个试验过程中不需补充水量。

(4)雷氏夹膨胀仪:由铜质材料制成,其结构如图2-4-10~图2-4-12所示。当一根指针的根部先悬挂在一根金属丝或尼龙丝上,另一根指针的根部再挂上300g质量的砝码时,两根指针的针尖距离增加应在17.5mm±2.5mm范围以内,即$2x = 17.5mm \pm 2.5mm$,当去掉砝码后针尖的距离能恢复至挂砝码前的状态。雷氏夹及受力示意图见图2-4-13、图2-4-14。

(5)量水器:分度值为0.1mL,精度1%。

(6)天平:量程1000g,感量1g。

(7) 湿气养护箱:应能使温度控制在20℃±1℃,相对湿度大于90%。
(8) 雷氏夹膨胀值测定仪:如图2-4-10所示,标尺最小刻度0.5mm。
(9) 秒表:分度值1s。

图2-4-8　初凝针、终凝针　　　　图2-4-9　维卡仪、试模及试针

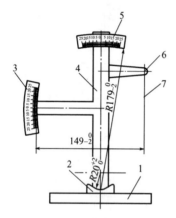

图2-4-10　雷氏膨胀值测量仪(尺寸单位:mm)　　图2-4-11　雷氏夹测定仪　　图2-4-12　雷氏夹
1-底座;2-模子座;3-测弹性标尺;4-立柱;
5-测膨胀值标;6-悬臂;7-悬丝

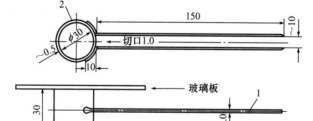
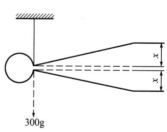

图2-4-13　雷氏夹示意图(尺寸单位:mm)　　　　图2-4-14　雷氏夹受力图
1-指针;2-环模

四、试样及用水

(1)水泥试样应充分拌匀,通过0.9mm方孔筛并记录筛余物情况,但要防止过筛时混进其他水泥。

(2)试验用水必须是洁净的淡水,如有争议时可用蒸馏水。

五、实验室温度、相对湿度

(1)实验室的温度为20℃±2℃,相对湿度大于50%。

(2)水泥试样、拌和水、仪器和用具的温度应与实验室内室温一致。

六、标准稠度用水量测定(标准法)

1. 试验前准备工作

(1)维卡仪的金属棒能够自由滑动。
(2)调整至试杆接触玻璃板时指针对准零点。
(3)水泥净浆搅拌机运行正常。

水泥标准稠度用水量测定方法

2. 水泥净浆拌制

用水泥净浆搅拌机搅拌,搅拌锅和搅拌叶片先用湿布擦过,将拌和水倒入搅拌锅中,然后5~10s内小心将称好的500g水泥加入水中,防止水和水泥溅出;拌时,先将锅放在搅拌机的锅座上,升至搅拌位置,启动搅拌机,低速搅拌120s,停15s,同时将叶片和锅壁上的水泥浆刮入锅中间,接着高速搅拌120s停机。

3. 标准稠度用水量测定步骤

(1)拌和结束后,立即将拌制好的水泥净浆装入已放在玻璃板上的试模中,用小刀插捣,轻轻振动数次,刮去多余的净浆。

(2)抹平后迅速将试模和底板移到维卡仪上,并将其中心定在试杆下,降低试杆直到与水泥净浆表面接触,拧紧螺丝1~2s后,自然放松,使试杆垂直自由地沉入水泥净浆中。在试杆停止沉入或释放试杆30s时记录试杆到底板的距离,升起试杆后,立即擦净。

(3)整个操作应在搅拌后1.5min内完成。以试杆沉入净浆并距底板6mm±1mm的水泥净浆为标准稠度净浆。其拌和水量为该水泥的标准稠度用水量(P),按水泥质量的百分比计。

(4)当试杆距玻璃板小于5mm时,应适当减水,重复水泥浆的拌制和上述过程;若距离大于7mm时,则应适当加水,并重复水泥浆的拌制和上述过程。

七、凝结时间测定

1. 测定前准备工作

调整凝结时间测定仪的试针接触玻璃板,使指针对准零点。

2. 试件的制备

以标准稠度用水量利用水泥净浆搅拌机制成标准稠度净浆(记录水泥全部

水泥凝结时间、安定性检验方法

加入水中的时间作为凝结时间的起始时间)一次装满试模,振动数次刮平,立即放入湿气养护箱中。

3. 初凝时间测定

(1)记录水泥全部加入水中至初凝状态的时间作为初凝时间,用"min"计。

(2)试件在湿气养护箱中养护至加水后 30min 时进行第一次测定。测定时,从湿气养护箱中取出试模放到试针下,降低试针与水泥净浆表面接触。拧紧螺丝 1~2s 后,突然放松,使试杆垂直自由地沉入水泥净浆中。观察试针停止沉入或释放试针 30s 时指针的读数。

(3)临近初凝时,每隔 5min 测定一次。当试针沉至距底板 4mm ± 1mm 时,为水泥达到初凝状态。

(4)达到初凝时应立即重复测一次,当两次结论相同时才能定为达到初凝状态。

4. 终凝时间测定

(1)由水泥全部加入水中至终凝状态的时间为水泥的终凝时间,用"min"计。

(2)为了准确观察试件沉入的状况,在终凝针上安装了一个环形附件(图 2-4-8),在完成初凝时间测定后,立即将试模连同浆体以平移的方式从玻璃板下翻转 180°,直径大端向上、小端向下放在玻璃板上,再放入湿气养护箱中继续养护。

(3)临近终凝时间时每隔 15min 测定一次,当试针沉入试件 0.5mm 时,即环形附件开始不能在试件上留下痕迹时,为水泥达到终凝状态。

(4)达到终凝时应立即重复测一次,当两次结论相同时才能定为达到终凝状态。

5. 注意事项

测定时应注意,在最初测定的操作时应轻轻扶持金属柱,使其徐徐下降,以防止试针撞弯,但结果以自由下落为准;在整个测试过程中试针沉入的位置至少要距试模内壁 10mm。每次测定不能让试针落入原针孔,每次测试完毕须将试针擦净并将试模放回湿气养护箱内,整个测试过程要防止试模振动。

注:使用能得出与标准中规定方法结果的自动测试仪器时,不必翻转试件。

八、安定性测定(标准法)

1. 测定前的准备工作

每个试样需要两个试件,每个雷氏夹需配备质量约 75~80g 的玻璃板两块。凡与水泥净浆接触的玻璃板和雷氏夹表面都要稍稍涂上一层油。

2. 雷氏夹试件的制备方法

将预先准备好的雷氏夹放在已稍擦油的玻璃板上,并立刻将已制好的标准稠度净浆装满雷氏夹。装浆时一只手轻轻扶持雷氏夹,另一只手用宽约 10mm 的小刀插捣数次然后抹平,盖上稍涂油的玻璃板,接着立刻将雷氏夹移至湿气养护箱内养护 24h ± 2h。

3. 沸煮

(1)调整好沸煮箱内的水位,使之在整个沸煮过程中都能没过试件,不需中途添补试验用水,同时保证在 30min ± 5min 内水能沸腾。

(2)脱去玻璃板取下试件,先测量雷氏夹指针尖端间的距离 A,精确到 0.5mm,接着将试件放入水中算板上,指针朝上,试件之间互不交叉,然后在 30min±5min 内加热水至沸腾,并恒沸 3h±5min。

4. 结果判别

沸煮结束后,即放掉箱中的热水,打开箱盖,待箱体冷却至室温,取出试件进行判别。测量雷氏夹指针尖端间的距离 C,精确至 0.5mm,当两个试件煮后增加距离 $(C-A)$ 的平均值不大于 5.0mm 时,即认为该水泥安定性合格;当两个试件的 $(C-A)$ 值相差超过 4.0mm 时,应用同一样品立即重做一次试验。再如此,则认为该水泥为安定性不合格。

九、安定性测定(代用法)

1. 测定前的准备工作

每个样品需准备两块约 100mm×100mm 的玻璃板。凡与水泥净浆接触的玻璃板都要稍稍涂上一层隔离剂。

2. 试饼的成型方法

将制好的净浆取出一部分分成两等份,使之呈球形,放在预先准备好的玻璃板上,轻轻振动玻璃板并用湿布擦净的小刀由边缘向中央抹动,做成直径 70~80mm、中心厚约 10mm、边缘渐薄、表面光滑的试饼,接着将试饼放入湿气养护箱内养护 24h±2h。

3. 沸煮

(1)调整好沸煮箱内的水位,使之在整个沸煮过程中都能没过试件,不需中途添补试验用水,同时保证水在 30min±5min 内能沸腾。

(2)脱去玻璃板取下试件,先检查试饼是否完整(如已开裂、翘曲,要检查原因,确定无外因时,该试饼已属不合格品,不必沸煮),在试饼无缺陷的情况下将试饼放在沸煮箱的水中算板上,然后在 30min±5min 内加热至水沸腾,并恒沸 3h±5min。

4. 结果判别

沸煮结束后,即放掉箱中的热水,打开箱盖,待箱体冷却至室温,取出试件进行判别。目测试饼未发现裂缝,用钢直尺检查也没有弯曲(使钢直尺和试饼底部紧靠,以两者间不透光为不弯曲)的试饼为安定性合格;反之为不合格。当两个试饼判别结果有矛盾时,该水泥的安定性为不合格。

十、注意事项

(1)在标准稠度规定,采用试杆法为标准法,相应试锥法为代用法;在安定性方面,采用雷氏法为标准法,而试饼法为代用法,当有矛盾时,以标准法为准。

(2)每次测试完毕须将试针擦净并将试模放回湿气养护箱内,整个测试过程要防止试模振动。

(3)雷氏夹必须先检查合格后才能使用。

(4)试验结束应马上清理,搅拌锅和搅拌叶一定要清理干净,试验所用水泥净浆一定要倒到专门的收纳处,切不可直接倒水龙头下。

实训四　水泥胶砂强度检验方法(ISO法)

一、概述

《通用硅酸盐水泥》(GB 175—2007)规定,强度是硅酸盐水泥的技术性质标准里的必检指标。强度是水泥技术要求中最基本的指标,也是水泥的重要技术性质之一。

水泥强度等级是按规定龄期(3d 和 28d)抗压强度和抗折强度划分,在规定各龄期的抗压强度和抗折强度均符合某一强度等级的最低强度值要求时,以 28d 的抗压强度值作为强度等级。

二、目的和适用范围

本方法规定水泥胶砂强度检验基准方法的仪器、材料、胶砂组成、试验条件、操作步骤和结果计算。其抗压强度结果与 ISO 679—1989 结果等同。

本方法适用于硅酸盐水泥、普通硅酸盐水泥、矿渣硅酸盐水泥、粉煤灰硅酸盐水泥、复合硅酸盐水泥、道路硅酸盐水泥以及石灰石硅酸盐水泥的抗折与抗压强度检验。采用其他水泥时必须研究本方法的适用性。

三、仪器设备

1. 胶砂搅拌机

胶砂搅拌机属行星式,其搅拌叶片和搅拌锅作相反方向的转动。叶片和锅由耐磨的金属材料制成,叶片与锅底、锅壁之间的间隙为叶片与锅壁最近距离(图 2-4-15)。

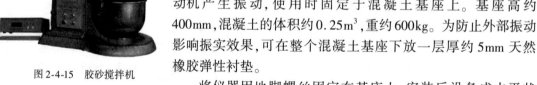

2. 振实台

振实台(图 2-4-16,图 2-4-17)由装有两个对称偏心轮的电动机产生振动,使用时固定于混凝土基座上。基座高约 400mm,混凝土的体积约 0.25m³,重约 600kg。为防止外部振动影响振实效果,可在整个混凝土基座下放一层厚约 5mm 天然橡胶弹性衬垫。

图 2-4-15　胶砂搅拌机

将仪器用地脚螺丝固定在基座上,安装后设备成水平状态,仪器底座与基座之间要铺一层砂浆以确保它们完全接触。

图 2-4-16　振实台

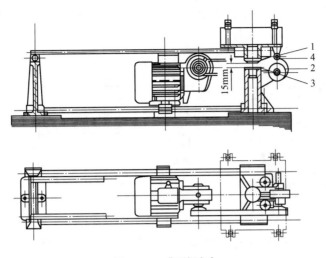

图 2-4-17 典型振实台
1-突头;2-凸轮;3-止动器;4-随动器

3. 试模及下料漏斗

试模(图 2-4-18)为可装卸的三联模,由隔板、端板、底座等部分组成。可同时成型三条截面为 40mm×40mm×160mm 的棱形试件。

下料漏斗(图 2-4-19)由漏斗和模套两部分组成。漏斗用厚为 0.5mm 的白铁皮制作,下料口宽度一般为 4~5mm。模套高度为 20mm,用金属材料制作。套模壁与模型内壁应重叠,超出内壁不应大于 1mm。

图 2-4-18 试模

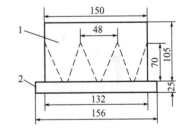

图 2-4-19 下料漏斗(尺寸单位:mm)
1-漏斗;2-模套

4. 抗折试验机和抗折夹具

抗折试验机(图 2-4-20)一般采用双杠杆式,也可采用性能符合要求的其他试验机。加荷与支撑圆柱必须用硬质钢材制造。通过三根圆柱轴的三个竖向平面应该平行,并在试验时继续保持平行和等距离垂直试件的方向,其中一根支撑圆柱能轻微地倾斜使圆柱与试件完全接触,以便荷载沿试件宽度方向均匀分布,同时不产生任何扭转应力(图 2-4-21)。抗折夹具应符合《水泥胶砂电动抗折试验机》(JC/T 724—2005)中的要求。

5. 抗压试验机和抗压夹具

(1)抗压试验机的吨位以 200~300kN 为宜。抗压试验机,在较大的 4/5 量程范围内使用时，记录的荷载应有±1.0%的精度，并具有按2400N/s±200N/s速率的加荷能力，应具有一个能指示试件破坏时荷载的指示器。

图 2-4-20　抗折试验机

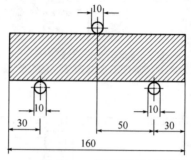

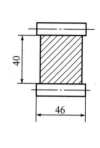

图 2-4-21　抗折强度测定加荷图(尺寸单位:mm)

压力机的活塞竖向轴应与压力机的竖向轴重合，而且活塞作用的合力要通过试件中心。压力机的下压板表面应与该机的轴线垂直并在加荷过程中一直保持不变。

(2)当试验机没有球座，或球座已不灵活或直径大于120mm时，应采用抗压夹具，由硬质钢材制成，受压面积为40mm×40mm，并应符合《40mm×40mm水泥抗压夹具》(JC/T 683—2005)的规定。

6. 天平

感量为1g。

四、材料

(1)水泥试样从取样到试验要保持24h以上时，应将其储存在基本装满和气密的容器中，这个容器不能和水泥反应。

(2)ISO标准砂。

(3)试验用水为饮用水，仲裁试验时用蒸馏水。

五、温度与相对湿度

(1)试件成型实验室应保持实验室温度为20℃±2℃(包括强度实验室)，相对湿度大于50%。水泥试样、ISO砂、拌和水及试模等的温度应与室温相同。

(2)养护箱或雾室温度20℃±1℃，相对湿度大于90%，养护水的温度20℃±1℃。

(3)试件成型实验室的空气温度和相对湿度在工作期间每天应至少记录一次。养护箱或雾室温度和相对湿度至少每4h记录一次。

六、试件成型

(1)成型前将试模擦净，四周的模板与底座的接触面上应涂黄油，紧密装配，防止漏浆，内壁均匀地刷一薄层机油。

(2)水泥与ISO砂的质量比为1:3，水灰比0.5。

(3)每成型三条试件需称量的材料及用量为：水泥450g±2g;ISO砂1350g±5g;水225mL±1mL。

(4)将水加入锅中,再加入水泥,把锅放在固定架上并上升至固定位置。然后立即开动机器,低速搅拌30s后,在第二个30s开始的同时均匀将砂子加入。当砂是分级装时,应从最粗粒级开始,依次加入,再高速搅拌30s,停拌90s。在停拌中的第一个15s内用胶皮刮具将叶片和锅壁上的胶砂刮入锅中。在高速下继续搅拌60s。各个阶段时间误差应在±1s内。

(5)用振实台成型时,将空试模和模套固定在振实台上,用适当的勺子直接从搅拌锅中将胶砂分为两层装入试模。装第一层时,每个槽里约放300g砂浆,用大播料器垂直架在模套顶部,沿每个模槽来回一次将料层播平,接着振实60次。再装入第二层胶砂,用小播料器播平,再振实60次。移走摸套,从振实台上取下试模,并用刮尺以90°的角度架在试模顶的一端,沿试模长度方向以横向锯割动作慢慢向另一端移动,一次将超出试模的胶砂刮去。并用同一直尺在近乎水平的情况下将试件表面抹平。

(6)在试模上做标记或加字条标明试件的编号和试件相对于振实台的位置。两个龄期以上的试件,编号时应将同一试模中的三条试件分在两个以上的龄期内。

(7)试验前或更换水泥品种时,须将搅拌锅、叶片和下料漏斗等抹擦干净。

七、养护

(1)编号后,将试模放入养护箱养护,养护箱内算板必须水平。水平放置时刮平面应朝上。对于24h龄期的,应在破型试验前20min内脱模。对于24h以上龄期的,应在成型后20~24h内脱模。脱模时要非常小心,应防止试件损伤。硬化较慢的水泥允许延期脱模,但须记录脱模时间。

(2)试件脱模后即放入水槽中养护,试件之间间隙和试件上表面的水深不得小于5mm。每个养护池中只能养护同类水泥试件,并应随时加水,保持恒定水位,不允许养护期间全部换水。

(3)除24h龄期或延迟48h脱模的试件外,任何到龄期的试件应在试验(破型)前15min从水中取出。抹去试件表面沉淀物,并用湿布覆盖。

八、强度试验

1. 试验时间

各龄期(试件龄期从水泥加水搅拌开始算起)的试件应在下列时间内(表2-4-2)进行强度试验。

试 验 时 间　　　　　表2-4-2

龄期	24h	48h	72h	7d	28d
试验时间	24h±15min	48h±30min	72h±45min	7d±2h	28d±8h

2. 抗折强度试验

(1)以中心加荷法测定抗折强度。

(2)采用杠杆式抗折试验机试验时,试件放入前,应使杠杆成水平状态,将试件成型侧面朝上放入抗折试验机内。试件放入后调整夹具,使杠杆在试件折断时尽可能地接近水平位置。

(3)抗折试验加荷速度为50N/s±10N/s,直至折断,并保持两个半截棱柱试件处于潮湿状态直至抗压试验。

(4)抗折强度按式(2-4-2)计算:

$$R_\mathrm{f} = \frac{1.5 F_\mathrm{f} \times L}{b^3} \tag{2-4-2}$$

式中:R_f——抗折强度,MPa,计算值精确到0.1MPa。

F_f——破坏荷载,N;

L——支撑圆柱中心距,mm;

b——试件断面正方形的边长,为40mm。

(5)结果处理。

抗折强度结果取三个试件平均值,精确至0.1MPa。当三个强度值中有超过平均值±10%的,应剔除后再平均,以平均值作为抗折强度试验结果。

3. 抗压强度试验

(1)抗折试验后的断块应立即进行抗压试验。抗压试验须用抗压夹具进行,试件受压面为试件成型时的两个侧面,面积为40mm×40mm。试验前应清除试件受压面与加压板间的砂粒或杂物。试件的底面靠紧夹具定位销,断块试件应对准抗压夹具中心,并使夹具对准压力机压板中心,半截棱柱体中心与压力机压板中心差应在±0.5mm内,棱柱体露在压板外的部分约为10mm。

(2)压力机加荷速度应控制在2400N/s±200N/s速率范围内,在接近破坏时更应严格掌握。

(3)抗压强度按式(2-4-3)计算:

$$R_\mathrm{c} = \frac{F_\mathrm{c}}{A} \tag{2-4-3}$$

式中:R_c——抗压强度,MPa,计算值精确到0.1MPa;

F_c——破坏荷载,N;

A——受压面积,40mm×40mm=1600mm²。

(4)结果处理。

抗压强度结果为一组6个断块试件抗压强度的算术平均值,精确至0.1 MPa。如果6个强度值中有一个值超过平均值±10%的,应剔除后以剩下的5个值的算术平均值作为最后结果。如果5个值中再有超过平均值±10%的,则此组试件无效。

九、注意事项

(1)抗折试验机的最大荷载以200~300kN为佳,可以有两个以上的荷载范围,其中最低荷载范围的最大值大致为最高范围里的最大值的1/5。

(2)抗折试验机可以润滑球座以便与试件接触更好,但应确保在加荷期间不致因此而发生压板的位移。在高压下有效的润滑剂不宜使用,以避免压板的移动。

(3)抗折试验后的断块应立即进行抗压试验。

(4)试验结束应马上清理,搅拌锅和搅拌叶一定要清理干净,试验所用水泥净浆一定要倒到专门的收纳处,切不可直接倒水龙头下。

十、水泥强度表

各品种水泥的强度见表2-4-3。

水泥强度表　　　　表2-4-3

品　种	强度等级	抗压强度(MPa)		抗折强度(MPa)	
		3d	28d	3d	28d
硅酸盐水泥	42.5	≥17.0	≥42.5	≥3.5	≥6.5
	42.5R	≥22.0		≥4.0	
	52.5	≥23.0	≥52.5	≥4.0	≥7.0
	52.5R	≥27.0		≥5.0	
	62.5	≥28.0	≥62.5	≥5.0	≥8.0
	62.5R	≥32.0		≥5.5	
普通硅酸盐水泥	42.5	≥17.0	≥42.5	≥3.5	≥6.5
	42.5R	≥22.0		≥4.0	
	52.5	≥23.0	≥52.5	≥4.0	≥7.0
	52.5R	≥27.0		≥5.0	
矿渣硅酸盐水泥 火山灰质硅酸盐水泥 粉煤灰硅酸盐水泥 复合硅酸盐水泥	32.5	≥10.0	≥32.5	≥2.5	≥5.5
	32.5R	≥15.0		≥3.5	
	42.5	≥15.0	≥42.5	≥3.5	≥6.5
	42.5R	≥19.0		≥4.0	
	52.5	≥21.0	≥52.5	≥4.0	≥7.0
	52.5R	≥23.0		≥4.5	

项目五

水泥混凝土和砂浆试验

实训一　水泥混凝土拌合物的拌和与现场取样方法

一、概述

水泥混凝土技术性质包含新拌水泥混凝土性质和硬化后水泥混凝土性质。水泥混凝土拌合物的性能与拌和过程密切相关，故需规范进行室内拌和水泥混凝土拌合物和现场混凝土拌合物取样。

水泥混凝土
拌合物的拌和方法

二、目的与适用范围

本方法规定了在常温环境中室内水泥混凝土拌合物的拌和与现场取样方法。

轻质水泥混凝土、防水水泥混凝土、碾压水泥混凝土等其他特种水泥混凝土的拌和与现场取样方法，可以参照本方法进行，但因其特殊性所引起的对试验设备及方法的特殊要求，均应遵照对这些水泥混凝土的有关技术规定进行。

三、仪器设备

(1) 搅拌机：自由式或强制式。
(2) 振动台：标准振动台，符合《混凝土试验用振动台》(Jg/T 245—2009)的要求。
(3) 磅秤：感量满足称量总量1%的磅秤。
(4) 天平：感量满足称量总量0.5%的天平。
(5) 其他：铁板、铁铲等。

四、材料准备

(1) 所有材料均应符合有关要求，拌和前材料应放置在温度20℃±5℃的室内。
(2) 为防止粗集料的离析，可将集料按不同粒径分开，使用时再按一定比例混合。试样从抽取至试验完毕过程中，不要风吹日晒，必要时应采取保护措施。

五、拌和步骤

(1) 拌和时保持室温20℃±5℃。

(2)拌合物的总量至少应比所需量高20%以上。拌制混凝土的材料用量应以质量计,称量的精确度:集料为±1%,水、水泥、掺合料和外加剂为±0.5%。

(3)粗集料、细集料均以干燥状态[注]为基准,计算用水量时应扣除粗集料、细集料的含水率。

注:干燥状态是指含水率小于0.5%的细集料和含水率小于0.2%的粗集料。

(4)外加剂的加入。

对于不溶于水或难溶于水且不含潮解型盐类,应先和一部分水泥拌和,以保证充分分散;对于不溶于水或难溶于水但含潮解型盐类,应先和细集料拌和;对于水溶性或液体,应先和水拌和;其他特殊外加剂,应遵守有关规定。

(5)拌制混凝土所用各种用具,如铁板、铁铲、抹刀,应预先用水润湿,使用完后必须清洗干净。

(6)使用搅拌机前,应先用少量砂浆进行涮膛,再刮出涮膛砂浆,以避免正式拌和混凝土时水砂浆黏附筒壁的损失。涮膛砂浆的水灰比及砂灰比,应与正式的混凝土配合比相同。

(7)用搅拌机拌和时,拌和量宜为搅拌机公称容量1/4~3/4之间。

(8)搅拌机搅拌。

按规定称好原材料,往搅拌机内顺序加入粗集料、细集料、水泥。开动搅拌机,将材料拌和均匀,在拌和过程中徐徐加水,全部加料时间不宜超过2min。水全部加入后,继续拌和约2min,而后将拌合物倾出在铁板上,再经人工翻拌1~2min,务必使拌合物均匀一致。

(9)人工拌和。

采用人工拌和时,先用湿布将铁板、铁铲润湿,再将称好的砂和水泥在铁板上拌匀,加入粗集料,再混合搅拌均匀。而后将此拌合物堆成长堆,中心扒成长槽,将称好的水倒入约一半,将其与拌合物仔细拌匀,再将材料堆成长堆,扒成长槽,倒入剩余的水,继续进行拌和,来回翻拌至少6遍。

(10)从试样制备完毕到开始做各项性能试验不宜超过5min(不包括成型试件)。

六、现场取样

(1)新混凝土现场取样:凡由搅拌机、料斗、运输小车以及浇制的构件中采取新拌混凝土代表性样品时,均须从三处以上的不同部位抽取大致相同分量的代表性样品(不要抽取已经离析的混凝土),集中用铁铲翻拌均匀,而后立即进行拌合物的试验。拌合物取样量应多于试验所需数量的1.5倍,其体积不小于20L。

(2)为使取样具有代表性,宜采用多次采样的方法,最后集中用铁铲翻拌均匀。

(3)从第一次取样到最后一次取样不宜超过15min。取回的混凝土拌合物应经过人工再次翻拌均匀,而后进行试验。

七、注意事项

(1)由于配合比计算时,一般都以原料干燥状态为基准,所以应事先测得原材料的含水率,然后在拌和加水时扣除。

(2)拌制混凝土所用各种用具,如铁板、铁铲、抹刀,应预先用水润湿。
(3)使用搅拌机前,应先用少量砂浆进行涮膛。
(4)新混凝土现场取样均须从三处以上的不同部位抽取大致相同分量的代表性样品。
(5)试验过程需严格遵循各步骤要求的时间限制。
(6)试验结束,所有工具设备需马上清洗。

实训二 水泥混凝土拌合物稠度试验方法(坍落度仪法)

一、概述

新拌水泥混凝土工作性(和易性)指混凝土拌合物易于施工操作(拌和、运输、浇筑、振捣)并获得质量均匀、成型密实的性能。它包括流动性、黏聚性和保水性。

流动性指水泥混凝土拌合物在自重或机械振捣作用下,能产生流动并均匀密实地填满模板的性能。黏聚性指水泥混凝土拌合物在施工过程中其组成材料之间有一定的黏聚力,不致产生分层和离析的现象。保水性指水泥混凝土拌合物在施工过程中,具有一定的保水能力,不致产生严重的泌水现象。

目前对水泥混凝土工作性常是测定混凝土的流动性,辅以其他方法评定新拌水泥混凝土拌合物的其他性质。常用的方法有坍落度仪法和维勃仪法。

二、目的和适用范围

本方法规定了采用坍落度仪测定水泥混凝土拌合物稠度的方法和步骤。

本方法适用于坍落度大于10mm,集料公称最大粒径不大于31.5mm的水泥混凝土的坍落度测定。

三、仪器设备

(1)坍落筒:如图2-5-1所示,符合《混凝土坍落度仪》(JG/T 248—2009)中有关技术要求。坍落筒为铁板制成的截头圆锥筒,厚度不小于1.5mm,内侧平滑,没有铆钉头之类的突出物,在筒上方约2/3高度处有两个把手,近下端两侧焊有两个踏脚板,保证坍落筒可以稳定操作,坍落筒尺寸如表2-5-1所示。

图2-5-1 坍落筒和捣棒

坍落筒尺寸 表2-5-1

集料公称最大粒径(mm)	筒的名称	筒的内部尺寸(mm)		
		底面直径	顶面直径	高度
<31.5	标准坍落筒	200±2	100±2	300±2

(2)捣棒:如图2-5-1所示,符合《混凝土坍落度仪》(Jg/T 248—2009)中有关技术要求:为

直径16mm,长约600mm,并具有半球形端头的钢质圆棒。

(3)其他:小铲、木尺、小钢尺、馒刀和钢平板等。

四、试验步骤

(1)试验前将坍落筒内外洗净,放在经水润湿过的平板上(平板吸水时应垫以塑料布),踏紧踏脚板。

(2)将代表样分三层装入筒内,每层装入高度稍大于筒高的1/3,用捣棒在每一层的横截面上均匀插捣25次。插捣在全部面积上进行,沿螺旋线由边缘至中心,插捣底层时插至底部,插捣其他两层时,应插透本层并插入下层约20~30mm,插捣须垂直压下(边缘部分除外),不得冲击。在插捣顶层时,装入的混凝土应高出坍落筒口,随插捣过程随时添加拌合物。当顶层插捣完毕后,将捣棒用锯和滚的动作,清除掉多余的混凝土,用馒刀抹平筒口,刮净筒底周围的拌合物。而后立即垂直地提起坍落筒,提筒在5~10s内完成,并使混凝土不受横向及扭力作用。从开始装料到提出坍落度筒整个过程应在150s内完成。

(3)将坍落筒放在锥体混凝土试样一旁,筒顶平放木尺,用小钢尺量出木尺底面至试样顶面最高点的垂直距离,即为该混凝土拌合物的坍落度,精确至1mm(图2-5-2)。

(4)当混凝土试件的一侧发生崩坍或一边剪切破坏,则应重新取样另测。如果第二次仍发生上述情况,则表示该混凝土和易性不好,应记录。

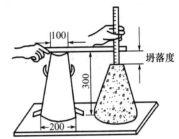

图2-5-2 坍落度测定(尺寸单位:mm)

(5)当混凝土拌合物的坍落度大于220mm时,用钢尺测量混凝土扩展后最终的最大直径和最小直径,在这两个直径之差小于50mm的条件下,用其算术平均值作为坍落扩展度值;否则,此次试验无效。

(6)坍落度试验的同时,可用目测方法评定混凝土拌合物的下列性质,并予记录。

①棍度:按插捣混凝土拌合物时难易程度评定。分"上""中""下"三级。

"上":表示插捣容易;

"中":表示插捣时稍有石子阻滞的感觉;

"下":表示很难插捣。

②含砂情况:按拌合物外观含砂多少而评定,分"多""中""少"三级。

"多":表示用馒刀抹拌合物表面时,一两次即可使拌合物表面平整无蜂窝;

"中":表示抹五、六次才可使表面平整无蜂窝;

"少":表示抹面困难,不易抹平,有空隙及石子外露等现象。

③黏聚性:观测拌合物各组分相互黏聚情况。评定方法是用捣棒在已坍落的混凝土锥体侧面轻打,如锥体在轻打后逐渐下沉,表示黏聚性良好;如锥体突然倒塌、部分崩裂或发生石子离析现象,即表示黏聚性不好。

④保水性:指水分从拌合物中析出情况,分"多量""少量""无"三级评定。

"多量":表示提起坍落筒后,有较多水分从底部析出;

"少量":表示提起坍落筒后,有少量水分从底部析出;

"无":表示提起坍落筒后,没有水分从底部析出。

五、试验结果

混凝土拌合物坍落度和坍落扩展度值以毫米(mm)为单位,测量精确至1mm,结果修约至最接近的5mm。

六、水泥混凝土稠度分级

稠度试验可以认为是测量水泥混凝土在自重作用下流动的抗剪性。ISO 4103—1979 中规定了拌合物稠度分级(表 2-5-2)。

水泥混凝土的稠度分级　　　　　表 2-5-2

级别	坍落度(mm)	级别	坍落度(mm)
特干硬	—	低塑	50 ~ 90
很干稠	—	塑性	100 ~ 150
干稠	10 ~ 40	流态	>160

实训三　水泥混凝土试件制作与硬化水泥混凝土现场取样方法

一、概述

新拌水泥混凝土试块制作的好坏,在某种意义上讲,决定着混凝土质量的评判结果,混凝土配合比、原材料的合格性、称量的准确性、试块的形状、试块尺寸、养护的温度、养护湿度、拆模的时间等都会影响结果,所以应规范操作,严格遵循操作步骤。

二、目的和适用范围

本方法规定了在常温环境中室内试验时水泥混凝土试件制作与硬化水泥混凝土现场取样方法。

轻质水泥混凝土、防水水泥混凝土、碾压混凝土等其他特种水泥混凝土的制作与硬化水泥混凝土现场取样方法,可以参照本方法进行,但因其特殊性所引起的对试验设备及方法的特殊要求,均应遵照对这些水泥混凝土试件制作和取样的有关技术规定进行。

三、仪器设备

(1)搅拌机:自由式或强制式。

(2)振动台:标准振动台,应符合《混凝土试验用振动台》(Jg/T 245—2009)要求。

(3)压力机或万能试验机:压力机除符合《液压式万能试验机》(GB/T 3159—2008)及《试验机通用技术要求》(GB/T 2611—2007)中的要求外,其测量精度为±1%,试件破坏荷载应大于压力机全量程的20%且小于压力机全量程的80%。同时应具有加荷速度指示装置或加荷速度控制装置。上下压板平整并有足够刚度,可以均匀地连续加荷卸荷,可以保持固定荷载,开机停机均灵活自如,能够满足试件破型吨位要求。

(4)球座:钢质坚硬,面部平整度要求在100mm距离内高低差值不超过0.05mm,球面及球窝粗糙度 $R_a = 0.32 \mu m$,研磨、转动灵活。不应在大球座上做小试件破型,球座最好放置在试件顶面(特别是棱柱试件),并凸面朝上,当试件均匀受力后,一般不宜再敲动球座。

(5)试模。

①非圆柱试模:应符合《混凝土试模》(JG 237—2008),内表面刨光磨光(粗糙险 R_a = 3.2μm)。内部尺寸允许偏差为 ±0.2%;相邻面夹角为 90°±0.3°。试件边长的尺寸公差为 1mm。

②圆柱试模:直径误差小于 $\frac{1}{200}d$,高度误差应小于 $\frac{1}{100}h$。试模底板的平面度公差不过 0.02mm。组装试模时,圆筒纵轴与底板应成直角,允许公差为 0.5°。为了防止接缝处出现渗漏,要使用合适的密封剂,如黄油。并采用紧固方法使底板固定在模具上。

常用的几种试件尺寸(试件内部尺寸)规定如表2-5-3、图2-5-3、图2-5-4所示。所有试件承压面的平面度公差不超过 $0.0005d$(d 为边长)。

试件尺寸 表2-5-3

试 件 名 称	标准尺寸(mm)	非标准尺寸(mm)
立方体抗压强度试件	150×150×150(31.5)	100×100×100(26.5);200×200×200(53)
圆柱抗压强度试件	φ150×300(31.5)	φ100×200(26.5);φ200×400(53)
芯样抗压强度试件	φ150×l_m(31.5)	φ100×l_m(26.5)
立方体劈裂抗拉强度试件	150×150×150(31.5)	100×100×100(26.5)
圆柱劈裂抗拉强度试件	φ150×300(31.5)	φ100×200(26.5);φ200×400(53)
芯样劈裂强度试件	φ150×l_m(31.5)	φ100×l_m(26.5)
轴心抗压强度试件	150×150×300(31.5)	200×200×400(53);100×100×300(26.5)
抗压弹性模量试件	150×150×300(31.5)	200×200×400(53);100×100×300(26.5)
圆柱抗压弹性模量试件	φ150×300(31.5)	φ100×200(26.5);φ200×400(53)
抗弯拉强度试件	150×150×600(31.5) 150×150×550(31.5)	100×100×400(26.5)
抗弯拉弹性模量试件	150×150×600(31.5) 150×150×550(31.5)	100×100×400(26.5)
水泥混凝土干缩试件	100×100×515(19)	150×150×515(31.5);200×200×515(50)
抗渗试件	上口直径175mm,下口直径185mm,高150mm的锥台	上下直径与高度均为150mm的圆柱体

注:括号中的数字为试件中集料公称最大粒径,单位为mm。标准试件的最短尺寸大于公称最大粒径的4倍。

图 2-5-3　150mm×150mm×150mm 试模　　图 2-5-4　150mm×150mm×550mm 试模

(6)捣棒:符合《混凝土坍落度仪》(Jg/T 248—2009)中有关技术要求,为直径 16mm、长约 600mm 并具有半球形端头的钢质圆棒。

(7)压板:用于圆柱试件的顶端处理,一般为厚 6mm 以上的毛玻璃,压板直径应比试模直径大 25mm 以上。

(8)橡皮锤:应带有质量约 250g 的橡皮锤头。

(9)钻孔取样机:钻机一般用金刚石钻头,从结构表面垂直钻取,钻机应具有足够的刚度,保证钻取的芯样周面垂直且表面损伤最少。钻芯时,钻头应作无显著偏差的同心运动。

(10)锯:用于切割适于抗弯拉试验的试件。

(11)游标卡尺。

四、非圆柱体试件成型

(1)水泥混凝土的拌和参照《水泥混凝土拌合物的拌和与现场取样方法》(T 0521—2005)。成型前试模内壁涂一薄层矿物油。

(2)取拌合物的总量至少应比所需量高 20% 以上,并取出少量混凝土拌合物代表样,在 5min 内进行坍落度或维勃试验,认为品质合格后,应在 15min 内开始制件或做其他试验。

(3)对于坍落度小于 25mm 时[注],可采用 $\phi 25mm$ 的插入式振捣棒成型。将混凝土拌合物一次装入试模,装料时应用抹刀沿各试模壁插捣,并使混凝土拌合物高出试模口;振捣时振捣棒距底板 10~20mm,且不要接触底板。振捣直到表面出浆为止,且应避免过振,以防止混凝土离析,一般振捣时间为 20s。振捣棒拔出时要缓慢,拔出后不得留有孔洞。用刮刀刮去多余的混凝土,在临近初凝时,用抹刀抹平。试件抹面与试模边缘高低差不得超过 0.5mm。

注:这里不适于用水量非常低的水泥混凝土;同时不适于直径或高度不大于 100mm 的试件。

(4)当坍落度大于 25mm 且小于 70mm 时,用标准振动台成型。将试模放在振动台上夹牢,防止试模自由跳动,将拌合物一次装满试模并稍有富余,开动振动台至混凝土表面出现乳状水泥浆时为止,振动过程中随时添加混凝土使试模常满,记录振动时间(约为维勃秒数的 2~3 倍,一般不超过 90s)。振动结束后,用金属直尺沿试模边缘刮去多余混凝土,用馒刀将表面初次抹平,待试件收浆后,再次用馒刀将试件仔细抹平,试件抹面与试模边缘的高低差不得超过 0.5mm。

(5)当坍落度大于 70mm 时,用人工成型。拌合物分厚度大致相等的两层装入试模。捣固时按螺旋方向从边缘到中心均匀地进行。插捣底层混凝土时,捣棒应到达模底;插捣上层时,捣棒应贯穿上层后插入下层 20~30mm 处。插捣时应用力将捣棒压下,保持捣棒垂直,不得冲击,捣完一层后,用橡皮锤轻轻击打试模外端面 10~15 下,以填平插捣过程中留下的孔洞。

每层插捣次数按 100cm² 截面积内不得少于 12 次。试件抹面与试模边缘高低差不得超过 0.5mm。

五、养护

(1)试件成型后,用湿布覆盖表面(或其他保持湿度办法),在室温 20℃±5℃,相对湿度大于 50% 的环境下,静放一到两个昼夜,然后拆模并作第一次外观检查、编号,对有缺陷的试件应除去,或加工补平。

(2)将完好试件放入标准养护室进行养护,标准养护室温度 20℃±2℃,相对湿度在 95% 以上,试件宜放在铁架或木架上,间距至少 10~20mm,试件表面应保持一层水膜,并避免用水直接冲淋。当无标准养护室时,将试件放入温度 20℃±2℃ 的不流动的 $Ca(OH)_2$ 饱和溶液中养护。

(3)标准养护龄期为 28d(以搅拌加水开始),非标准的龄期为 1d、3d、7d、60d、90d、180d。

六、硬化水泥混凝土现场取样方法

1. 芯样的钻取

(1)钻取位置:在钻取前应考虑由于钻芯可能导致的对结构的不利影响,应尽可能避免在靠近混凝土构件的接缝或边缘处钻取,且基本上不应带有钢筋。

(2)芯样尺寸:芯样直径应为混凝土所用集料公称最大粒径的 4 倍,一般为 150mm±10mm 或 100mm±10mm。

对于路面,芯样长径比宜为 1.9~2.1。对于长径比超过 2.1 的试件,可减少钻芯深度;也可先取芯样长度与路面厚度相等,再在室内加工成长径比为 2 的试件;对于长径比不足 1.8 的试件,可按不同试验项目分别进行修正。

(3)标记:钻出后的每个芯样应立即清楚地编号,并记录所取芯样在混凝土结构中的位置。

2. 切割

对于现场采取的不规则混凝土试块,进行棱柱体切割,以满足不同试验的需求。

3. 检查

(1)外观检查:每个芯样应详细描述有关裂缝、接缝、分层、麻面或离析等不均匀性,必要时应记录以下事项:

集料情况:估计集料的最大粒径、形状及种类,粗细集料的比例与级配。

(2)密实性:检查并记录存在的气孔、气孔位置、尺寸与分布情况,必要时应拍照片。

4. 测量

(1)平均直径 d_m。在芯样高度的中间及两个 1/4 处按两个垂直方向测量三对数值确定芯的平均直径 d_m,精确至 1.0mm。

(2)平均长度端侧面测定钻取后芯样的长度及加工后的长度,其尺寸差应在 0.25mm 之内,取平均值作为试件平均长度 L,精确至1.0mm。

(3)平均长、宽、高。对于切割棱柱体,分别测量所有边长,精确至1.0mm。

实训四 水泥混凝土立方体抗压强度试验

一、概述

水泥混凝土立方体抗压强度试验

水泥混凝土立方体抗压强度是硬化后的水泥混凝土的力学强度指标之一,它是按照标准制作方法制成150mm×150mm×150mm的立方体试件,在标准养护条件下(温度20℃±2℃,相对湿度95%以上),养护至28d龄期,按标准测定方法测得的抗压强度值。

二、目的和适用范围

测定水泥混凝土抗压极限强度的方法和步骤,用于确定水泥混凝土的强度等级,作为评定水泥混凝土品质的主要指标。本方法适于各类水泥混凝土立方体试件的极限抗压强度试验。

三、仪器设备

(1)压力机或万能试验机:见图2-5-5、图2-5-6,压力机除符合《液压式万能试验机》(GB/T 3159—2008)及《试验机通用技术要求》(GB/T 2611—2007)中的要求外,其测量精度为±1%,试件破坏荷载应大于压力机全量程的20%且小于压力机全量程的80%。同时应具有加荷速度指示装置或加荷速度控制装置。上下压板平整并有足够刚度,可以均匀地连续加荷卸荷,可以保持固定荷载,开机停机均灵活自如,能够满足试件破型吨位要求。

图2-5-5 混凝土压力机

图2-5-6 水泥混凝土立方体抗压强度测试

(2)球座:钢质坚硬,面部平整度要求在100mm距离内高低差值不超过0.05mm,球面及球窝粗糙度 R_a =0.32um,研磨、转动灵活。不应在大球座上做小试件破型,球座最好放置在试件顶面(特别是棱柱试件),并凸面朝上,当试件均匀受力后,一般不宜再敲动球座。

(3)混凝土强度等级大于等于C60时,试验机上、下压板之间应各垫一钢垫板,平面尺寸应不小于试件的承压面,其厚度至少为25mm。钢垫板应机械加工,其平面度允许偏差

±0.04mm;表面硬度大于等于 55HRC;硬化层厚度约 5mm。试件周围应设置防崩裂网罩。

四、试件制备和养护

(1)试件制备和养护应符合 T 0051—2005 的规定。

(2)混凝土抗压强度试件应取同龄期者为一组,每组为 3 个同条件制作和养护的混凝土试块。

五、试验步骤

(1)至试验龄期时,自养护室取出试件,应尽快试验,避免其湿度变化。

(2)取出试件,检查其尺寸及形状,相对两面应平行。量出棱边长度,精确至 1mm。试件受力截面积按其与压力机上下接触面的平均值计算。在破型前,保持试件原有湿度,在试验时擦干试件。

(3)以成型时侧面为上下受压面,试件中心应与压力机几何对中。

(4)强度等级小于 C30 的混凝土取 0.3~0.5MPa/s 的加荷速度;强度等级大于 C30 小于 C60 时,则取 0.5~0.8MPa/s 的加荷速度;强度等级大于 C60 的混凝土取 0.8~1.0MPa/s 的加荷速度。当试件接近破坏而开始迅速变形时,应停止调整试验机油门,直至试件破坏,记下破坏极限荷载 $F(\mathrm{N})$。

六、结果处理

(1)混凝土立方体试件抗压强度按式(2-5-1)计算:

$$f_{\mathrm{cu}} = \frac{F}{A} \qquad (2\text{-}5\text{-}1)$$

数据处理

式中:f_{cu}——混凝土立方体抗压强度,MPa;

F——极限荷载,N;

A——受压面积,mm^2。

(2)以 3 个试件测值的算术平均值为测定值,计算精确至 0.1MPa。三个测值中的最大值或最小值中如有一个与中间值之差超过中间值的 15%,则取中间值为测定值;如最大值和最小值与中间值之差均超过中间值的 15%,则该组试验结果无效。

(3)混凝土强度等级小于 C60 时,非标准试件的抗压强度应乘以尺寸换算系数(表 2-5-4),并应在报告中注明。当混凝土强度等级大于等于 C60 时,宜用标准试件,使用非标准试件时,换算系数由试验确定。

立方体抗压强度尺寸换算系数　　　　表 2-5-4

试件尺寸(mm)	尺寸换算系数	试件尺寸(mm)	尺寸换算系数
100×100×100	0.95	200×200×200	1.05

七、注意事项

(1)养护条件和龄期应符合要求,试块取出后应在规范要求的时间内进行试验。

(2)试件应放在压力机的正确位置,加荷速率应符合要求。

实训五　水泥混凝土抗弯拉强度试验

一、概述

水泥混凝土抗弯拉强度是硬化后的水泥混凝土的力学强度指标之一,它是按照标准制作方法制成 150mm×150mm×550mm 的棱柱体试件,在标准养护条件下(温度20℃±2℃,相对湿度95%以上),养护至28d龄期,按三分点加荷方式测得强度值。

二、目的和适用范围

本试验测定水泥混凝土抗弯拉极限强度的方法,以提供设计参数,检查水泥混凝土施工品质和确定抗弯拉弹性模量试验加荷标准。

本方法适用于各类水泥混凝土棱柱体试件。

三、仪器设备

(1)压力机或万能试验机:压力机除符合《液压式万能试验机》(GB/T 3159—2008)及《试验机通用技术要求》(GB/T 2611—2007)中的要求外,其测量精度为±1%,试件破坏荷载应大于压力机全量程的20%且小于压力机全量程的80%。同时应具有加荷速度指示装置或加荷速度控制装置。上下压板平整并有足够刚度,可以均匀地连续加荷卸荷,可以保持固定荷载,开机停机均灵活自如,能够满足试件破型吨位要求。

(2)抗弯拉试验装置(即三分点处双点加荷和三点自由支承式混凝土抗弯拉强度与抗弯拉弹性模量试验装置)如图 2-5-7 所示。

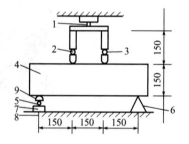

图 2-5-7　抗弯拉试验装置(尺寸单位:mm)
1,2—一个钢球;3,5—两个钢球;4—试件;6—固定支座;
7—活动支座;8—机台;9—活动船形垫块

四、试件制备和养护

(1)试件尺寸应符合规范规定,同时在试件长向中部 1/3 区段内表面不得有直径超过5mm,深度超过2mm 的孔洞。

(2)混凝土抗弯拉强度试件应取同龄期者为一组,每组3根同条件制作和养护的试件。

五、试验步骤

(1)试件取出后,用湿毛巾覆盖并及时进行试验,保持试件干湿状态不变。在试件中部量出其宽度和高度,精确至1mm。

(2)调整两个可移动支座,将试件安放在支座上,试件成型时的侧面朝上,几何对中后,务必使支座及承压面与活动船形垫块的接触面平稳、均匀,否则应垫平。

(3)加荷时,应保持均匀、连续。当混凝土的强度等级小于 C30 时,加荷速度为 0.02 ~

0.05MPa/s；当混凝土的强度等级大于等于 C30 且小于 C60 时，加荷速度为 0.05～0.08MPa/s；当混凝土的强度等级大于等于 C60 时，加荷速度为 0.08～0.10MPa/s。当试件接近破坏而开始迅速变形时，不得调整试验机油门，直至试件破坏，记下破坏极限荷载 $F(\mathrm{N})$。

(4) 记录下最大荷载和试件下边缘断裂的位置。

六、结果整理

(1) 当断面发生在两个加荷点之间时，抗弯拉强度 f_f 按式(2-5-2)计算：

$$f_\mathrm{f} = \frac{FL}{bh^2} \quad (2\text{-}5\text{-}2)$$

式中：f_f——抗弯拉强度，MPa，精确到 0.01MPa；
  　　F——极限荷载，N；
  　　L——支座间距离，mm；
  　　b——试件宽度，mm；
  　　h——试件高度，mm。

(2) 以 3 个试件测值的算术平均值为测定值。3 个试件中最大值或最小值中如有一个与中间值之差超过中间值的 15%，则把最大值和最小值舍去，以中间值作为试件的抗弯拉强度；如最大值和最小值与中间值之差值均超过中间值 15%，则该组试验结果无效。3 个试件中如有一个断裂面位于加荷点外侧，则混凝土抗弯拉强度按另外两个试件的试验结果计算。如果这两个测值的差值不大于这两个测值中较小值的 15%，则以两个测值的平均值为测试结果，否则结果无效。

如果有两根试件均出现断裂面位于加荷点外侧，则该组结果无效。

注：断面位置在试件断块短边一侧的底面中轴线上量得。

(3) 采用 100mm × 100mm × 400mm 非标准试件时，在三分点加荷的试验方法同前，但所取得的抗弯拉强度值应乘以尺寸换算系数 0.85。当混凝土强度等级大于等于 C60 时，应采用标准试件。

七、注意事项

(1) 抗弯拉试验装置对于抗弯拉试验结果有着显著影响，所以在试验过程中必须使用符合规定的装置，使所有加荷头与试件均匀接触，并避免产生扭矩，使得试件不是折坏，而是折、扭复合破坏。

(2) 试件养护条件和龄期应符合要求。

(3) 试件取出应按规定时间进行试验，应放在压力机的正确位置，加荷速率应符合要求。

实训六　砂浆稠度试验

一、概述

新拌砂浆应保证有较好的和易性，而流动性是其中的一方面要求。

二、目的和适用范围

砂浆的稠度,亦称流动性,用沉入度表示。本方法适用于确定配合比或施工过程中控制砂浆的稠度,以达到控制用水量的目的。

三、仪器设备

(1)砂浆稠度仪:由试锥、容器和支座三部分组成。试锥由钢材或铜材制成,试锥高度为145mm、锥底直径为75mm、试锥连同滑杆的质量应为300g;盛砂浆容器由钢板制成,筒高为180mm、锥底内径为150mm;支座分为底座、支架及稠度显示三个部分,由铸铁、钢及其他金属制成。

(2)钢制捣棒:直径10mm、长350mm,端部磨圆。

(3)秒表等。

四、试验步骤

(1)将盛浆容器和试锥表面用湿布擦干净,并用少量润滑油轻擦滑杆,然后将滑杆上多余的油用吸油纸擦净,使滑杆能自由滑动。

(2)将砂浆拌合物一次装入容器,使砂浆表面低于容器口约10mm左右,用捣棒自容器中心向边缘插捣25次,然后轻轻地将容器摇动或敲击5~6下,使砂浆表面平整,随后将容器置于稠度测定仪的底座上。

(3)拧开试锥滑杆的制动螺丝,向下移动滑杆,当试锥尖端与砂浆表面刚接触时,拧紧制动螺丝,使齿条测杆下端刚接触滑杆上端,并将指针对准零点上。

(4)拧开制动螺丝,同时计时,待10s立即固定螺丝,将齿条测杆下端接触滑杆上端,从刻度盘上读出下沉深度(精确至1mm)即为砂浆的稠度值。

(5)圆锥形容器内的砂浆,只允许测定一次稠度,重复测定时,应重新取样进行测定。

五、结果整理

取两次试验结果的算术平均值为试验结果测定值,计算值精确至1mm。两次试验结果之差如大于20mm,则应另取砂浆搅拌后重新测定。

实训七 砂浆分层度试验

一、概述

保水性是指砂浆保存水分的性能。若砂浆保水性不好,在运输、静置、砌筑过程中就会产生离析、泌水现象,施工困难,且降低强度。

二、目的和适用范围

测定砂浆的分层度,以确定其保水的能力。砂浆的保水性是用分层度表示。分层度的测定方法是将砂浆装入规定的容器中,测出沉入度;静置 30min 后,再取容器下部 1/3 部分的砂浆,测其沉入度。前后两次沉入度之差即为分层度,以 cm 计。分层度越大,表明砂浆保水性越差。

三、仪器设备

(1)砂浆分层度测定仪。
(2)砂浆稠度仪。
(3)其他:拌合锅、抹刀、木锤等。

四、试验步骤

(1)将试样一次装入分层度筒内,待装满后,用木锤在容器周围距离大致相等的四个不同地方轻轻敲击 1~2 次,如砂浆沉落到低于筒口,则应随时添加,然后刮去多余砂浆,并抹平。
(2)按测定砂浆流动性的方法,测定砂浆的沉入度值,以 mm 计。
(3)静置 30min 后,去掉上面 200mm 砂浆,剩余的砂浆倒出,放在搅拌锅中拌 2min。
(4)再按测定流动性的方法,测定砂浆的沉入度,以 mm 计。

五、结果整理

(1)以前后两次沉入度之差定为该砂浆的分层度值,以 mm 计。
(2)砌筑砂浆的分层度不得大于 30mm。保水性良好的砂浆,其分层度应为 10~20mm。分层度大于 20mm 的砂浆容易离析,不便于施工;但分层度小于 10mm 者,硬化后易产生干缩开缝。

实训八 砂浆抗压强度试验

一、概述

砂浆硬化后应具有足够的强度,砂浆抗压强度是确定其强度等级的重要依据。

二、目的和适用范围

本方法适用于测定砂浆立方体的抗压强度,以检验其力学性能。

三、仪器设备

(1)试模:为 70.7mm × 70.7mm × 70.7mm 立方体,由铸铁或钢制成,应具有足够的刚度并拆装方便；试模的内表面应机械加工，其不平度应为每 100mm 不超过 0.05mm；组装后各相邻面的不垂直度不应超过 ±0.5°。

（2）捣棒：直径 10mm，长 350mm 的钢棒，端部磨圆。

（3）压力试验机：采用精度（示值的相对误差）不大于 ±2% 的试验机，其量程应能使试件的预期破坏荷载值不小于全量程的 20%，也不大于全量程的 80%。

（4）垫板：试验机上、下压板及试件之间可垫以钢垫板，垫板的尺寸应大于试件的承压面，其不平度应为每 100mm 不超过 0.02mm。

四、试验步骤

（1）制作砌筑砂浆试件时，将无底试模放在预先铺有吸水性较好的纸的普通黏土砖上（砖的吸水率不小于 10%，含水率不大于 20%），试模内壁事先涂刷薄层机油或脱模剂。

（2）放于砖上的湿纸，应为湿的新闻纸（或其他未粘过胶凝材料的纸），纸的大小要以能盖过砖的四边为准，砖的使用面要求平整，凡砖四个垂直面粘过水泥或其他胶结材料后，不允许再使用。

（3）向试模内一次注满砂浆，用捣棒均匀由外向里按螺旋方向插捣 25 次，为了防止低稠度砂浆插捣后可能留下孔洞，允许用油灰刀沿模壁插数次，使砂浆高出试模顶面 6~8mm。

（4）当砂浆表面开始出现麻斑状态时（约 15~30min），将高出部分的砂浆沿试模顶面削去抹平。

（5）试件制作后应在 20℃ ±5℃ 温度环境下停置一昼夜（24h ±2h），当气温较低时，可适当延长时间，但不应超过两昼夜，然后对试件进行编号并拆模；试件拆模后，应在标准养护条件下，继续养护至 28d，然后进行试压。

（6）标准养护的条件是：水泥混合砂浆应为温度 20℃ ±3℃，相对湿度 60%~80%；水泥砂浆和微沫砂浆应为温度 20℃ ±3℃，相对湿度 90% 以上；养护期间，试件彼此间隔不少于 10mm。

（7）试件从养护地点取出后，应尽快进行试验，以免试件内部的温湿度发生显著变化；试验前先将试件擦拭干净，测量尺寸，并检查其外观；试件尺寸测量精确至 1mm，并据此计算试件的承压面积；如实测尺寸与公称尺寸之差不超过 1mm，可按公称尺寸进行计算。

（8）将试件安放在试验机的下压板上（或下垫板上），试件的承压面应与成型时的顶面垂直，试件中心应与试验机下压板（或下垫板）中心对准；开动试验机，当上压板与试件（或上垫板）接近时，调整球座，使接触面均衡受压；承压试验应连续而均匀地加荷，加荷速度应为 0.5~1.5kN/s（砂浆强度 5MPa 及 5MPa 以下时，取下限为宜；砂浆强度 5MPa 以上时，取上限为宜），当试件接近破坏而开始迅速变形时，停止调整试验机油门，直至试件破坏，然后记录破坏荷载。

五、结果整理

水泥砂浆立方体抗压强度按式(2-5-3)计算，结果精确至 0.1MPa：

$$f_{m,cu} = \frac{N_u}{A} \tag{2-5-3}$$

式中：$f_{m,cu}$——砂浆立方体抗压强度，MPa；
　　　N_u——立方体试件破坏压力，N；
　　　A——试件承压面积，mm²。

以六个试件测值的算术平均值作为该组试件的抗压强度值，平均值计算精确至 0.1MPa。当六个试件的最大值或最小值与平均值的差超过 20% 时，以中间四个试件的平均值作为该组试件的抗压强度值。

项目六

沥青性能检测

实训一 沥青针入度试验

一、目的和适用范围

本方法适用于测定道路石油沥青、聚合物改性沥青针入度以及液体石油沥青蒸馏或乳化沥青蒸发后残留物的针入度,以 0.1mm 计。其标准试验条件为温度 25℃,荷重 100g,贯入时间 5s。

针入度指数 PI 用以描述沥青的温度敏感性,宜在 15℃、25℃、30℃ 等 3 个或 3 个以上温度条件下测定针入度后按规定的方法计算得到,若 30℃时的针入度值过大,可采用 5℃代替。当量软化点 T_{800} 是相当于沥青针入度为 800 时的温度,用以评价沥青的高温稳定性。当量脆点 $T_{1.2}$ 是相当于沥青针入度为 1.2 时的温度,用以评价沥青的低温抗裂性能。

二、仪具与材料

(1) 针入度仪(图 2-6-1):为提高测试精度,针入度试验宜采用能够自动计时的针入度仪进行测定,要求针和针连杆必须在无明显摩擦下垂直运动,针的贯入深度必须准确至 0.1mm。针和针连杆组合件总质量为 (50 ± 0.05) g,另附 (50 ± 0.05) g 砝码一只,试验时总质量为 (100 ± 0.05) g。仪器应有放置平底玻璃保温皿的平台,并有调节水平的装置,针连杆应与平台相垂直。应有针连杆制动按钮,使针连杆可自由下落。针连杆应易于装拆,以便检查其质量。仪器还设有可自由转动与调节距离的悬臂,其端部有一面小镜或聚光灯泡,借以观察针尖与试样表面接触情况。应对装置的准确性经常校验。当采用其他试验条件时,应在试验结果中注明。

(2) 标准针:由硬化回火的不锈钢制成,洛氏硬度 HRC54~60,表面粗糙度 R_a 为 0.2~0.3μm,针及针杆总质量 (2.5 ± 0.05) g,针杆上应打印有号码标志,针应设有固定用装置盒(筒),以免碰撞针尖,每根针必须附有计量部门的检验单,并定期进行检验。

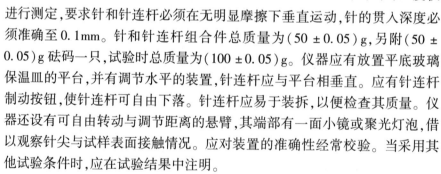

图 2-6-1 针入度仪

（3）盛样皿：金属制、圆柱形平底。小盛样皿的内径55mm，深35mm（适用于针入度小于200）；大盛样皿内径70mm，深45mm（适用于针入度200～350）；对针入度大于350的试样需使用特殊盛样皿，其深度不小于60mm，试样体积不少于125mL。

（4）恒温水槽：容量不少于10L，控温的准确度为0.1℃。水槽中应设有一带孔的搁架，位于水面下不得少于100mm，距水槽底不得少于50mm处。

（5）平底玻璃皿：容量不少于1L，深度不少于80mm，内设有一不锈钢三脚支架，能使盛样皿稳定。

（6）温度计或温度传感器：精度为0.1℃。

（7）计时器：精度为0.1s。

（8）盛样皿盖：平板玻璃，直径不小于盛样皿开口尺寸。

（9）溶剂：三氯乙烯等。

（10）其他：电炉或砂浴、石棉网、金属锅或瓷把坩埚等。

三、准备工作

（1）按沥青试样准备方法准备试样。

（2）按试验要求将恒温水槽调节到要求的试验温度25℃或15℃、30℃（5℃），保持稳定。

（3）将试样注入盛样皿中，试样高度应超过预计针入度值10mm，并盖上盛样皿，以防落入灰尘。盛有试样的盛样皿在15～30℃室温中冷却不少于1.5h（小盛样皿）、2h（大盛样皿）或3h（特殊盛样皿）后移入保持规定试验温度±0.1℃的恒温水槽中，应保温不少于1.5h（小盛样皿）、2h（大试样皿）或2.5h（特殊盛样皿）。

（4）调整针入度仪使之水平。检查针连杆和导轨，以确认无水和其他外来物，无明显摩擦。用三氯乙烯或其他溶剂清洗标准针，并拭干。将标准针插入针连杆，用螺钉紧固。按试验条件，加上附加砝码。

四、试验步骤

（1）取出达到恒温的盛样皿，并移入水温控制在试验温度±0.1℃（可用恒温水槽中的水）的平底玻璃皿中的三脚支架上，试样表面以上的水层深度不少于10mm。

（2）将盛有试样的平底玻璃皿置于针入度仪的平台上，慢慢放下针连杆，用适当位置的反光镜或灯光反射观察，使针尖恰好与试样表面接触。将位移计或刻度盘指针复位为零。

（3）开始试验，按下释放键，这时计时与标准针落下贯入试样同时开始，至5s时自动停止。

（4）读取位移计或刻度盘指针的读数，准确至0.1mm。

（5）同一试样平行试验至少3次，各测试点之间及与盛样皿边缘的距离不应少于10mm。每次试验后应将盛有盛样皿的平底玻璃皿放入恒温水槽，使平底玻璃皿中水温保持试验温度。每次试验应换一根干净标准针或将标准针取下用蘸有三氯乙烯溶剂的棉花或布擦净，再用干棉花或布擦干。

（6）测定针入度大于200的沥青试样时，至少用3支标准针，每次试验后将针留在试样中，直至3次平行试验完成后，才能将标准针取出。

(7)测定针入度指数 PI 时,按同样的方法在 15℃、25℃、30℃(或 5℃)等 3 个或 3 个以上(必要时增加 10℃、20℃等)温度条件下分别测定沥青的针入度,但用于仲裁试验的温度条件应为 5 个。

五、试验结果

(1)同一试样 3 次平行试验结果的最大值和最小值之差在下列允许偏差范围内时,计算 3 次试验结果的平均值,取整数作为针入度试验结果,以 0.1mm 为单位。

针入度(0.1mm)	允许差值(0.1mm)
0~49	2
50~149	4
150~249	12
250~500	20

(2)当试验值不符此要求时,应重新进行。

(3)当试验结果小于 50(0.1mm)时,重复性试验的允许差为 2(0.1mm),再现性试验的允许差为 4(0.1mm)。

(4)当试验结果等于或大于 50(0.1mm)时,重复性试验的允许差为平均值的 4%,再现性试验的允许差为平均值的 8%。

实训二　沥青延度试验

一、目的和适用范围

(1)本方法适用于测定道路石油沥青、聚合物改性沥青、液体石油沥青蒸馏残留物和乳化沥青蒸发残留物等材料的延度。

沥青延度试验

(2)沥青延度的试验温度与拉伸速率可根据要求采用,通常采用的试验温度为 25℃、15℃、10℃或 5℃,拉伸速度为 (5±0.25)cm/min。当低温采用 (1±0.05)cm/min 拉伸速度时,应在报告中注明。

二、仪具与材料

(1)延度仪:延度仪的测量长度不宜大于 150cm,仪器应有自动控温、控速系统。应满足试样浸没于水中,能保持规定的试验温度及规定的拉伸速度拉伸试件,且试验时应无明显振动。其形状及组成如图 2-6-2 所示。

(2)试模:黄铜制,由两个端模和两个侧模组成,其形状及尺寸如图 2-6-3 所示。

(3)试模底板:玻璃板或磨光的铜板、不锈钢板。

(4)恒温水槽:容量不少于 10L,控制温度的准确度为 0.1℃,水槽中应设有带孔搁架,搁架距水槽底不得少于 50mm。试件浸入水中深度不小于 100mm。

(5)温度计:0~50℃,分度为 0.1℃。

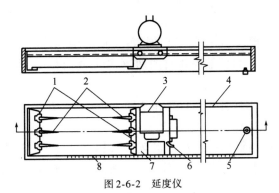

图 2-6-2 延度仪
1-试模;2-试样;3-电机;4-水槽;5-泄水孔;6-开关柄;7-指针;8-标尺

(6) 砂浴或其他加热炉具。
(7) 甘油滑石粉隔离剂(甘油与滑石粉的质量比 2∶1)。
(8) 其他:平刮刀、石棉网、酒精、食盐等。

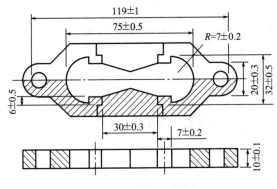

图 2-6-3 延度试模(尺寸单位:mm)

三、准备工作

(1) 将隔离剂拌和均匀,涂于清洁干燥的试模底板和两个侧模的内侧表面,并将试模在试模底板上装妥。

(2) 按沥青试样准备方法准备试样,然后将试样仔细自试模的一端至另一端往返数次缓缓注入模中,最后略高出试模,灌模时应注意勿使气泡混入。

(3) 试件在室温中冷却不少于 1.5h,用热刮刀刮除高出试模的沥青,使沥青面与试模面齐平,沥青的刮法应自试模的中间刮向两端,且表面应刮得平滑。将试模连同底板再浸入规定试验温度的水槽中 1~1.5h。

(4) 检查延度仪延伸速度是否符合规定要求,然后移动滑板使其指针正对标尺的零点。将延度仪注水,并保温达试验温度 ±0.1℃。

四、试验步骤

(1) 将保温后的试件连同底板移入延度仪的水槽中,然后将盛有试样的试模自玻璃板或不锈钢板上取下,将试模两端的孔分别套在滑板及槽端固定板的金属柱上,并取下侧模。水面距试件表面应不小于25mm。

（2）开动延度仪，并注意观察试样的延伸情况。此时应注意，在试验过程中，水温应始终保持在试验温度规定范围内，且仪器不得有振动，水面不得有晃动，当水槽采用循环水时，应暂时中断循环，停止水流。

在试验中，如发现沥青细丝浮于水面或沉入槽底时，则应在水中加入酒精或食盐，调整水的密度至与试样相近后，重新试验。

（3）试件拉断时，读取指针所指标尺上的读数，以cm表示，在正常情况下，试件延伸时应成锥尖状，拉断时实际断面接近于零。如不能得到这种结果，则应在报告中注明。

五、试验结果

（1）同一试样，每次平行试验不少于3个，如3个测定结果均大于100cm，试验结果记作">100cm"；特殊需要也可分别记录实测值。如3个测定结果中，有一个以上的测定值小于100cm时，若最大值或最小值与平均值之差满足重复性试验精密度要求，则取3个测定结果的平均值的整数作为延度试验结果，若平均值大于100cm，记作">100cm"；若最大值或最小值与平均值之差不符合重复性试验精密度要求时，试验应重新进行。

（2）当试验结果小于100cm时，重复性试验的允许误差为平均值的20%，再现性试验的允许误差为平均值的30%。

实训三　沥青软化点试验（环球法）

一、目的和适用范围

本方法适用于测定道路石油沥青、聚合物改性沥青的软化点，也适用于测定液体石油沥青、煤沥青蒸馏残留物或乳化沥青蒸发残留物的软化点。

沥青软代点试验
（环球法）

二、仪具与材料

（1）软化点试验仪如图2-6-4所示，由下列部件组成：

① 钢球：直径9.53mm，质量(3.5±0.05)g。
② 试样环：黄铜或不锈钢等制成。
③ 钢球定位环：黄铜或不锈钢制成。
④ 金属支架：由两个主杆和三层平行的金属板组成。上层为一圆盘，直径略大于烧杯直径，中间有一圆孔，用以插放温度计。板上有两个孔，各放置金属环，中间有一小孔可支持温度计的测温端部。一侧立杆距环上面51mm处刻有水高标记，环下面距下

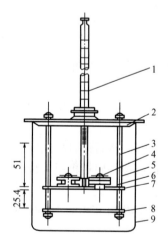

图2-6-4　软化点试验仪（单位：mm）
1-温度计；2-上盖板；3-立杆；4-钢球；
5-钢球定位环；6-金属环；7-中层板；
8-下底板；9-烧杯

层底板为25.4mm,而下底板距烧杯底不少于12.7mm,也不得大于19mm。三层金属板和两个主杆由两螺母固定在一起。

⑤耐热玻璃烧杯:容量800~1000mL,直径不小于86mm,高不小于120mm。

⑥温度计:0~80℃,分度为0.5℃。

(2)环夹:由薄钢条制成,用以夹持金属环,以便刮平表面。

(3)装有温度调节器的电炉或其他加热炉具(液化石油气、天然气等)。应采用带有振荡搅拌器的加热电炉,振荡子置于烧杯底部。

(4)当采用自动软化点仪时,温度采用温度传感器测定,并能自动显示或记录,且应对自动装置的准确性经常校验。

(5)试样底板、恒温水槽、平直刮刀、甘油滑石粉隔离剂(甘油与滑石粉的比例为质量比2:1)、蒸馏水、石棉网。

三、准备工作

(1)将试样环置于涂有甘油滑石粉隔离剂的试样底板上。将准备好的沥青试样徐徐注入试样环内至略高出环面为止。

如估计试样软化点高于120℃,则试样环和试样底板(不用玻璃板)应预热至80~100℃。

(2)试样在室温冷却30min后,用热刮刀刮除环面上的试样,应使其与环面齐平。

四、试验步骤

(1)试样软化点在80℃以下者。

①将装有试样的试样环连同试样底板置于(5±0.5)℃水的恒温水槽中至少15min;同时将金属支架、钢球、钢球定位环等亦置于相同水槽中。

②烧杯内注入新煮沸并冷却至5℃的蒸馏水,水面略低于立杆上的深度标记。

③从恒温水槽中取出盛有试样的试样环放置在支架中层板的圆孔中,套上定位环,然后将整个环架放入烧杯中,调整水面至深度标记,并保持水温为(5±0.5)℃。环架上任何部分不得附有气泡。将0~100℃的温度计由上层板中心孔垂直插入,使端部测温头底部与试样环下面齐平。

④将盛有水和环架的烧杯移至放有石棉网的加热炉具上,然后将钢球放在定位环中间的试样中央,立即开动振荡搅拌器,使水微微振荡,并开始加热,使杯中水温在3min内调节至维持每分钟上升(5±0.5)℃。在加热过程中,应记录每分钟上升的温度值,如温度上升速度超出此范围时,则试验应重做。

⑤试样受热软化逐渐下坠,至与下层底板表面接触时,立即读取温度,精确至0.5℃。

(2)试样软化点在80℃以上者。

①将装有试样的试样环连同试样底板置于装有(32±1)℃甘油的恒温槽中至少15min;同时将金属支架、钢球、钢球定位环等亦置于甘油中。

②在烧杯内注入预先加热至32℃的甘油,其液面略低于立杆上的深度标记。

③从恒温槽中取出装有试样的试样环,按试样软化点在80℃以下者方法进行测定,准确至1℃。

五、试验结果

同一试样平行试验两次,当两次测定值的差值符合重复性试验精密度要求时,取其平均值作为软化点试验结果,精确至 0.5℃。

当试样软化点小于 80℃时,重复性试验的允许误差为 1℃,再现性试验的允许误差为 4℃;当试样软化点大于或等于 80℃时,重复性试验的允许误差为 2℃,再现性试验的允许误差为 8℃。

项目七

沥青混合料的检测

实训一 沥青混合料试件制作方法(击实法)

一、目的与适用范围

本方法适用于标准击实法或大型击实法制作沥青混合料试件,以供试验室进行沥青混合料物理力学性质试验使用。标准击实法适用于马歇尔试验、间接抗拉试验(劈裂法)等所使用的 $\phi 101.6mm \times 63.5mm$ 圆柱体试件的成型。大型击实法适用于 $\phi 152.4mm \times 95.3mm$ 的大型圆柱体试件的成型。

沥青混合料试件制作时的矿料规格及试件数量应符合如下规定:

(1)当集料公称最大粒径小于26.5mm,采用标准击实法。一组试件数量不少于4个。

(2)当集料公称最大粒径大于26.5mm时,宜采用大型击实法。一组试件数量不少于6个。

二、仪具与材料

(1)自动击实仪:击实仪应具有自动记数、控制仪表、按钮设置、复位及暂停等功能。按其用途分为以下两种:

①标准击实仪:由击实锤、平圆形压实头及带手柄的导向棒组成。用机械将压实锤提升,至457mm高度沿导向棒自由落下连续击实,标准击实锤质量 $4536g \pm 9g$。

②大型击实仪:由击实锤、$\phi 149.5mm$ 平圆形压实头及带手柄的导向棒组成。用机械将压实锤提升,从 $457.2mm \pm 2.5mm$ 高度沿导向棒自由落下击实,大型击实锤质量 $10210g \pm 10g$。

(2)试验室用沥青混合料拌和机:能保证拌和温度并充分拌和均匀,可控制拌和时间,容量不小于10L,如图2-7-1所示。

(3)试模:由高碳钢或工具钢制成,几何尺寸如下:

①标准击实仪试模的内径为 $101.6mm \pm 0.2mm$,圆柱形金属筒高87mm,底座直径约120.6mm,套筒内径104.8mm、高70mm,如图2-7-2所示。

②大型击实仪的套筒外径165.1mm,内径 $155.6mm \pm 0.3mm$,总高83mm。试模内径 $152.4mm \pm 0.2mm$,总高115mm;底座板厚12.7mm,直径172mm。

图 2-7-1　沥青混合料搅拌机　　　图 2-7-2　马歇尔标准试模

(4)其他:脱模器、烘箱、天平、布洛克菲尔德黏度计、插刀或大螺丝刀、温度计、电炉或煤气炉、沥青熔化锅、拌和铲、标准筛、滤纸(或普通纸)、胶布、卡尺、秒表、粉笔、棉纱等。

三、准备工作

(1)确定制作沥青混合料试件的拌和与压实温度

①按本规程测定沥青的黏度,绘制黏温曲线。按表 2-7-1 的要求确定适宜于沥青混合料拌和及压实的等黏温度。

沥青混合料拌和及压实的沥青等黏温度　　　表 2-7-1

沥青结合料种类	黏度与测定方法	适宜于拌和的沥青结合料黏度	适宜于压实的沥青结合料黏度
石油沥青	表观黏度,T 0625	$0.17Pa \cdot s \pm 0.02Pa \cdot s$	$0.28Pa \cdot s \pm 0.03Pa \cdot s$

注:液体沥青混合料的压实成型温度按石油沥青要求执行。

②当缺乏沥青黏度测定条件时,试件的拌和与压实温度可按表 2-7-2 选择,并根据沥青品种和标号做适当调整。针入度小、稠度大的沥青取高限,针入度大、稠度小的沥青取低限,一般取中值。

沥青混合料拌和及压实温度参考表　　　表 2-7-2

沥青结合料种类	拌和温度(℃)	压实温度(℃)
石油沥青	140~160	120~150
改性沥青	160~175	140~170

③对改性沥青,应根据实践经验、改性剂的品种和用量,适当提高混合料的拌和和压实温度;对大部分聚合物改性沥青,通常在普通沥青的基础上提高 10~20℃;掺加纤维时,尚需再提高 10℃左右。

④常温沥青混合料的拌和及压实在常温下进行。

(2)沥青混合料试件的制作条件

①在拌和厂或施工现场采集沥青混合料试样,将试样置于烘箱中加热或保温,在混合料中插入温度计测量温度,待混合料温度符合要求后成型。需要拌和时可倒入已加热的室内沥青混合料拌和机中适当拌和,时间不超过 1min。不得在电炉或明火上加热炒拌。

②在试验室人工配制沥青混合料时,试件的制作按下列步骤进行:

a. 将各种规格的矿料置 105℃±5℃ 的烘箱中烘干至恒重(一般不少于 4~6h)。

b. 将烘干分级的粗、细集料,按每个试件设计级配要求称其质量,在一金属盘中混合均匀,矿粉单独放入小盆里;然后置烘箱中加热至沥青拌和温度以上约15℃(采用石油沥青时通常为163℃,采用改性沥青时通常需180℃)备用。一般按一组试件(每组4~6个)备料,但进行配合比设计时宜对每个试件分别备料。常温沥青混合料的矿料不应加热。

c. 按沥青取样法采集的沥青试样,用烘箱加热至规定的沥青混合料拌和温度,但不得超过175℃。当不得已采用燃气炉或电炉直接加热进行脱水时,必须使用石棉垫隔开。

四、拌制沥青混合料

(1)黏稠石油沥青混合料

①用蘸有少许黄油的棉纱擦净试模、套筒及击实座等,置100℃左右烘箱中加热1h备用。常温沥青混合料用试模不加热。

②将沥青混合料拌和机提前预热至拌和温度以上10℃左右。

③将加热的粗细集料置于拌和机中,用小铲子适当混合;然后加入需要数量的沥青(如沥青已称量在一专用容器内时,可在倒掉沥青后用一部分热矿粉将粘在容器壁上的沥青擦拭掉并一起倒入拌和锅中),开动拌和机一边搅拌一边使拌和叶片插入混合料中拌和1~1.5min;暂停拌和,加入加热的矿粉,继续拌和至均匀为止,并使沥青混合料保持在要求的拌和温度范围内。标准的总拌和时间为3min。

(2)液体石油沥青混合料

将每组(或每个)试件的矿料置已加热至55~100℃的沥青混合料拌和机中,注入要求数量的液体沥青,并将混合料边加热边拌和,使液体沥青中的溶剂挥发50%以下。拌和时间应事先试拌决定。

(3)乳化沥青混合料

将每个试件的粗细集料,置于沥青混合料拌和机(不加热,也可用人工炒拌)中;注入计算的用水量(阴离子乳化沥青不加水)后,拌和均匀并使矿料表面完全湿润;再注入设计的沥青乳液用量,在1min内使混合料拌匀;然后加入矿粉后迅速拌和,使混合料拌成褐色为止。

五、成型方法

(1)击实法的成型步骤:

①将拌好的沥青混合料,用小铲适当拌和均匀,称取一个试件所需的用量(标准马歇尔试件约1200g,大型马歇尔试件约4050g)。当已知沥青混合料的密度时,可根据试件的标准尺寸计算并乘以1.03得到要求的混合料数量。当一次拌和几个试件时,宜将其倒入经预热的金属盘中,用小铲适当拌和均匀分成几份,分别取用。在试件制作过程中,为防止混合料温度下降,应连盘放在烘箱中保温。

②从烘箱中取出预热的试模及套筒,用蘸有少许黄油的棉纱擦拭套筒、底座及击实锤底面。将试模装在底座上,放一张圆形的吸油性小的纸,用小铲将混合料铲入试模中,用插刀或大螺丝刀沿周边插捣15次,中间捣10次,插捣后将沥青混合料表面整平。对大型击实法的试件,混合料分两次加入,每次插捣次数同上。

③插入温度计至混合料中心附近,检查混合料温度。

④待混合料温度符合要求的压实温度后,将试模连同底座一起放在击实台上固定。在装好的混合料上面垫一张吸油性小的圆纸,再将装有击实锤及导向棒的压实头放入试模中。开启电机,使击实锤从457mm的高度自由落下到击实规定的次数(75次或50次)。对大型试件,击实次数为75次(相应于标准击实的50次)或112次(相应于标准击实75次)。

⑤试件击实一面后,取下套筒,将试模翻面,装上套筒;然后以同样的方法和次数击实另一面。

乳化沥青混合料试件在两面击实后,将一组试件在室温下横向放置24h;另一组试件置温度为105℃±5℃的烘箱中养生24h。将养生试件取出后再立即两面锤击各25次。

⑥试件击实结束后,立即用镊子取掉上下面的纸,用卡尺量取试件离试模上口的高度并由此计算试件高度。高度不符合要求时,试件应作废,并按式(2-7-1)调整试件的混合料质量,以保证高度符合63.5mm±1.3mm(标准试件)或95.3mm±2.5mm(大型试件)的要求。

$$调整后混合料质量 = \frac{要求试件高度 \times 原用混合料质量}{所得试件的高度} \quad (2-7-1)$$

(2)卸去套筒和底座,将装有试件的试模横向放置冷却至室温后(不少于12h),置脱模机上脱出试件。用于做现场马歇尔指标检验的试件,在施工质量检验过程中如急需试验,允许采用电风扇吹冷1h或浸水冷却3min以上的方法脱模;但浸水脱模法不能用于测量密度、空隙率等各项物理指标。

(3)将试件仔细置于干燥洁净的平面上,供试验用。

六、试验记录与示例

某沥青混合料试件制作(击实法)记录见表2-7-3。

沥青混合料试件制作(击实法)记录表　　　　表2-7-3

试件编号	试件日期	拌和温度 T (℃)	击实温度 T (℃)	试件尺寸(mm) 高度 h	试件尺寸(mm) 直径 d	试件用途
1	2015.9.20	145	142	62.5	101.6	马歇尔稳定度试验
2	2015.9.20	146	142	62.3	101.6	马歇尔稳定度试验
3	2015.9.20	145	140	63.6	101.6	马歇尔稳定度试验
4	2015.9.20	148	145	63.4	101.6	马歇尔稳定度试验
5	2015.9.20	145	142	63.0	101.6	马歇尔稳定度试验
6	2015.9.20	143	140	62.8	101.6	马歇尔稳定度试验

实训二　压实沥青混合料密度试验方法(表干法)

一、目的与适用范围

表干法适用于测定吸水率不大于2%的各种沥青混合料试件的毛体积相对密度和毛体积密度。本方法测定的毛体积密度适用于计算沥青混合料试件的空隙率、矿料间隙率等各项体积指标。

二、仪具与材料

(1)浸水天平或电子天平:当最大称量在3kg以下时,感量不大于0.1g;最大称量3kg以上时,感量不大于0.5g。应有测量水中质量的挂钩。浸水天平及溢流水箱如图2-7-3所示。

(2)水中重称重装置:网篮、溢流水箱和试件悬吊装置。

(3)其他:秒表、毛巾、电风扇或烘箱等。

三、方法与步骤

(1)准备试件。可以采用室内成型的试件,也可以采用工程现场钻芯、切割等方法获得的试件。试验前试件宜在阴凉处保存(温度不宜高于35℃),且放置在水平的平面上,注意不要使试件产生变形。

图2-7-3 浸水天平及溢流水箱

(2)选择适宜的浸水天平或电子天平,最大称量应不小于试件质量的1.25倍,且不大于试件质量的5倍。

(3)除去试件表面的浮粒,称取干燥试件的空中质量(m_a),根据选择的天平的感量读数,准确至0.1g或0.5g。

(4)将溢流水箱水温保持在25℃±0.5℃。挂上网篮,浸入溢流水箱中,调节水位,将天平调平并复零,把试件置于网篮中(注意不要晃动水)浸水中3~5 min,称取水中质量(m_w)。若天平读数持续变化,不能很快达到稳定,说明试件吸水较严重,不适用于此法测定,应改用蜡封法测定。

(5)从水中取出试件,用洁净柔软的拧干湿毛巾轻轻擦去试件的表面水(不得吸走空隙内的水),称取试件的表干质量(m_f)。从试件拿出水面到擦拭结束不宜超过5s,称量过程中流出的水不得再擦拭。

(6)对从工程现场钻取的非干燥试件,可先称取水中质量(m_w)和表干质量(m_f),然后用电风扇将试件吹干至恒重(一般不少于12h,当不需进行其他试验时,也可用60℃±0.5℃烘箱烘干至恒重),再称取空气中质量(m_a)。

四、计算

(1)按式(2-7-2)计算试件的吸水率,取1位小数。

$$S_a = \frac{m_f - m_a}{m_f - m_w} \times 100\% \qquad (2\text{-}7\text{-}2)$$

式中:S_a——试件的吸水率;

　　m_a——干燥试件的空中质量,g;

　　m_w——试件的水中质量,g;

　　m_f——试件的表干质量,g。

(2)按式(2-7-3)、式(2-7-4)分别计算试件的毛体积相对密度和毛体积密度,取3位小数。

$$\gamma_f = \frac{m_a}{m_f - m_w} \tag{2-7-3}$$

$$\rho_f = \frac{m_a}{m_f - m_w} \times \rho_w \tag{2-7-4}$$

式中：γ_f ——用表干法测定的试件毛体积相对密度,无量纲；

ρ_f ——用表干法测定的试件毛体积密度,g/cm³；

ρ_w ——常温水的密度,1g/cm³。

(3) 按式(2-7-5)计算试件的空隙率,取 1 位小数。

$$VV = \left(1 - \frac{\gamma_f}{\gamma_t}\right) \times 100 \tag{2-7-5}$$

式中：VV ——试件的空隙率,%；

γ_t ——沥青混合料理论最大相对密度；

γ_f ——试件的毛体积相对密度,用表干法测定,当试件吸水率 $S_a > 2\%$ 时,由蜡封法或体积法测定；当按规定容许采用水中重法测定时,也可用表观相对密度以代替。

(4) 按式(2-7-6)确定矿料的有效相对密度,取 3 位小数。

$$\gamma_{se} = \frac{100 - P_b}{\frac{100}{\gamma_t} - \frac{P_b}{\gamma_b}} \tag{2-7-6}$$

式中：γ_{se} ——合成矿料有效相对密度,无量纲；

P_b ——沥青用量,即沥青质量占沥青混合料总质量的百分比,%；

γ_t ——实测的沥青混合料理论最大相对密度,无量纲；

γ_b ——25℃时沥青的相对密度,无量纲。

(5) 确定沥青混合料的理论最大相对密度,取 3 位小数。

①对非改性的普通沥青混合料,采用真空法实测沥青混合料的理论最大相对密度 γ_t。

②对改性沥青或 SMA 混合料宜按式(2-7-7)或式(2-7-8)计算沥青混合料对应油石比的理论最大相对密度。

$$\gamma_t = \frac{100 + P_a}{\frac{100}{\gamma_{se}} + \frac{P_a}{\gamma_b}} \tag{2-7-7}$$

$$\gamma_t = \frac{100 + P_a + P_x}{\frac{100}{\gamma_{se}} + \frac{P_a}{\gamma_b} + \frac{P_x}{\gamma_x}} \tag{2-7-8}$$

式中：γ_t ——计算沥青混合料对应油石比的理论最大相对密度,无量纲；

P_a ——油石比,即沥青质量占矿料总质量的百分比,%；

$$P_a = [P_b/(100 - P_b)] \times 100$$

P_x ——纤维用量,即纤维质量占矿料总质量的百分比,%；

γ_x ——25℃时纤维的相对密度,由厂方提供或实测得到,无量纲；

γ_{se} ——合成矿料的有效相对密度,无量纲；

γ_b ——25℃时沥青的相对密度,无量纲。

③对旧路面钻取芯样的试件缺乏材料密度、配合比及油石比的沥青混合料,可以采用真空法实测沥青混合料的理论最大相对密度 γ_t。

(6)按式(2-7-9)~式(2-7-11)分别计算试件的空隙率、矿料间隙率 VMA 和有效沥青的饱和度 VFA,取 1 位小数。

$$VV = \left(1 - \frac{\gamma_f}{\gamma_t}\right) \times 100 \qquad (2\text{-}7\text{-}9)$$

$$VMA = \left(1 - \frac{\gamma_f}{\gamma_{sb}} \times \frac{P_s}{100}\right) \times 100 \qquad (2\text{-}7\text{-}10)$$

$$VFA = \frac{VMA - VV}{VMA} \times 100 \qquad (2\text{-}7\text{-}11)$$

式中:　　VV——沥青混合料试件的孔隙率,%;

VMA——沥青混合料试件的矿料间隙率,%;

VFA——沥青混合料试件的有效沥青饱和度,%;

P_s——各种矿料占沥青混合料总质量的百分率之和,%;

$$P_s = 100 - P_b$$

γ_{sb}——矿料的合成毛体积相对密度,无量纲,按式(2-7-12)计算;

$$\gamma_{sb} = \frac{100}{\frac{P_1}{\gamma_1} + \frac{P_2}{\gamma_2} + \cdots + \frac{P_n}{\gamma_n}} \qquad (2\text{-}7\text{-}12)$$

$P_1、P_2 \cdots P_n$——各种矿料占矿料总质量的百分率,%,其和为 100;

$\gamma_1、\gamma_2 \cdots \gamma_n$——各种矿料的相对密度,无量纲。

五、报告

应在试验报告中注明沥青混合料的类型及测定密度采用的方法。

六、允许误差

试件毛体积密度试验重复性的允许误差为 0.020g/cm³。试件毛体积相对密度试验重复性的允许误差为 0.020。

七、试验记录与示例

某沥青混合料密度试验记录见表 2-7-4。

沥青混合料密度试验记录表　　　　表 2-7-4

编号	试件在空气中的质量(g)	试件在水中的质量(g)	理论密度(g/cm³)	实测密度(g/cm³)	空隙率(%)	矿料间隙率(%)	矿料饱和度(%)
1	1183.5	690.9	2.51	2.40	4.2	16.5	75
2	1180.1	691.7		2.42	3.6	16.0	78
3	1180.8	692.4		2.42	3.6	16.0	78
4	1181.8	692.8		2.42	3.6	16.0	78

实训三　沥青混合料马歇尔稳定度试验

一、目的与适用范围

本方法适用于马歇尔稳定度试验和浸水马歇尔稳定度试验,以进行沥青混合料的配合比设计或沥青路面施工质量检验。浸水马歇尔稳定度试验(根据需要,也可进行真空饱水马歇尔试验)供检验沥青混合料受水损害时抵抗剥落的能力时使用,通过测试其水稳定性检验配合比设计的可行性。

本方法适用于按击实法成型的标准马歇尔试件圆柱体和大型马歇尔试件圆柱体。

二、仪具与材料

(1)沥青混合料马歇尔试验仪:分为自动式和手动式。自动马歇尔试验仪应具备控制装置、记录荷载—位移曲线、自动测定荷载与试件的垂直变形,能自动显示和存储或打印试验结果等功能。手动式由人工操作,试验数据通过操作者目测后读取数据。如图 2-7-4 所示。

图 2-7-4　马歇尔试验仪

对用于高速公路和一级公路的沥青混合料宜采用自动马歇尔试验仪。

①当集料公称最大粒径小于或等于 26.5mm 时,宜采用直径 101.6mm × 63.5mm 的标准马歇尔试件,试验仪最大荷载不得小于 25kN,读数准确至 0.1 kN,加载速率应能保持 50mm/min ±5mm/min。钢球直径 16mm ±0.05mm,上下压头曲率半径为 50.8mm ±0.08mm。

②当集料公称最大粒径大于 26.5mm 时,宜采用直径 152.4mm × 95.3mm 大型马歇尔试件,试验仪最大荷载不得小于 50kN,读数准确至 0.1kN。上下压头的曲率内径为 152.4mm ± 0.2mm,上下压头间距 19.05mm ± 0.1mm。

(2)其他:恒温水槽、真空饱水容器、烘箱、天平、温度计、卡尺、棉纱、黄油等。

三、标准马歇尔试验方法

(1)准备工作

①标准马歇尔试件尺寸应符合直径 101.6mm ± 0.2mm、高 63.5mm ± 1.3mm 的要求。对大型马歇尔试件,尺寸应符合直径 152.4mm ± 0.2mm、高 95.3mm ± 2.5mm 的要求。一组试件

的数量不得少于4个。

②量测试件的直径及高度:用卡尺测量试件中部的直径,用马歇尔试件高度测定器或用卡尺在十字对称的4个方向量测离试件边缘10mm处的高度,准确至0.1mm,并以其平均值作为试件的高度。如试件高度不符合63.5mm±1.3mm或95.3mm±2.5mm要求或两侧高度差大于2mm,此试件应作废。

③测定试件的密度,并计算空隙率、沥青体积百分率、沥青饱和度、矿料间隙率等体积指标。

④将恒温水槽调节至要求的试验温度,对黏稠石油沥青或烘箱养生过的乳化沥青混合料为60℃±1℃,对煤沥青混合料为33.8℃±1℃,对空气养生的乳化沥青或液体沥青混合料为25℃±1℃。

(2)试验步骤

①将试件置于已达规定温度的恒温水槽中保温,保温时间标准马歇尔试件需30~40min,对大型马歇尔试件需45~60min。试件之间应有间隔,底下应垫起,距水槽底部不小于5cm。

②将马歇尔试验仪的上下压头放入水槽或烘箱中达到同样温度。将上下压头从水槽或烘箱中取出擦拭干净内面。为使上下压头滑动自如,可在下压头的导棒上涂少量黄油。再将试件取出置于下压头上,盖上上压头,然后装在加载设备上。

③在上压头的球座上放妥钢球,并对准荷载测定装置的压头。

④当采用自动马歇尔试验仪时,将自动马歇尔试验仪的压力传感器、位移传感器与计算机或X-Y记录仪正确连接,调整好适宜的放大比例,压力和位移传感器调零。

⑤当采用压力环和流值计时,将流值计安装在导棒上,使导向套管轻轻地压住上压头,同时将流值计读数调零。调整压力环中百分表,对零。

⑥启动加载设备,使试件承受荷载,加载速度为50mm/min±5mm/min。计算机或X-Y记录仪自动记录传感器压力和试件变形曲线并将数据自动存入计算机。

⑦当试验荷载达到最大值的瞬间,取下流值计,同时读取压力环中百分表读数及流值计的流值读数。

⑧从恒温水槽中取出试件至测出最大荷载值的时间,不得超过30s。

四、浸水马歇尔试验方法

浸水马歇尔试验方法与标准马歇尔试验方法的不同之处在于,试件在已达规定温度恒温水槽中的保温时间为48h,其余步骤均与标准马歇尔试验方法相同。

五、真空饱水马歇尔试验方法

试件先放入真空干燥器中,关闭进水胶管,开动真空泵,使干燥器的真空度达到97.3 kPa(730mmHg)以上,维持15 min;然后打开进水胶管,靠负压进入冷水流使试件全部浸入水中,浸水15min后恢复常压,取出试件再放入已达规定温度的恒温水槽中保温48h。其余均与标准马歇尔试验方法相同。

六、计算

(1)试件的稳定度及流值。

①当采用自动马歇尔试验仪时,将计算机采集的数据绘制成压力和试件变形曲线,或由 X-Y 记录仪自动记录的荷载—变形曲线,按图 2-7-5 所示的方法在切线方向延长曲线与横坐标相交于 O_1,将 O_1 作为修正原点,从 O_1 起量取相应于荷载最大值时的变形作为流值(FL),以 mm 计,准确至 0.1mm。最大荷载即为稳定度(MS),以 kN 计,准确至 0.01kN。

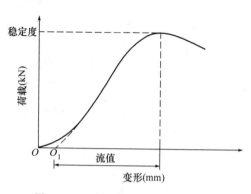

图 2-7-5　马歇尔试验结果的修正方法

②采用压力环和流值计测定时,根据压力环标定曲线,将压力环中百分表的读数换算为荷载值,或者由荷载测定装置读取的最大值即为试样的稳定度(MS),以 kN 计,准确至 0.1kN。由流值计及位移传感器测定装置读取的试件垂直变形,即为试件的流值(FL),以 mm 计,准确至 0.1mm。

(2)试件的马歇尔模数按式(2-7-13)计算。

$$T = \frac{MS}{FL} \tag{2-7-13}$$

式中：T——试件的马歇尔模数,kN/mm；

　　　MS——试件的稳定度,kN；

　　　FL——试件的流值,mm。

(3)试件的浸水残留稳定度按式(2-7-14)计算。

$$MS_0 = \frac{MS_1}{MS} \times 100 \tag{2-7-14}$$

式中：MS_0——试件的浸水残留稳定度,%；

　　　MS_1——试件浸水48h后的稳定度,kN。

(4)试件的真空饱水残留稳定度按式(2-7-15)计算。

$$MS'_0 = \frac{MS_2}{MS} \times 100 \tag{2-7-15}$$

式中：MS'_0——试件的真空饱水残留稳定度,%；

　　　MS_2——试件真空饱水后浸水48h后的稳定度,kN。

七、报告

(1)当一组测定值中某个测定值与平均值之差大于标准差的 k 倍时,该测定值应予舍弃,并以其余测定值的平均值作为试验结果。当试件数目 n 为 3、4、5、6 个时,k 值分别为 1.15、1.46、1.67、1.82。

(2)报告中需列出马歇尔稳定度、流值、马歇尔模数,以及试件尺寸、密度、空隙率、沥青用量、沥青体积百分率、沥青饱和度、矿料间隙率等各项物理指标。当采用自动马歇尔试验时,试验结果应附上荷载—变形曲线原件或自动打印结果。

实训四　沥青混合料车辙试验

一、目的与适用范围

(1)本方法适用于测定沥青混合料的高温抗车辙能力,供沥青混合料配合比设计的高温稳定性检验使用,也可用于现场沥青混合料的高温稳定性检验。

(2)车辙试验的温度与轮压(试验轮与试件的接触压强)可根据有关规定和需要选用,非经注明,试验温度为60℃,轮压为0.7 MPa。根据需要,如在寒冷地区也可采用45℃,在高温条件下试验温度可采用70℃等,对重载交通的轮压可增加至1.4 MPa,但应在报告中注明。计算动稳定度的时间原则上为试验开始后45~60min之间。

(3)本方法适用于用轮碾成型机碾压成型的长300mm、宽300mm、厚50~100mm的板块状试件。根据工程需要也可采用其他尺寸的试件。也适用于现场切割板块状试件,切割试件的尺寸根据现场面层的实际情况由试验确定。

二、仪具与材料

(1)车辙试验机,它主要由下列部分组成:

①试件台:可牢固地安装两种宽度(300mm及150mm)规定尺寸试件的试模。

②试验轮:橡胶制的实心轮胎,外径200mm,轮宽50mm,橡胶层厚15mm。橡胶硬度(国际标准硬度)20℃时为84±4,60℃时为78±2。试验轮行走距离为230mm±10mm,往返碾压速度为42次/min±1次/min (21次往返/min)。采用曲柄连杆驱动加载轮往返运行方式。

注:轮胎橡胶硬度应注意检验,不符合要求者应及时更换。

③加载装置:通常情况下,试验轮与试件的接触压强在60℃时为0.7MPa±0.05MPa,施加的总荷重为780N左右,根据需要可以调整接触压强大小。

④试模:钢板制成,由底板及侧板组成,试模内侧尺寸宜采用长为300mm,宽为300mm,厚为50~100mm,也可根据需要对厚度进行调整。

⑤试件变形测量装置:自动采集车辙变形并记录曲线的装置,通常用位移传感器LVDT或非接触位移计。位移测量范围0~130mm,精度±0.01mm。

⑥温度检测装置:自动检测并记录试件表面及恒温室内温度的温度传感器,精度±0.5℃。温度应能自动连续记录。

(2)恒温室:恒温室应具有足够的空间。车辙试验机必须整机安放在恒温室内,装有加热器、气流循环装置及装有自动温度控制设备,同时恒温室还应有至少能保温3块试件并进行试验的条件。保持恒温室温度60℃±1℃(试件内部温度60℃±0.5℃),根据需要也可采用其他试验温度。

(3)台秤:称量15kg,感量不大于5g。

三、准备工作

(1) 试验轮接地压强测定：测定在 60℃ 时进行，在试验台上放置一块 50mm 厚的钢板，其上铺一张毫米方格纸，上铺一张新的复写纸，以规定的 700N 荷载后试验轮静压复写纸，即可在方格纸上得出轮压面积，并由此求得接地压强。当压强不符合 0.7MPa ± 0.5MPa 时，荷载应予适当调整。

(2) 用轮碾成型法制作板块状车辙试验试块。在试验室或工地制备成型的车辙试件，其标准尺寸为 300mm × 300mm × 50mm。也可从路面切割得到 300mm × 150mm × 厚 50mm ~ 100mm 的试件（厚度根据需要确定）。也可从路面切割得到需要尺寸的试件。

(3) 当直接在拌和厂取拌和好的沥青混合料样品制作车辙试验试件检验生产配合比设计或混合料生产质量时，必须将混合料装入保温桶中，在温度下降至成型温度之前迅速送达试验室制作试件。如果温度稍有不足，可放在烘箱中稍事加热（时间不超过 30min）后成型，但不得将混合料放冷却后二次加热重塑制作试件。重塑制件的试验结果仅供参考，不得用于评定配合比设计检验是否合格的标准。

(4) 试件成型后，连同试模一起在常温条件下放置的时间不得少于 12h。对聚合物改性沥青混合料，放置的时间以 48h 为宜，使聚合物改性沥青充分固化后方可进行车辙试验，室温放置时间不得长于一周。

四、试验步骤

(1) 将试件连同试模一起，置于已达到试验温度 60℃ ± 1℃ 的恒温室中，保温不少于 5h，也不得超过 12h。在试件的试验轮不行走的部位上，粘贴一个热电偶温度计（也可在试件制作时预先将热电偶导线埋入试件一角），控制试件温度稳定在 60℃ ± 0.5℃。

(2) 将试件连同试模移置于轮辙试验机的试验台上，试验轮在试件的中央部位，其行走方向须与试件碾压或行车方向一致。开动车辙变形自动记录仪，然后启动试验机，使试验轮往返行走，时间约 1h，或最大变形达到 25mm 时为止。试验时，记录仪自动记录变形曲线（图 2-7-6）及试件温度。

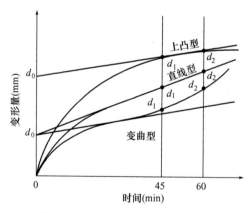

图 2-7-6 车辙试验自动记录的变形曲线

五、计算

(1)从图 2-7-6 上读取 $45\min(t_1)$ 及 $60\min(t_2)$ 时的车辙变形 d_1 及 d_2,准确至 $0.01\mathrm{mm}$。

当变形过大,在未到 $60\min$ 变形已达 $25\mathrm{mm}$ 时,则以达到 $25\mathrm{mm}$(d_2)时的时间为 t_2,将其前 $15\min$ 为 t_1,此时的变形量为 d_1。

(2)沥青混合料试件的动稳定度按式(2-7-16)计算。

$$DS = \frac{(t_2 - t_1) \times N}{d_2 - d_1} \times C_1 \times C_2 \qquad (2\text{-}7\text{-}16)$$

式中:DS——沥青混合料的动稳定度,次/mm;
d_1——对应于时间 t_1 的变形量,mm;
d_2——对应于时间 t_2 的变形量,mm;
C_1——试验机类型系数,曲柄连杆驱动加载轮往返运行方式为1.0;
C_2——试件系数,试验室制备的宽 $300\mathrm{mm}$ 的试件为1.0;
N——试验轮往返碾压速度,通常为 42 次/min。

六、报告

(1)同一沥青混合料或同一路段的路面,至少平行试验 3 个试件。当 3 个试件动稳定度变异系数不大于20%时,取其平均值作为试验结果;变异系数大于20%时应分析原因,并追加试验。如计算动稳定度值大于 6000 次/mm 时,记作:>6000 次/mm。

(2)试验报告应注明试验温度、试验轮接地压强、试件密度、空隙率及试件制作方法等。

七、允许误差

重复性试验动稳定度变异系数不大于20%。

八、试验记录与示例

某沥青混合料车辙试验记录见表 2-7-5。

沥青混合料车辙试验记录表　　　　　表 2-7-5

试验次数	对应于时间 t_1 的变形量 d_1(mm)	对应于时间 t_2 的变形量 d_2(mm)	试验机类型系数 C_1	试件系数 C_2	试验轮往返碾压速度(次/min)	沥青混合料的动稳定度(次/mm) 单值	沥青混合料的动稳定度(次/mm) 平均值
1	21.97	22.52	1.0	1.0	42	1145	1239
2	17.75	18.25	1.0	1.0	42	1260	1239
3	16.57	17.05	1.0	1.0	42	1313	1239
试件尺寸	300×300×50	标准差(次/mm)	85.4	变异系数 C_V(%)		7	

项目八

土工合成材料的检测

单位面积质量反映产品的原材料用量,以及生产的均匀性和质量的稳定性,与产品性能密切相关,厚度对产品的力学性能和水力性能都有很大影响。

【任务实施】

第一步,土工合成材料单位面积质量的测定。第二步,完成土工织物和土工膜厚度测定。第三步,完成试验数据的分析计算,提交检测报告。

实训一 单位面积质量测定

一、适用范围

适用于土工织物、土工格栅等土工合成材料的单位面积质量的测定。单位面积质量是单位面积的试样,在标准大气条件下的质量,是土工合成材料的物理性能指标之一,反应产品的原材料用量,及生产的均匀性和质量稳定性。

二、仪器设备及材料

(1)剪刀或切刀。
(2)称量天平(感量为0.01g)。
(3)钢尺(刻度至mm,精度为0.5mm)。

三、试验步骤

(1)从样品的长度和宽度方向上均匀裁取试样,试样距样品边幅至少10cm,应尽量避免污渍、折痕、孔洞及其他损伤部分,避免两个以上的试样处在相同的纵向或横向位置上。

(2)试样在标准大气条件下(温度20℃±2℃、相对湿度65%±5%)调湿24h。

(3)试样制备。

①土工织物:用切刀或剪刀裁取面积为10000mm^2的试样10块,剪裁和测量精度为1mm。

②对于土工格栅、土工网这类孔径较大的材料,试样尺寸应能代表该种材料的全部结构。可放大试样尺寸,剪裁时应从肋间对称剪取,剪裁后应测量试样的实际面积。

(4)将剪裁好的试样按编号顺序逐一在天平上称量,读数精确到0.01g。

四、计算

按式(2-8-1)计算每块试样的单位面积质量,保留小数一位。

$$G = \frac{m \times 10^6}{A} \quad (2\text{-}8\text{-}1)$$

式中：G——试样单位面积质量,g/mm^2；

m——试样质量,g；

A——试样面积,mm^2。

以 10 块试样单位面积质量的平均值作为测定值,精确到 $0.1g/m^2$；同时按式(2-8-2)、式(2-8-3)分别计算标准差和变异系数。

$$\sigma \sqrt{\sum_{i=1}^{n}(X_i - \overline{X})^2/(n-1)} \quad (2\text{-}8\text{-}2)$$

$$C_V = \frac{\sigma}{\overline{X}} \times 100\% \quad (2\text{-}8\text{-}3)$$

式中：σ——标准差；

C_V——变异系数；

$\overline{X}$——平均值。

实训二　厚　度　检　测

一、土工织物厚度测定

(1)目的与适用范围

适用于土工织物及复合土工织物厚度测定。厚度是指土工织物在承受规定的压力下,正反两面之间的距离,常规厚度是在2kPa 压力下测得的试样厚度。

(2)仪器设备及材料

①基准板：面积应大于 2 倍的压块面积。

②压块：圆形,表面光滑,面积 $25cm^2$,重为 5N、50N、500N 不等；其中常规厚的压块为 5N,对试样施加 $2kPa \pm 0.01kPa$ 的压力。

③百分表：最小分度值 0.01mm。

④秒表：最小分度值 0.1s。

(3)试验步骤

①从样品的长度和宽度方向上均匀裁取试样,试样距样品边幅至少 10cm,应尽量避免污渍、折痕、孔洞及其他损伤部分,避免两个以上的试样处在相同的纵向或横向位置上。

②试样在标准大气条件下(温度 20℃ ±2℃、相对湿度 65% ±5%)调湿 24h。

③试样制备：裁取有代表性的试样 10 块,试样尺寸应不小于基准板的面积。

④擦净基准板和 5N 的压块,压块放在基准板上,调整百分表零点,提起 5N 的压块,将试

样自然平放在基准板与压块之间,轻轻放下压块,使试样受到的压力为2kPa±0.01kPa,放下测量装置的百分表触头,接触后开始计时,30s时读数,精确至0.01mm。

⑤重复上述步骤,完成10块试样的测试。

(4)试验结果

计算在同一压力下所测定的10块试样厚度的算术平均值$\bar{\delta}$,以mm为单位,保留小数2位。

二、土工膜厚度测定

(1)目的与适用范围

适用于没有压花和波纹的土工薄膜、薄片厚度测定。

(2)仪器设备及材料

①基准板:表面应平整光滑,并有足够的面积。

②千分表:最小分度值0.001mm。

(3)试验步骤

①沿样品的纵向距端部大约1m的位置横向截取试样,试样条宽100mm,无折痕和其他缺陷。

②试样在标准大气条件下(温度20℃±2℃、相对湿度65%±5%)调湿24h。

③基准板、试样和千分表表头应无灰尘、油污。

④测量前将千分表放置在基准板上校准表读值基准点,测量后重新检查基准点是否变动。

⑤测量厚度时,要轻轻放下表测头,待指针稳定后读值。

⑥当土工膜(片)宽大于2000mm时,每200mm测量一点;膜(片)宽在300~2000mm时,以大致相等间距测量10点;膜(片)宽在100~300mm时,每50mm测量一点;膜(片)宽小于100mm时,至少测量3点。对于未裁毛边的样品,应在离边缘50mm以外进行测量。

(4)试验结果

试验结果以试样的平均厚度和厚度的最大值、最小值表示,计算到小数点后4位。

参 考 文 献

[1] 中华人民共和国交通部.公路工程岩石试验规程:JTG E41—2005[S].北京:人民交通出版社,2005.
[2] 中华人民共和国交通运输部.公路路基施工技术规范:JTG/T 3610—2019[S].北京:人民交通出版社股份有限公司,2019.
[3] 中华人民共和国交通部.公路工程集料试验规程:JTG E42—2005[S].北京:人民交通出版社,2005.
[4] 中华人民共和国住房和城乡建设部.建筑砂浆基本性能试验方法标准:JGJ/T 70—2009[S].北京:中国建筑工业出版社,2009.
[5] 中华人民共和国交通运输部.公路工程技术标准:JTG B01—2014[S].北京:人民交通出版社,2015.
[6] 中华人民共和国交通运输部.公路工程水泥及水泥混凝土试验规程:JTG 3420—2020[S].北京:人民交通出版社股份有限公司,2021.
[7] 中华人民共和国国家质量监督检验检疫总局,中国国家标准化管理委员会.通用硅酸盐水泥:GB 175—2007[S].北京:中国标准出版社,2008.
[8] 中华人民共和国交通运输部.公路工程无机结合料稳定材料试验规程:JTG E51—2009[S].北京:人民交通出版社,2009.
[9] 中华人民共和国交通运输部.公路路面基层施工技术细则:JTG/T F20—2015[S].北京:人民交通出版社股份有限公司,2015.
[10] 中华人民共和国交通运输部.公路桥涵施工技术规范:JTG/T 3650—2020[S].北京:人民交通出版社股份有限公司,2020.
[11] 中华人民共和国交通运输部.公路水泥混凝土路面施工技术细则:JTG/T F30—2014[S].北京:人民交通出版社股份有限公司,2014.
[12] 中华人民共和国交通运输部.公路水泥混凝土路面设计规范:JTG D40—2011[S].北京:人民交通出版社,2011.
[13] 中华人民共和国交通运输部.公路工程沥青及沥青混合料试验规程:JTG E20—2011[S].北京:人民交通出版社,2011.
[14] 中华人民共和国交通部.公路沥青路面施工技术规范:JTG F40—2004[S].北京:人民交通出版社,2005.
[15] 中华人民共和国住房和城乡建设部.砌筑砂浆配合比设计规程:JTG/T 98—2010[S].北京:中国建筑工业出版社,2011.
[16] 中华人民共和国国家质量监督检验检疫总局,中国国家标准化管理委员会.钢筋混凝土用钢 第1部分:热轧光圆钢筋:GB/T 1499.1—2017[S].北京:中国标准出版社,2017.
[17] 中华人民共和国国家质量监督检验检疫总局,中国国家标准化管理委员会.钢筋混凝土用钢 第2部分:热轧带肋钢筋:GB/T 1499.2—2007[S].北京:中国标准出版社,2017.

[18] 高琼英.建筑材料[M].3版.武汉:武汉理工大学出版社,2006.
[19] 陈宝璠.建筑工程材料[M].厦门:厦门大学出版社,2012.
[20] 姜志青.道路建筑材料[M].6版.北京:人民交通出版社股份有限公司,2021.
[21] 翟晓静,赵毅.道路建筑材料[M].武汉:武汉理工出版社,2014.
[22] 伍必庆.道路材料试验[M].2版.北京:人民交通出版社,2007.
[23] 李立寒,张南鹭.道路建筑材料[M].2版.北京:人民交通出版社,2006.
[24] 何文敏.土木工程材料实训指导[M].北京:人民交通出版社,2009.
[25] 武志芬,信志刚.公路工程材料检测技术[M].北京:人民交通出版社,2010.
[26] 王新宇.公路工程试验检测实训手册[M].成都:西南交通大学出版社,2014.